普通高等教育教材

分析化学

Analytical Chemistry

康立娟　申凤善　张秀丽　主编

常立民　主审

化学工业出版社

·北京·

内容简介

《分析化学》全面、系统地介绍了分析化学的基本理论和知识。全书共12章，内容包括分析化学概述、误差及数据处理、滴定分析概论及四大滴定法、沉淀重量分析法、吸光光度法、电势分析法、光谱及色谱分析法和定量分析中常用的分离与富集方法等。

本书适当增加仪器分析的比重和本学科前沿知识介绍，加大了与其他相关学科的渗透力度，尽可能反映本学科最新科技成果。部分习题扫二维码可查看解题过程。为方便教学，本书配有电子课件，使用者可扫描每章后的二维码学习。

本书可作为高等学校农林类、生物医药类等相关专业本科生分析化学课程教材，也可供从事分析化学教学和科研人员及自学者阅读参考。

图书在版编目（CIP）数据

分析化学/康立娟，申凤善，张秀丽主编. —北京：化学工业出版社，2022.1（2024.2重印）
普通高等教育教材
ISBN 978-7-122-40284-4

Ⅰ.①分… Ⅱ.①康…②申…③张… Ⅲ.①分析化学-高等学校-教材 Ⅳ.①O65

中国版本图书馆CIP数据核字（2021）第235647号

责任编辑：旷英姿　林　媛　　　　装帧设计：王晓宇
责任校对：刘曦阳

出版发行：化学工业出版社（北京市东城区青年湖南街13号　邮政编码100011）
印　　装：大厂聚鑫印刷有限责任公司
710mm×1000mm　1/16　印张16　字数307千字　2024年2月北京第1版第3次印刷

购书咨询：010-64518888　　　　售后服务：010-64518899
网　　址：http://www.cip.com.cn
凡购买本书，如有缺损质量问题，本社销售中心负责调换。

定　　价：39.00元

编写人员名单

主　编　康立娟　申凤善　张秀丽

副主编　商海波　马天亮　李　蕴　宋　磊　刘　丹

参加编写人员（按姓名拼音排序）

康立娟　李国权　李铭芳　李　蕴　刘　丹

刘　强　马天亮　商海波　申凤善　宋　磊

吴彩霞　张秀丽　钟思霞

主　审　常立民

前言

本书作为高等院校非化学专业课程教材，是在作者多次再版的《分析化学》教材的基础上，结合部分高校的教学实践，同时参考了近年来分析化学的学科进展综述和国内外最新的分析化学教材编写而成。可作为高等学校农林类、生物医药类等相关专业的课程用书，也可供从事分析化学教学和科研人员及自学者阅读参考。

现代科学技术的进步，促进了分析化学的飞速发展，使之成为一门以多学科为基础的综合性学科。为体现学科的发展变化，并使之适应现今社会对人才素质和能力的要求，本书在保证科学性和基本教学内容前提下，注重其系统性、先进性和适用性，适当增加仪器分析的比重和本学科前沿知识介绍，加大了与其他相关学科的渗透力度，尽可能反映本学科最新科技成果。每章配合主干内容设有知识拓展和化学视野栏目，介绍一些与本书内容相关的科普常识和学科发展前沿等内容，旨在拓宽知识外延，培养学生创新意识。

本书各种物理量的符号、单位和书写形式统一于国际单位和我国的法定计量单位及量和单位的国家标准（GB 3102.8—93）的规定。各种化学常数均取自权威化学手册。每章后有一定数量紧紧围绕教学内容的思考题和要求熟练掌握的练习题，还有英文习题。题型全面，内容丰富，附有习题答案，标 * 号习题解题过程可扫描习题答案后的二维码学习。书后还附有汉英对照常用分析化学术语，方便学习者使用。

本书配有全套教学课件，读者可扫描每章后的二维码学习使用。

参加本书编写的人员有：康立娟（长春科技学院、吉林农业大学），申凤善、商海波（延边大学），马天亮、吴彩霞（吉林农业大学），张秀丽、李蕴、宋磊、钟思霞（长春科技学院），刘强（吉林农业科技学院），李国权（广东农工商职业技术学院），李铭芳（江西农业大学），刘丹（长春市计量检定测试技术研究院）。全书由康立娟教授修改、补充和定稿。由吉林省学位委员会学科评议组成员常立民教授担任主审，对常老师的悉心指导和帮助表示由衷的感谢。

在本书的编写过程中，各参编院校始终给予了大力支持，特别是得到了化学工业出版社和长春科技学院相关领导的热情相助。在此表示衷心的感谢。

本书承蒙同行专家及读者的厚爱，提出了许多宝贵的修改意见，使编者受益匪浅。限于编者水平，恳请读者给予批评指正。

编者

2021 年 10 月于长春

目录

第一章　分析化学概述

教学目标

1. 掌握分析化学方法的分类及依据。
2. 了解各种试样的采集和制备方法。
3. 掌握试样的分解处理和分析方法的选择原则。

第一节　分析化学的任务和方法分类

一、分析化学的任务和作用

分析化学是人们获得物质的化学组成和结构信息的科学，所要解决的问题是物质中含有哪些组分，各种组分的含量是多少以及这些组分是以怎样的状态构成的物质。要解决这些问题，就要依据相关理论，制定分析方法，创建有关的实验技术，研制仪器设备。因此分析化学是化学研究中最基础、最根本的领域之一。

分析化学按其任务分为成分分析和结构分析。成分分析又分为定性分析和定量分析，定性分析是鉴定物质所含的组分（元素、离子、官能团或化合物），定量分析是测定物质中各组分的含量。一般先做定性分析，再做定量分析。本课程以定量分析为基本内容。

分析化学是一门工具性科学，在科学研究上可以帮助人们扩大和加深对于自然界的认识，起着“眼睛”和“参谋”的作用。人类赖以生存的环境（大气、水质和土壤）需要监测；“三废”需要治理，并加以综合利用；农业生产过程中化肥、农药的质量控制；食品的营养成分、有害成分（农药残留、重金属污染）的检测；在人类与疾病斗争中，病理研究、药物筛选；月球的岩样分析，火星、土星的临近观测……在多个领域和学科（农业、工业领域以及医药学、国防科学、天文学、地质学、海洋学、材料科学、环境化学和考古学等），大至宇宙的深层探测，小至微观结构的认识，都离不开分析化学。可以说现代分析化学不仅影响着人们物质文明和社会财富的创造，而且还影响解决有关人类生存（如环境、生态等）和政治决策（如资源、能源开发）等重大社会问题，成为衡量一个国家科技水平的标志之一。

分析化学是高等学校食品工程、生物工程、资源与环境、植物生产、园艺（林）、化工、医药等专业的重要基础课程。通过本课程的理论学习和实验基本技能的训练，培养学生严格、认真和实事求是的科学态度，培养学生发现、分析和解决问题的能力，为后继课程，如生物化学、环境化学、食品化学、食品分析、土壤学、植物病理学、农药学等的学习和将来从事生产及科学研究工作打下良好的基础。

二、分析方法的分类

根据分析原理、试样用量及组分相对含量的不同，分析方法可以有多种分类方法。

1. 根据分析原理（或依据物质性质的不同）分类

（1）化学分析法　以被测物化学反应为基础的分析方法。常用于含量较大组分的测定，分析结果准确度较高，是分析化学的基础。包括定性分析和定量分析两部分。定性分析包含湿法分析和干法分析。定量分析包括重量分析法，滴定分析法和气体分析法。

以下列化学反应为例说明如下。

$$X + R = P$$

（待测组分）（试剂）　　（产物）

① 重量分析法　以产物质量来计算待测组分含量的分析方法。包括沉淀法、气化法和萃取法。

② 滴定分析法　又称容量分析法。是根据所消耗试剂溶液的浓度和体积，计算出待测组分含量的方法。依反应类型不同，分为酸碱滴定法、沉淀滴定法、配位滴定法和氧化还原滴定法四类。

重量分析法和滴定分析法建立较早，又称为经典分析法，适合于质量分数大于 0.01 的常量组分的测定。重量分析法操作繁杂，分析速度较慢。但硅酸盐试样中 SiO_2 含量的测定、水质中硫酸盐含量的测定等仍用此法。滴定分析法操作简便、快速，设备简单，在科研和生产中应用十分广泛。

③ 气体分析法　利用各种气体的物理、化学性质不同来测定混合气体组成的分析方法。如吸收法和燃烧法等。

（2）仪器分析法　仪器分析法是根据被测物质的某些物理性质（如光学性质）或物理化学性质（通过化学反应才能显示出来的物理性质，如电化学性质）为基础，使用特殊仪器进行分析的方法。如光学分析、电学分析、分离分析和放射化学分析等。

与化学分析法相比，仪器分析法操作简单、快速、灵敏，最适用于生产过程中的控制分析，尤其是低含量组分的测定。但有些仪器价格比较昂贵，操作费用和维修费用较高，而且要求的环境条件（如恒湿、恒温、防震）也较苛刻。此外，在进行仪器分析之前，常需采用化学方法对试样进行预处理。如溶样、富集和分离等。在建立测定方法过程中，要把未知物的分析结果和已知标准作比较，而该标准通常又以化学分析法进行测定，所以化学分析法和仪器分析法相辅相成、互相补充，前者是后者的基础。

仪器分析法的具体分类见图 1-1。

2. 根据试样用量分类

按分析试样量的多少分为常量分析、半微量分析、微量分析和超微量分析，

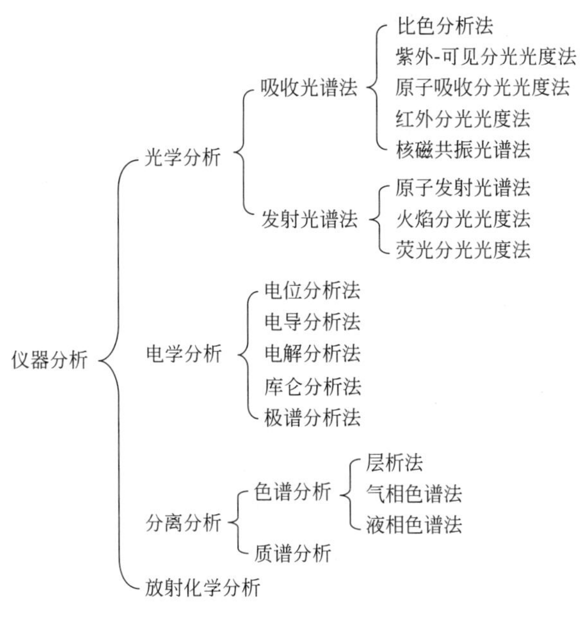

图 1-1　仪器分析法分类

见表 1-1。无机定性分析常采用半微量分析，定量分析多用常量分析。

表 1-1　分析方法按试样用量分类

方　法	试样质量/mg	试液体积/mL
常量分析	100～1000	10～100
半微量分析	10～100	1～10
微量分析	0.1～10	0.01～1
超微量分析	＜0.1	＜0.01

3. 根据试样中待测组分含量分类

按试样中待测组分含量分为常量分析、微量分析和痕量分析，见表 1-2。

表 1-2　分析方法按分析组分含量分类

方　法	被测组分质量分数
常量分析	＞0.01
微量分析	0.0001～0.01
痕量分析	＜0.0001

此外，根据分析对象可分为无机分析和有机分析；根据分析目的又有例行分析、常规分析、裁判分析等。

三、分析化学的发展趋势

分析化学是一门有着悠久发展历史的基础学科。分析化学从经典分析化学向现代分析化学发展演变的过程中，经历了三次巨大的变革：第一次在20世纪初，由于物理化学中溶液理论的发展，为分析化学溶液中四大平衡理论的建立提供了理论基础，使分析化学由一种技术发展为一门科学；第二次变革发生在20世纪中期，物理学和电子学等的发展，基于光、电、磁、声以及生物等仪器的方法应运而生，改变了经典分析化学中以化学分析为主的局面，开创了仪器分析新时代；20世纪70年代末至今，以计算机为主要标志的信息时代的来临，各种新原理与新技术不断引进分析学科，分析工作日趋自动化与计算机化，加之环境科学、生命科学、新材料科学等发展需求，给分析化学的发展带来了前所未有的空间与活力，促使分析化学发生了第三次革命。目前，现代分析化学以仪器分析为主，不仅将传统分析方法仪器化，还逐渐形成以色谱学、波谱学、传感器与化学计量学为四大支柱的研究体系，打破了微量分析的概念，建立痕量分析、超痕量分析、成像分析方法，更加强调从分子、原子级水平对物质进行化学表征与量测。如，现代透射电镜的空间分辨能力已达到纳米级甚至原子水平的形貌、晶体结构、化学成分等研究，对研究材料微观结构具有重要的意义；质谱成像结合质谱分析和影像可视化，实现了生物样品多种分子、高灵敏度同时检测，并直接提供目标化合物的空间分布和分子结构信息，在临床医学、分子生物学等领域具有重大的应用前景。

随着生物学、医学、食品科学、材料学等跨学科、交叉学科研究的不断深入，分析化学作为解决实际问题的学科，已经发展到了具有综合性和交叉性特征的学科发展阶段。“快速、无损、在线、实时、高灵敏、高选择”俨然已成为分析新方法的发展方向，而微电子、化学计量学、计算机科学以及微流控技术的快速发展，促使分析仪器向智能化、集成化、微型化、高通量发展。因此分析化学不再是单纯提供信息的科学，它已经发展成一门多学科为基础的综合性科学，以解决更多、更新、更为复杂的课题。

第二节　试样分析的一般步骤

根据实际试样的多样性和组成的复杂性，试样定量分析的一般步骤是：采样和调制、试样分解、干扰杂质的掩蔽和分离、测定、结果计算和评价等。

一、样品的采取和调制

从大量物料中抽取一小部分作为分析材料的过程称为采样。所取的分析材料叫试样。试样要有高度的均一性和代表性。

1. 试样的采取

（1）气体和液体试样的采取　气体和液体试样一般组成均匀，即使存在浓度差异，也易混匀，故采样简单。需要注意的是，采样前要先把采样容器洗净，并用被采气体或液体冲洗 3～5 次再取样，以免混入杂质。气体试样大于 1000mL，液体试样大于 500mL。

在常压或负压下采取气体样品，先用吸筒、气泵等将样瓶或吸气管道抽成真空，再吸入试样；在气体压力大于外界大气压时采取气体试样，可用球胆或气囊、样瓶或吸气管道等直接盛取试样，试样瓶口封严，贴上标签，注明名称、采样单位和人员、日期、批号等。

液体物料多是均匀的水溶液。依贮存条件采用不同的采样方法。装在大贮槽里的液体物料，要在贮槽的不同方位和不同深度取样，装于密封的塑料瓶或玻璃瓶中；对分装在罐、瓶、桶小容器里的物料，每批按总件数的 5%件数取样，取样数大于 3 件，取样后混匀。当容器中液体成分不均匀时，应先混匀再取样。

从水管中取样，应先放掉管道中积存的静水数分钟，再在水管上套上胶管。另一端插入样瓶底部，样瓶盛满水并溢出一段时间后，塞好瓶塞，以防空气影响水质；从池塘水库中取样，先在背阴处将样瓶塞紧，伸到距岸边 1～2m、离水面 0.5m 深的位置，拉开瓶塞灌取水样，拿出水面后立即盖好瓶塞。

（2）固体试样的采取　固体物料依其特征粗略分为土壤、粉状松散物料、矿石及金属锭块四类。

① 耕地土壤试样的采取　土壤，特别是耕作土壤的差异很大，采样造成的误差往往比分析误差大若干倍。因此，要按照一定的采样路线和“随机、多点混合”的原则进行。一般在 20～30 个采样点（视面积大小可适当增加或减少）采取小样并混合。采样深度不超过耕作层，取样铲要垂直向下切取土样。在狭长地块，宽广方形地块和面积极大的地块分别按下图三种方式取样。每份小样重约 0.5～1kg，所有小样除去杂物，捡细后混匀，用四分法缩分到最后质量不少于 1kg。装入样品袋，贴上标签，注明采样地点、深度、日期和人员。

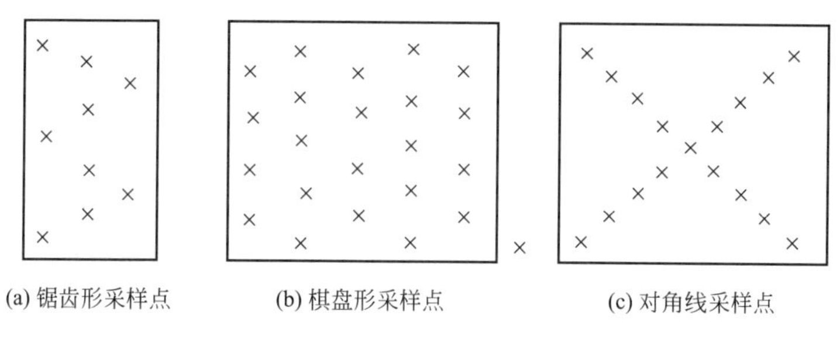

图 1-2　土壤样品的采样示意图

② 粉状松散物料样品的采取　农药、化肥、种子及精矿等粉状松散物料，组成一般较均匀，取样点较少。物料的种类和存放方式无论是堆、车、桶、袋、包、箱等，都用探针法采样。探针长约 65cm，内径约 1.6cm，中间开一槽，槽阔约 1.2cm，长约 60cm，顶端为一实心锥体。将其插入物料中旋转，物料充满

后拔出，即为一份小样。所有小样合并成一个平均样，质量以全批物料的万分之五为宜。同一批号的物料，采样点数 S 可按下式确定：

$$S=\sqrt{\frac{N}{2}} \tag{1-1}$$

式中，N 为被检物料件、袋、桶、包的数目。

③ 矿石样品的采取 矿石往往颗粒大小悬殊，组成极不均匀，必须按距离从各个部位采取多个小样混合，得到平均样品。平均样品的总质量可由下式计算：

$$Q \geqslant dK^{a} \tag{1-2}$$

式中，Q 为应保留试样的最小质量，kg；d 为试样的最大粒度（直径），mm；K 和 a 为经验常数，依各部门工作性质和要求拟定。K 为缩分常数，通常在 0.05～1 之间，a 在 1.8～2.5 之间。地矿部门规定 a 为 2。K 可参考表 1-3 选择。

表 1-3 采集原始平均试样时的最小质量

筛号/目	筛孔直径 d /mm	最小质量 Q/kg				
		K=0.1	K=0.2	K=0.3	K=0.5	K=1.0
3	6.72	4.52	9.03	13.55	22.6	45.2
6	3.36	1.13	2.26	3.39	5.65	11.3
10	2.00	0.40	0.80	1.20	2.00	4.00
20	0.83	0.069	0.14	0.21	0.35	0.69
40	0.42	0.018	0.035	0.053	0.088	0.176
60	0.25	0.006	0.013	0.019	0.031	0.063
80	0.177	0.003	0.006	0.009	0.016	0.031
100	0.149					
120	0.125					
140	0.105					
200	0.074					

④ 金属或金属制品试样 金属经高温熔炼，组成较均匀，对片状或丝状试样，剪一部分即可用于测定。但钢锭和铸铁，因表面和内部的凝固时间不同，铁和杂质的凝固温度也不一样，因此表面和内部组成不均匀，取样时应先将表面清理，再用钢钻在不同部位和不同深度钻取碎屑混合均匀，作为分析试样。

（3）植株试样的采取 首先选有代表性样株。通常按一定路线多点采取，组成平均样。平均样的样株数依作物种类、种植密度、株形、株龄或生育期及要求的准确度而定。大田或试验区采样时应注意植株的长相、长势。过大、过小及受病虫害和机械损伤的植株不采取。若为某一特定的目的采样，应注意样株的典型性，并要同时选到有对比意义的典型株，以便对比。

采样部位主要选择植株上最能准确地反映养分丰缺程度的敏感部位。敏感部位随植株种类、发育阶段和养分种类不同而异。

采样时间也很重要，因植株体内养分浓度随根系吸收和光合作用的相对强度而变化。尽可能在相同光照条件下采样，通常以上午 8～10 时为宜，但有些作物，如玉米也可在 11～15 时采样。

以上是常见试样的采取，一些专业性样品的采取，如土壤剖面样品、种子样品和果蔬样品等的采取不再赘述。

2. 分析试样的制备

气体、液体等均匀物料，采集的试样常可直接分析，不必调制。固体和植株的试样需制备。

（1）固体试样的制备　固体试样往往量大而不均匀，要将其制成 100～300g 的分析试样，需经多次的破碎和缩分。破碎用机械方法进行，一般分四个阶段：

① 粗碎　用颚式破碎机把试样粉碎至全部通过 10 目筛孔。

② 中碎　用盘式碎样机或对辊式碎样机把粗碎后的试样粉碎至能通过 20 目筛孔。

③ 细碎　用盘式碎样机进一步磨碎，直至能通过 100～200 目筛孔为止。

④ 粉碎　特别难溶的试样，如测定 Si、Al、Fe 的土壤样品要用玛瑙研钵研磨，直到能通过 200 目以上筛孔为止。

注意，试样每次必须全部通过筛孔并充分混匀，切不可将粗颗粒弃去，否则会削弱试样的代表性，影响准确度。最后将试样混匀装入试样瓶（袋）中。贴上标签备用。

用机械分样器或人工方法留取一部分试样继续破碎，弃去另一部分以逐步减少试样量的过程称为缩分。缩分常用四分法，即将试样充分混匀，堆成圆锥形，锥尖稍压平，通过锥中心分为四等份，弃去任意对角的两份（最后一次的可作为副样保留备用），直至试样量符合要求为止。

缩分次数不能随意，每次缩分后所需保留的最低质量应符合采样公式。另外，也可根据样品质量和所要求的 K 值，求出缩分次数。这样经过逐级破碎和缩分，可以获得颗粒细、数量少、有代表性的分析试样。

例如，若土壤原始试样重 20kg，已知 $K=0.25$，当破碎至通过 10 目筛孔（最大直径为 2.0nm）时，最低可靠质量 $Q=Kd^2=0.25\times2.0^2=1.0$（kg），用四分法连续缩分次数 n 按下式计算：

$$\frac{20}{2^n}=1.0, n\lg2=\lg20, n=4.33\approx4(\text{次})$$

即缩分 4 次。最后得到 $20\times\left(\frac{1}{2}\right)^4=1.25$kg 直径为 2.0mm 的试样。

试样制备中要尽量避免因机械磨损等原因混入杂质，并防止粉末的飞溅和某些组分可能发生的化学变化，同时要符合专业分析要求。如土壤样品研细主要使团粒或结粒破碎，这些结粒由土壤黏土矿物或腐殖质胶结起来，不能破坏单个的矿晶粒。因此研碎土样时只能用木棍碾压，不能用榔头锤打。否则矿物品粒破坏露出新的表面而增加有效养分的溶解。

（2）植株试样的制备　采取的植株试样如需分叶、茎、果实等不同器官测定，须立即将其剪开，以免养分运转。若试样太多，可在混匀后用四分法缩分至所需的量。

洗涤试样要避免引起泥土、化肥、农药等的污染。植物组织试样应在未萎蔫时刷洗，否则会将某些易溶养分从已死组织中洗出。洗涤方法一般是用湿布擦净表面沾污物。

测定易起变化的成分，如硝态氮、氨态氮、无机磷、维生素等须用新鲜试样，新鲜试样可在冰箱中短期保存；测定不易变化的成分常用干燥试样。为减少化学和生物的变化，洗净的新鲜试样须尽快干燥，通常在80～90℃烘箱（最好用鼓风烘箱）中，松软组织烘15min，致密坚实组织烘30min。然后降温至60～70℃，逐尽水分，时间视新鲜试样水分含量而定，一般12～24h。

干燥的试样可用研钵或带刀片的（用于茎叶样品）或齿状的（用于种子样品）磨样机粉碎，并全部过筛。试样细度视试样量而定。如称样1～2g，用0.5mm筛；称样小于1g，用0.25mm筛。磨样和过筛时不要沾污样品：测铁、锰的试样不能接触铁器；测铜、锌的试样不能接触黄铜器械，通常用玛瑙球磨或玛瑙研钵粉碎，不锈钢磨或瓷钵也可。样品过筛后混匀，保存于磨口的广口瓶中，内外各贴标签。

3. 湿存水的处理

湿存水又称吸湿水，是指试样表面及孔隙从空气中吸附的水分。其含量随样品的粉碎、研磨及放置时间而变。因此试样中各组分的相对含量也随湿存水的多少而变化。

例如，含60% SiO_2 的潮湿样品100g，降温后质量减少至95g，SiO_2 的含量变为 $\frac{100\times0.60}{95}\times100\%=63.2\%$。

因此，分析之前须将试样放在烘箱里，在100～105℃的温度下烘干。烘干温度和时间视试样性质而定。对于易热分解的试样采用风干的方式去掉湿存水。用烘干样品进行分析，所测得的结果要恒定。

对于试样中水分的测定，应取烘干前的试样进行测定。

二、试样的分解处理

化学分析一般采用湿法分析，因此要先将试样分解处理，使被测组分定量进入溶液。分解试样要完全、被测组分不能挥发损失，且不能带进被测组分和干扰物质。无机试样常用溶解法、熔融法和烧结法分解处理；有机试样常用湿法消煮和干式灰化法分解处理。

1. 无机试样的分解

（1）溶解法　水溶性盐类（如醋酸盐、硝酸盐、大部分的氯化物等）用水溶解；难溶于水的试样，常用酸碱溶解，相应地称酸溶法和碱溶法。常用的酸和碱如下：

① 盐酸　是分解试样的重要强酸之一。可溶解置换序中氢以前的金属、多数金属氧化物、碳酸盐和磷酸盐。例如 HCl 和 NH_4F 配合溶解酸性土壤，既是溶剂，又是 Ca、Al、Fe 磷酸盐的配位剂，促成磷酸铝和磷酸铁的溶解：

$$6NH_4F + 3HCl + AlPO_4 \xlongequal{} 3NH_4Cl + H_3PO_4 + (NH_4)_3AlF_6$$

磷酸与钼酸铵作用生成磷钼杂多酸后，可被 $SnCl_2$ 还原成磷钼蓝，以达到定量磷的目的。

② 硝酸　硝酸是强氧化剂。除铂、金和少数稀有金属外，浓硝酸几乎能溶解所有金属及合金和大多数氧化物、氢氧化物和硫化物（HgS 除外）。铁、铬和铝被氧化后在表面形成一层氧化膜而钝化，要使金属试样继续溶解，须加入非氧化性酸，如 HCl，溶去氧化膜。

用 HNO_3 分解试样。溶液中常含有 HNO_3 和氮的低价氧化物。它们常能破坏有机指示剂或显色剂。所以必须煮沸除去。

3 体积浓 HCl 和 1 体积浓 HNO_3 混合称王水，可溶解金、铂等贵金属和 HgS 等硫化物；3 体积浓 HNO_3 和 1 体积浓 HCl 混合称逆王水，也是溶解金属及矿样常用的混合溶剂。

硝酸加过氧化氢是溶解毛发、肉类等有机物的良好溶剂，常用于生物解剖和提取标本。

③ 硫酸　除 Ca、Sr、Ba 和 Pb 外，其他金属的硫酸盐一般都溶于水，但溶解度比相应的氯化物和硝酸盐小。硫酸的特点是沸点高（338℃），热浓 H_2SO_4 有强的脱水和氧化性，分解试样速率快。当 HCl、HNO_3、HF 等挥发性酸、水分和有机物有干扰时，常加入硫酸加热冒出 SO_2 白烟而除去：

$$2H_2SO_4 + C \xlongequal{加热} CO_2\uparrow + 2SO_2 + 2H_2O$$

在 $CuSO_4$ 和 K_2SO_4 的存在下，硫酸能分解金属和有机物中的氮化物，使其定量地转化成硫酸铵，然后用凯氏法测定氮的含量。这是测定土壤全氮量的原理：

蛋白质（含 N 有机物）$\xrightarrow[H^+]{水解}$各种氨基酸：

$$H_2NCH_2COOH + 3H_2SO_4 \xlongequal{} NH_3 + 2CO_2 + 3SO_2 + 4H_2O$$

$$2NH_3 + H_2SO_4 \xlongequal{} (NH_4)_2SO_4$$

$$(NH_4)_2SO_4 + 2NaOH \xlongequal{} Na_2SO_4 + 2NH_3 + 2H_2O$$

$$NH_3 + H_3BO_3 \longrightarrow NH_4H_2BO_3$$

用硫酸滴定：

$$2NH_4H_2BO_3 + H_2SO_4 \longrightarrow (NH_4)_2SO_4 + 2H_3BO_3$$

④ 高氯酸　又名过氯酸。除 K^+、NH_4^+ 等少数离子外，一般金属的高氯酸盐都易溶于水。质量分数 0.72 的高氯酸沸点 203℃，浓热的 $HClO_4$ 具有强的脱水和氧化能力。加热至冒出高氯酸白烟时可除去低沸点酸和破坏有机物。分解试样时能把矾、硫、铬分别氧化为 VO_3^-、SO_4^{2-} 和 $Cr_2O_7^{2-}$。

用 $HClO_4$ 分解土样，有助于胶状硅的脱水，并能与 Fe^{3+} 配位，在磷的比色测定中抑制硅和铁的干扰。在 $HClO_4$ 作用下，用 H_2SO_4 消化土样，有机氮转化成 $(NH_4)_2SO_4$，加碱蒸馏并以硼酸吸收，再用酸滴定，这是土壤农化分析中的定氮法。

蒸发 $HClO_4$ 逸出的浓烟会在通风橱中凝聚，受热与有机灰尘发生强烈的氧化作用而燃烧和爆炸，所以要定期用水冲洗通风橱。$HClO_4$ 的严重缺陷是价格高和遇有机物易爆。当试样含有机物时，常先用浓 HNO_3 蒸发破坏有机物，然后用 $HClO_4$ 溶解。

⑤ 磷酸　磷酸是中强酸，高温时形成焦磷酸和聚磷酸。与 W^{6+}、Mo^{6+} 和 Fe^{3+} 等配位能力强。许多不溶于其他酸的矿石，如铬铁矿（$FeCr_2O_4$）、铌铁矿[$(FeMn)Nb_2O_6$]、钛铁矿（$FeTiO_3$）及金红石（TiO_2）等都溶于热 H_3PO_4 中。注意，用 H_3PO_4 溶解试样温度不宜过高，一般 500～600℃，时间少于 5min，防止析出难溶性磷酸盐和生成聚硅磷酸而腐蚀玻璃。

⑥ 氢氟酸　氢氟酸是弱酸，常与 H_2SO_4 或 $HClO_4$ 同时使用，分解硅酸盐、硅铁及含钨、铌、钛的含硅试样，此时 Fe^{3+}、Al^{3+}、Ti^{4+}、Zr^{4+} 和 W^{5+} 等生成氟配合物而进入溶液，Ca^{2+}、Mg^{2+}、Th^{4+}、U^{4+} 和稀土金属离子生成沉淀析出，Si 以气体 SiF_4 逸出。

用 HF 分解试样要用铂制器皿，或聚四氟乙烯器皿，在温度低于 250℃下进行。温度过高聚四氟乙烯分解产生全氟异丁烯有毒气体。HF 对人体有害，使用时要特别小心。

⑦ 氢氧化钠和氢氧化钾　20%～30%的 NaOH 溶液能分解两性金属铝、锌及铝、锌的有色合金及其氧化物和氢氧化物：

$$2Al + 2H_2O + 2NaOH \longrightarrow 2NaAlO_2 + 3H_2\uparrow$$

上述反应在银、铂或聚四氯乙烯容器中进行为宜。

(2) 熔融法　熔剂与试样在高温下反复发生分解反应，使被测组分转变为可溶于酸或水，用水或酸定量浸取。根据所用熔剂性质分为酸熔法和碱熔法。熔融法一般用于难分解的试样。为使试样分解完全，一般熔剂用量为试样量的 6～12 倍，试样要过 200 目筛。常用的熔剂有如下几种：

① 碳酸钠和碳酸钾　碱性熔剂，熔点分别是 853℃和 903℃。两者物质的量

比为 1∶1（重量比 5∶4）的混合物称为碳酸钾钠，熔点 712℃，可在煤气灯下熔融。常用来分解硅酸盐和硫酸盐等。用 Na_2CO_3 分解试样时一般用铂坩埚。

土壤样品用无水 Na_2CO_3 熔融时，Si、Fe、Al、Ti、Ca、Mg、Mn 及 K、Na、P、S 等矿物元素均变为能被酸溶解的化合物。如正长石熔融时的变化：

$$K_2Al_2Si_6O_{16}+7Na_2CO_3 \xlongequal{高温} K_2CO_3+2NaAlO_2+6CO_2\uparrow+6Na_2SiO_3$$

Na_2CO_3 与钙长石作用：

$$CaAl_2Si_2O_8+3Na_2CO_3 \xlongequal{高温} CaCO_3+2Na_2SiO_3+2NaAlO_2+2CO_2\uparrow$$

在 900℃左右熔融时，空气中的 O_2 作氧化剂。有时为增强氧化性可在 Na_2CO_3 中加入少量氧化剂，如 KNO_3 或 $KClO_3$ 等。可以分解 S、As、Sb 和 Cr 等试样，将它们分别氧化为 SO_4^{2-}、AsO_4^{3-}、CrO_4^{2-} 和 SbO_4^{2-} 等。

② 氢氧化钠和氢氧化钾　氢氧化剂的特点是熔融速率快，熔块易溶解，且熔点低。NaOH 和 KOH 熔点分别为 321℃和 404℃，属低熔点强碱性熔剂。常用于分解硅酸盐、钼矿、耐火材料、碳酸盐和铝土矿试样。黏土用 NaOH 熔融时能增加其碱性成分，促使硅铝酸盐分解，有利于各元素的溶解。如：

$$Fe_2O_3\cdot 2SiO_2\cdot H_2O+6NaOH = 2NaFeO_2+2Na_2SiO_3+4H_2O$$

这对测定土样中 Si、Fe 成分十分有利。用 NaOH 作熔剂时，常用铁、镍或银坩埚熔解试样。

③ 过氧化钠　属强氧化性和强腐蚀性碱性熔剂。常用于分解难溶性物质。如硅铁、铬铁、锡石、独居石、绿柱石、铌钽矿石、锆石英、电气石、黑钨矿和辉钼矿等。

Na_2O_2 于 460℃熔融并分解，因此常控制在 600℃左右。由于对坩埚腐蚀严重，故常用廉价铁坩埚。也可使用镍坩埚、银坩埚或刚玉坩埚，但严禁使用铂坩埚。用 Na_2O_2 熔样时不应含有机物，否则会发生爆炸。欲减弱氧化作用，可与 Na_2CO_3 混合使用。

④ 焦硫酸钾和硫酸氢钾　均为酸性熔剂，用于分解 Fe、Al、Ti、Zr、Nb、Ta 等的碱性氧化物或氧化物矿石及难溶于酸的中性和碱性耐火材料。$K_2S_2O_7$ 熔点 325℃，在 420℃以上分解产生 SO_3 使氧化物转化成可溶性硫酸盐。$K_2S_2O_7$ 与碱性或中性氧化物熔融时，300℃左右发生复分解反应。如与金红石的反应：

$$TiO_2+2K_2S_2O_7 = Ti(SO_4)_2+2K_2SO_4$$

用 $K_2S_2O_7$ 熔样时常在瓷坩埚中进行，也可使用铂坩埚，但对后者略有腐蚀。

（3）烧结法　也称半熔法。将混合熔剂与试样在尚未熔融的高温下小心烧结（半熔物收缩成整块而不是全熔）至试样分解完全。本法温度较低，但时间长。常用瓷坩埚熔样。常用的熔剂有：

① $CaCO_3$-NH_4Cl 熔剂　用于硅酸盐中 K^+ 和 Na^+ 的测定。烧结温度 750～800℃时，$CaCO_3$ 和 NH_4Cl 反应生成 $CaCl_2$，过量的 $CaCO_3$ 分解为 CaO，而 $CaCl_2$ 和 CaO 可使试样中的 K^+ 和 Na^+ 转化为可溶性氯化物。如长石的分解：

$$2KAlSi_3O_8 + 6CaCO_3 + 2NH_4Cl \xlongequal{} 6CaSiO_3 + Al_2O_3 + 2KCl + 6CO_2\uparrow + 2NH_3\uparrow + H_2O$$

② 铵盐混合熔剂　用不同比例的铵盐混合分解试样，使铵盐加热分解出相应的无水酸，高温下溶解能力强，且速率快，可在 2～3min 内分解完全。对不同性质的试样选用不同比例的铵盐。如：

含铅试样：$n(NH_4Cl) : n(NH_4NO_3) : n[(NH_4)_2SO_4] = 1 : 1 : 0.5$

含锌试样：$n(NH_4Cl) : n(NH_4NO_3) : n[(NH_4)_2SO_4] = 1.5 : 1 : 0.5$

硅酸盐试样：$n(NH_4Cl) : n(NH_4NO_3) : n[(NH_4)_2SO_4] : n(NH_4F) = 1 : 1 : 1 : 3$

此法熔样一般采用瓷坩埚，对硅酸盐则用镍坩埚。

2. 有机试样的分解

动物和植物的细胞组织及有机化合物等有机试样，通常用干式灰化法和用沸腾的氧化性酸或混合酸湿式消煮的方法分解处理。

（1）干式灰化法　高温下在空气中将有机物燃烧，留下无机残留物进行分析。

干式灰化的温度和时间随分解对象和测定项目不同而异，一般 500℃左右，2～8h。干式灰化法的另一种方式称为低温灰化法，是通过射频放电产生的强活性氧自由基，在低温下（一般 100℃下）破坏有机物，可最大限度地减少挥发损失。

干式灰化法的优点是简便，不需加入或加入少量试剂，避免引入外部杂质。缺点是有些元素挥发及器壁黏附金属而造成损失。

（2）湿式消煮　用沸腾的氧化性酸或混合酸将有机物氧化为二氧化碳、水及其他挥发性产物。这些物质被清除后留下的是无机成分的盐或酸。

湿式消煮常用不同比例的 HNO_3、H_2SO_4 与 $HClO_4$ 的混合酸。特点是消煮的温度不会高于混合酸的沸点，灰分元素不会形成难溶性的复杂硅酸盐，而且当用 H_2SO_4 或 $HClO_4$ 消煮时，可使 SiO_2 充分脱水使其吸附降至最低，不能造成灰分元素在测定时产生显著的负误差。消煮要在通风橱中进行，至溶液透明为止。

湿式消煮在动植物体的元素分析中应用较广。例如，植物全磷的测定，利用 H_2SO_4、H_2O_2 消煮分解试样，用磷钼蓝比色法测定。又如，动植物全氮的测定常用凯氏法，即用 H_2SO_4 和混合加速剂（如 K_2SO_4、$CuSO_4$、Se 的混合物），消煮试样中有机物和有机含氮化合物，使其变成无机铵盐后测定含氮量。实际分析中，由于测定对象、方法和项目等不同，采用的混合酸种类、比例也各不相同。

注意的是，湿式消煮时，若采用 $HClO_4$ 应特别小心操作，因为 $HClO_4$ 蒸发接近干涸时会猛烈地爆炸。全部消煮过程应在通风橱中进行。

湿式消煮法优点是快速、低温和免除滞留所造成的损失。该法主要误差是因所加试剂带入的杂质引起的。

三、分析方法的选择原则

实际分析中选择最佳分析方法才能很好地完成分析任务。例如，化肥中铵态氮的测定有蒸馏法和甲醛法；铁的测定有重量法、氧化还原法滴定法、配位滴定法和比色法。而比色法又依显色剂不同分为硫氰酸盐法、磺基水杨酸法和 EDTA-H_2O_2 法等。鉴于试样性质和要求，必须考虑以下一些因素来选用分析方法。

1. 被测组分的性质和含量

掌握和了解被测组分的性质和含量，对选择分析方法十分重要。如土壤和灌溉水中 Ca^{2+}、Mg^{2+} 的测定，均可采用配位滴定法。而 K^+、Na^+ 由于形成的配合物不稳定，且很难发生氧化还原反应，所以用化学方法测定不理想，宜用火焰光度法或原子吸收分光光度法测定。

又如易水解组分的测定，凡是水解后生成弱酸或弱碱，其 $K_a^{\ominus}$ 或 $K_b^{\ominus}$ 大于 10^{-7} 者，均可用强碱或强酸直接滴定。

常量组分测定多用滴定法或重量法（包括电容量和电重量分析法）。滴定分析法简单迅速，在滴定法和重量法均可应用时选择前者；测定微量组分常用比色法、色谱法、原子吸收光谱法及极谱法等灵敏度较高的分析方法。

例如，磷矿粉中磷的测定常用磷钼酸铵滴定法，而土壤及钢铁中低含量磷的测定，则用磷钼蓝比色法。灵敏度较高的方法也并非只用于测定微量组分。例如示差比色法也用于测定常量组分。所以依据组分含量选择分析方法不是固定不变，要依实际情况而定。

2. 测定的具体要求和条件

分析工作涉及面广，分析对象繁杂多样，明确测定目的和要求非常重要。要明确测定对象、测定速度及准确度。如土壤试样的全量分析中，SiO_2 是主要测定项目之一，多采用重量分析法，该方法准确、干扰少，且滤液可作其他组分的测定。但此法操作烦琐费时，若用氟硅酸钡滴定法测定，速度将快得多。可是氟硅酸钡法难以掌握，重现性和准确度都差。

从分析条件看，要尽可能采用较新的、先进的分析技术及方法。如测定土壤中 Ca、Mg 的含量，吸光光度法效果更好。但没有分光光度计时，只能用配位滴定法。

3. 共存组分的影响

实际分析中，还要考虑共存组分的影响。即使选择性好，不经分离或掩蔽就能进行测定的方法，也存在其他组分的干扰，应设法消除。常用的消除方法有分离法和掩蔽法。前者包括沉淀分离、萃取分离和色谱分离；后者包括沉淀掩蔽、配位掩蔽和氧化还原掩蔽等。

知识拓展 **关键词链接：农业样品，工业样品，采集技术**

化学视野

分析化学常用电子学习资源

1. 慕课网：http：//www. imooc. com/

2. 网易公开课——分析化学：https：//open. 163. com/newview/search/%E5%88%86%E6%9E%90%E5%8C%96%E5%AD%A6

3. 万门好课：http：//www. wanmen. org/#/

4. 学习通：https：//passport2. chaoxing. com/login? fid=776&refer=http：//i. mooc. chaoxing. com

5. 雨课堂：https：//www. yuketang. cn/web

6. 爱课程——分析化学：https：//www. icourses. cn/web/sword/portalsearch/homeSearch

7. 晓木虫：https：//www. emuchong. com/

8. 中国大学 MOOC——分析化学：https：//www. icourse163. org/search. htm? search=%E5%88%86%E6%9E%90%E5%8C%96%E5%AD%A6#/

9. 智慧课堂：http：//www. forclass. net/Service/Intelligence

10. 在线课程平台：http：//moodle. gzws. edu. cn/

11. 学堂在线：https：//www. xuetangx. com/

12. 食品伙伴网学习平台——分析化学精品课件：http：//www. foodmate. net/lesson/fxhx/

13. 大学生自学网——分析化学：http：//m. v. dxsbb. com/ligong/2206/

14. 第一学习网——化学类：http：//www. xxw001. com/list. php? id=224&page=1&sort=click _ count&order=DESC&display=list

15. 中国仪器网：http：//www. instrument. com. cn

16. 仪器信息网：https：//www. instrument. com. cn/

17. 中国分析网：http：//www. analysis. org. cn/

18. 化学专业数据库：http：//www. organchem. csdb. cn/scdb/default. asp

19. 化工百科 http：//www. chembk. com

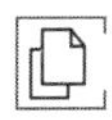

本章小结

本章在概括讨论分析方法的分类及适用范围的基础上，对物质定量分析中试样的采取、调制、分解和分析方法的选择等问题进行了讨论。实际分析中，试样采取方法依样品的种类、性质和状态的不同而异。采取的固体样品还需粉碎、缩分、烘干等方法制备成试样。无机试样依其性质再选用适宜的溶（熔）剂进行溶解或熔融以转化为试液。有机试样则需通过灰化或消煮的方法转化为试液。最后，根据被测组分的性质和含量以及共存组分的影响，在满足测定要求、实验条件允许的前提下尽可能地选用先进的分析技术及方法进行测定。

思考与练习

1. 化学分析和仪器分析法各有什么特点？选择定量分析方法要注意哪些问题？

2. 对比常量分析和微量分析的不同。

3. 采样的原则是什么？怎样采取大田耕作土壤的样品？

4. 熔融法和烧结法分解试样各有何优缺点？

5. 比较干式灰化与湿式消煮的特点，采用混合酸分解试样有什么优点？

6. 下列各种溶（熔）剂对分解试样的作用是什么？

HCl，H_2SO_4，HNO_3 和 H_3PO_4，$K_2S_2O_7$，Na_2CO_3，KOH 和 Na_2O_2

7. 含 5.23％水分的新采土壤试样，含 SiO_2 37.92％，Al_2O_3 25.91％，Fe_2O_3 9.12％，CaO 3.24％，MgO 1.21％，K_2O+Na_2O 1.02％，计算各成分在烘干土中的含量各是多少。

8. 某铝土矿的 $K=0.1$，原始试样最大颗粒直径 30mm，问最少应采取试样多少千克才符合采样要求？

9. 将上述土壤样品破碎通过 2.0mm 筛孔，再用四分法缩分，最多缩分几次？如果要求最后所得分析试样不超过 100g，那么通过筛孔的直径应为几毫米？

第二章　误差与数据处理

教学目标

1. 理解误差产生的原因，掌握误差与偏差的表示方法和有关计算。

2. 掌握准确度和精密度的含义、表示方法和两者关系，掌握提高分析结果准确度的方法。

3. 掌握用有限次数据表示分析结果的方法，能够正确处理可疑数据。

4. 理解有效数字的含义，掌握有效数字的记录和运算规则，能够正确表示分析结果。

定量分析目的是准确测定试样中组分的含量。错误或不可靠的分析结果，可能会导致经济损失、资源浪费和科学上的错误结论。因此，判断定量分析结果的准确性和可靠性十分重要。

在分析工作中，由于分析方法、仪器、试剂和分析工作者主观条件等原因，测定结果与真实值不可能完全一致。即使采用最完善的方法，使用最精密的仪器，由技术非常熟练的分析人员进行测定，也不可能得到绝对准确的结果。同一人员在相同条件下对同一试样多次测定，所得结果也不会完全相同。说明误差的存在是绝对的，但误差的大小是相对的。因此有必要了解误差产生的原因和规律，减小误差，提高准确度，科学地处理分析结果，以满足生产和科研的需要。

第一节　误差及其分类

分析结果与真实值之差称为误差。分析结果大于真实值，误差为正；反之，误差为负。

根据误差的性质与产生的原因，误差分系统误差和随机误差两类。

一、系统误差

由固定因素引起的误差称为系统误差。按产生的原因分为以下几类：

（1）方法误差　由分析方法本身不完善产生的误差。例如，重量分析中，沉淀的溶解损失或吸附某些杂质而产生的误差；滴定分析中，反应不完全、干扰离子的影响、滴定终点与化学计量点不符及副反应的存在等产生的误差。

（2）仪器误差　由仪器本身不准确或仪器未经校准而引起的误差。例如，仪器及仪表刻度不准确、滴定管上下粗细不匀等引起的误差。

（3）试剂误差　由试剂不纯和蒸馏水含有微量杂质所引入的误差。

（4）操作误差　由分析工作者在正常操作条件下，掌握操作规程与控制条件稍有出入而引起的误差。例如，滴定管读数偏高或偏低、人的眼睛对颜色的变化观察不敏锐等产生的误差。

系统误差具有单向性和重复性。即误差的正负号偏向为同一方向，误差的大小有规律性，重复测定时重复出现，所以系统误差也叫可测误差或恒定误差。

减少系统误差的方法通常是做对照试验、空白试验和校准仪器。

二、随机误差

随机误差也称偶然误差或不可测误差，由偶然因素引起。如实验过程中温度、湿度和气压的微小波动、仪器性能的微小变化、样品处理过程中的微小差异等。随机误差的大小和符号，难以观察和控制。但消除了系统误差后，在同样条件下进行多次测定，随机误差呈正态分布（见图 2-1 所示，横轴为误差的大小，纵轴为误差出现的概率）。

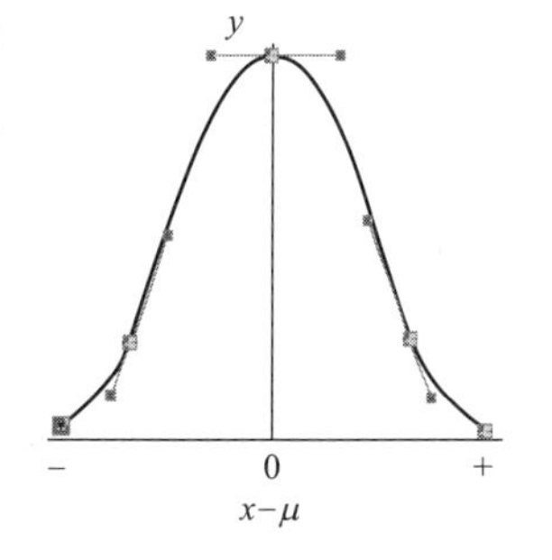

图 2-1　随机误差的正态分布曲线

从图 2-1 看出随机误差的规律：

① 大小相等的正负误差出现的机会相等。即曲线具有对称性。

② 小误差出现的机会多，大误差出现的机会少，特别大的误差出现的机会更少。一般来说，误差大于 $|\pm 3\sigma|$ 的测定值并非由随机误差引起，即随机误差分布曲线具有单峰性和有界性。

实际中常用数理统计方法进行数据处理和结果评价。把所研究对象的全体称为总体（或母体），总体中随机抽取出来的一部分称为样本（或子样），样本中所含测量值的数目 n 称为样本大小（或样本容量）。

平行测定 n 次的算术平均值 $\bar{x}$ 称作样本平均值。当 $n \to \infty$，样本平均值即为总体平均值 μ。

$$\mu = \lim_{n \to \infty} \frac{1}{n} \sum x_i$$

据此得出一个重要结论：随着平行测定次数的增加，随机误差的算术平均值趋近于零，即随机误差具有抵偿性，这是随机误差规律性最本质的特征。因此，多次测定结果的平均值更接近于真值。

试验表明，当测定次数较少时，随机误差随测定次数的增加而迅速减小，当测定次数大于 10 时，随机误差的减小则不明显。因此对于一般的分析工作来说，平行测定 3～5 次就可以，最多不超过 10 次。

由于分析人员的粗心或不遵守操作规程而引起的差错称为过失。例如容器不洁净、丢损试液、加错试剂、记录和计算错误等。这些分析结果应予剔除。

第二节 测定结果的准确度和精密度

一、准确度和误差

分析结果的准确度指测定值与真值接近的程度，是系统误差的量度。测定值大于真值，产生正误差；反之产生负误差。因此误差是衡量准确度的尺度。误差越小，准确度越高，反之亦然。

误差表示方法有以下两种。

绝对误差：

$$E=\text{测定值}-\text{真值}=x-T \tag{2-1}$$

相对误差：

$$E_r=\frac{\text{测定值}-\text{真值}}{\text{真值}}\times 100\%=\frac{x-T}{T}\times 100\% \tag{2-2}$$

如果是多次平行测定，上述表示应为

绝对误差：

$$E=\overline{x}-T \tag{2-3}$$

相对误差：

$$E_r=\frac{\overline{x}-T}{T}\times 100\% \tag{2-4}$$

式中，$\overline{x}$ 为样本平均值。

$$\overline{x}=\frac{1}{n}\sum_{i=1}^{n}x_i$$

相对误差表示误差在真实值中所占的百分率。

例如，用分析天平称量两份试样，测定值分别是 1.6245g 和 0.1624g，若两份试样的真实值分别是 1.6246g 和 0.1625g，则其绝对误差分别是

$$E_1=1.6245\text{g}-1.6246\text{g}=-0.0001\text{g}$$

$$E_2=0.1624\text{g}-0.1625\text{g}=-0.0001\text{g}$$

两者的绝对误差相等，而相对误差分别为

$$E_{r1}=\frac{-0.0001\text{g}}{1.6246\text{g}}\times 100\%=-0.006\%$$

$$E_{r2}=\frac{-0.0001\text{g}}{0.1625\text{g}}\times 100\%=-0.06\%$$

可见，被称物质量越大，称量相对误差越小，准确度越高。因此，分析结果的准确度最好用相对误差表示。

【例 2-1】 测定铜矿中铜的质量分数分别为：0.5048，0.5046，0.5050，0.5049，0.5047，若真实含量为 0.5050，求其绝对误差和相对误差。

解　算术平均值：

$$\overline{x}=\frac{1}{5}\times(0.5048+0.5046+0.5050+0.5049+0.5047)=0.5048$$

绝对误差：

$$E=0.5048-0.5050=-0.0002$$

相对误差：

$$E_r=\frac{-0.0002}{0.5050}\times 100\%=-0.04\%$$

需要指出，真值客观存在但不可能准确知道，实际中往往用“标准值”代替真值。“标准值”是指采用可靠的分析方法，由具有丰富经验的分析人员经过反复多次测定得出的比较准确的结果。有时也将一些理论值作为真值。

二、精密度和偏差

精密度指在相同条件下重复测定（称为平行测定）时，各测定值间相接近的程度，或测定值与平均值间接近的程度，它是随机误差的量度，体现了测定结果的再现性。

当真值未知情况下，测得值与平均值比较就是偏差的概念。偏差的表示方法有如下几种。

绝对偏差：

$$d_i=\text{单次测定值}-\text{平均值}=x_i-\overline{x}\quad(i=1,2,\cdots,n) \tag{2-5}$$

相对偏差：

$$d_r=\frac{d_i}{\overline{x}}\times 100\% \tag{2-6}$$

绝对偏差和相对偏差有正负之分。

为了表示一组测定结果的精密度，常采用平均偏差，即

$$\overline{d}=\frac{1}{n}\sum|x_i-\overline{x}| \tag{2-7}$$

相对平均偏差：

$$\overline{d}_r=\frac{\overline{d}}{\overline{x}}\times 100\% \tag{2-8}$$

平均偏差和相对平均偏差也有正负之分。

用平均偏差表示精密度简单，但有不足之处，因为在一组测定结果中，小偏差占多数，大偏差占少数，按总的测定次数来计算平均偏差所得的结果会偏小，大偏差得不到充分的反映。

例如，对同一试样得两组测定值，其绝对偏差分别为

d_{i1}：+0.11　−0.73　+0.24　+0.51　−0.14　0.00　+0.30　−0.21，$i=1,\cdots,8$

d_{i2}：+0.18　+0.26　−0.25　−0.37　+0.32　−0.28　+0.31　+0.27，$i=1, \cdots, 8$

计算两组测定值的平均偏差：

$$\bar{d}_1=0.28$$

$$\bar{d}_2=0.28$$

两组测定值的平均偏差相同，没有比较出精密度的好坏，但实际上能看出第一组测定结果的精密度较差。

总体标准偏差：

$$\sigma=\sqrt{\frac{\sum(x_i-\mu)^2}{n}} \tag{2-9}$$

在一般的分析工作中，只做有限次测定，总体平均值不知道，因此统计学上用样本标准偏差（s）来表示测量值的精密度。表达式为

$$s=\sqrt{\frac{\sum(x_i-\bar{x})^2}{n-1}} \tag{2-10}$$

上述两组测定值的样本标准偏差分别为 $s_1=0.38$，$s_2=0.29$，可见样本标准偏差能更好地反映分析结果的精密度。

式(2-10) 中，($n-1$) 称为自由度，常用 f 表示，指独立变化的偏差个数。因各偏差之和为零，所以 n 个偏差中只有（$n-1$）个偏差是独立的，剩下的一个偏差将受到制约不再独立。引入（$n-1$）的目的主要是为了校正以 $\bar{x}$ 代替 μ 所引起的误差。显然，当测定次数无限多时，测定次数 n 与自由度（$n-1$）的区别很小，此时 $\bar{x}\rightarrow\mu$，$s\rightarrow\sigma$。

实际工作中也使用相对标准偏差（也称变异系数）来说明数据的精密度，其表达式为

$$CV=s_r=\frac{s}{\bar{x}}\times100\% \tag{2-11}$$

在有限次测定中，也可以用极差（R）表示一组平行数据的精密度。

$$R=x_{max}-x_{min} \tag{2-12}$$

例行分析中，一般取 2 次平行测定结果，可简单地用相对相差来表示分析结果的精密度。

$$相对相差=\frac{|x_1-x_2|}{\bar{x}}\times100\% \tag{2-13}$$

【例 2-2】 用重铬酸钾法测得 $FeSO_4 \cdot 7H_2O$ 中铁的质量分数为：0.2003、0.2004、0.2002、0.2005 和 0.2006。计算分析结果的平均值、平均偏差、标准偏差、相对标准偏差和极差。

解 计算过程列表如下。

测定次数 n	测得值 x	平均值 $\overline{x}$	$\|d_i\|$ 即 $\|x_i-\overline{x}\|$	d_i^2
1	0.2003		0.0001	0.00000001
2	0.2004		0	0
3	0.2002	0.2004	0.0002	0.00000004
4	0.2005		0.0001	0.00000001
5	0.2006		0.0002	0.00000004
			$\sum\|d_i\|=0.0006$	$\sum d_i^2=0.00000010$

$$\overline{d}=\frac{1}{n}\sum|d_i|=\frac{1}{5}|0.0006|=0.00012$$

$$s=\sqrt{\frac{\sum d_i^2}{n-1}}=\sqrt{\frac{0.00000010}{4}}=0.00016$$

$$s_r=\frac{s}{\overline{x}}\times 100\%=\frac{0.00016}{0.2004}=0.080$$

$$R=0.2006-0.2002=0.0004$$

三、准确度和精密度的关系

由以上讨论可知，系统误差是定量分析中误差的主要来源，它影响分析结果的准确度；随机误差影响分析结果的精密度。准确度高精密度一定好，精密度高准确度不一定好。只有在消除了系统误差之后，精密度好的分析结果准确度才高。

例如图 2-2 为甲、乙、丙、丁四人同时测定一试样中铜的质量分数（假定 $T=0.1000$）的 6 次分析结果。

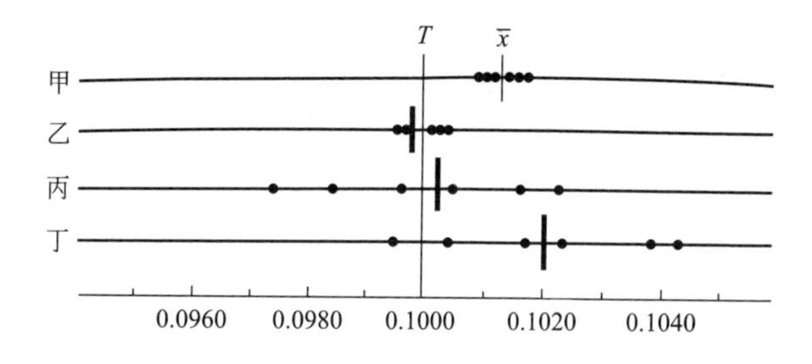

图 2-2 含铜试样分析结果的准确度和精密度

T 为真值（0.1000），$\overline{x}$ 为平均值，● 为个别测量值

由图 2-2 看出，甲的各测定值之间相差很小，但平均值（$\overline{x}$）与真值（T）相差较大，故精密度高，准确度不高，说明测量中随机误差小，但存在较大的系统误差；乙的准确度和精密度都很高，说明测量过程中系统误差和随机误差都小；丙的精密度很差，说明随机误差大，虽然平均值接近真值，是因为正负误差

相互抵消的结果；丁的系统误差和随机误差都很大，即准确度和精密度都不好。

理想的测定结果既要求精密度高，又要求准确度好。在实际分析工作中，首先要求精密度高，这样才有可能得到准确的结果。如果准确度不高，只要能找出产生误差的原因，加以校正，也有可能得到好的结果。所以精密度是保证准确度的先决条件。

四、提高分析结果准确度的方法

1. 选择合适的分析方法

分析方法的选择要考虑试样中待测组分的含量及方法的灵敏度和准确度。质量分数大于 0.01 组分的测定，应获得较高的准确度，相对误差一般是千分之几，选择化学分析法为主；微量组分因含量低，要求分析方法灵敏度高，应选择仪器分析法进行测定。

例如，对 $\omega(Fe)=0.2531$ 的标准试样进行分析，若方法的相对误差为 0.2%，测得铁的含量范围为 $\omega(Fe)=0.2526\sim0.2536$，结果非常准确。如用仪器分析法，测定的相对误差为 2%，故铁含量范围是 $\omega(Fe)=0.2481\sim0.2581$，显然误差很大。可见，常量组分不适用仪器分析法，而用化学分析法较好。但若测定 $\omega(Fe)=0.0001$ 的标准试样，用灵敏度高的仪器分析法，相对误差为 2%，测得 $\omega(Fe)=0.000098\sim0.000102$。由于试样中铁含量低，2%相对误差所引起的绝对误差并不大，这样的结果其准确度符合要求。因此，微量组分分析应选择仪器分析法。

2. 减小系统误差

系统误差根据产生的原因，采用不同的方法检验和消除。

(1) 做对照试验　目的是检验和消除方法误差。一种新的分析方法建立后，是否可靠，应做对照试验判断系统误差是否消除。通常有两种方法：①用研究的新方法对已知准确含量的标准试样或纯物质进行分析，将测定结果（$\overline{x}$）与标准值（μ）对照；②用标准方法和所研究的新方法对同一试样进行分析，将两组测定结果（如 $\overline{x}_1$ 和 $\overline{x}_2$）对照。对照试验的数据通过显著性检验，即可得出方法是否可靠的结论。

实际分析中，还要做“内检”或“外检”的对照试验。“内检”是同一试样在不同分析人员之间重复测定，互相对照的方法；“外检”是将同一试样在本单位和外单位间进行对照试验。

在做对照试验时，如果对试样的组成不完全清楚，可采用“加入回收法”进行试验。取两份完全等量的同一试样，向其中一份加入已知量的待测组分，另一份不加。然后进行平行测定，再做对照分析，看加入的待测组分能否定量回收，以此判断分析过程是否存在系统误差。回收率越接近 100%，分析方法和分析过程的准确度越高。

（2）做空白试验　不加试样或用蒸馏水代替试样，按照试样的测定步骤和条件进行的试验称为空白试验，得到的结果为空白值。目的是检验和消除试剂误差。试样分析结果应为测定值减去空白值，但如果空白值过大，必须更换试剂和提纯蒸馏水，否则会因扣除空白值而引起实验结果更大的误差。

（3）校准仪器　分析实验室中天平、砝码、移液管、容量瓶和滴定管等计量仪器在出厂时已进行校准，对于日常的分析工作，仪器保管较好，可不用再校准。但是，在要求准确度较高的分析中，必须定期进行校准，以消除仪器误差。

3. 减小测量误差

滴定分析中，测量值为分析天平称量值和滴定管读数值。

若用万分之一分析天平（即称量一次的不确定值为±0.0001g），减量法称取试样的绝对误差为±0.0002g。当称量的相对误差在±0.1%以内时，称取试样的质量（m_s）为

$$m_s=\frac{E}{E_r}=\frac{\pm 0.0002\text{g}}{\pm 0.1\%}=0.2\text{g}$$

即称量物的质量应大于0.2g。

滴定管读数误差为±0.01mL，一次滴定中需读2次，故读数的绝对误差应为±0.02mL，同理，测量时读数的相对误差在±0.1%以内时，滴定剂的体积V为

$$V=\frac{E}{E_r}=\frac{\pm 0.02\text{mL}}{\pm 0.1\%}=20\text{mL}$$

所以滴定剂的用量控制在20mL以上，一般在20～30mL之间。

4. 减小随机误差

如前所述，当测定次数大于10，随机误差的减小已不明显。因此，在一般的分析工作中，通常要求平行测定3～5次即可。

第三节　有限次实验数据的统计处理

一、置信度和置信区间

随机误差的正态分布曲线（图2-1）也称为高斯（C. F. Gauss 德国数学家、物理学家和天文学家，1777—1855）曲线，其数学表达式又称高斯方程：

$$y=f(x)=\frac{1}{\sigma\sqrt{2\pi}}e^{-\frac{(x-\mu)^2}{2\sigma^2}}$$

可见曲线随μ和σ的不同而不同，应用不方便。统计学上将横坐标改用u为单位，令

$$u=\frac{x-\mu}{\sigma}$$

即横坐标是以 σ 为单位的 $x-\mu$ 值。这种正态分布曲线称为标准正态分布曲线，如图 2-3 所示。标准正态分布曲线方程为

$$y=f(u)=\frac{1}{\sqrt{2\pi}}e^{-\frac{u^2}{2}}$$

随机误差在某区间内出现的概率，可取不同 u 值对上式积分求面积得到

$$概率=面积=\frac{1}{\sqrt{2\pi}}\int_0^u e^{-\frac{u^2}{2}}du$$

表 2-1 列出了不同 u 值曲线所包括的面积。

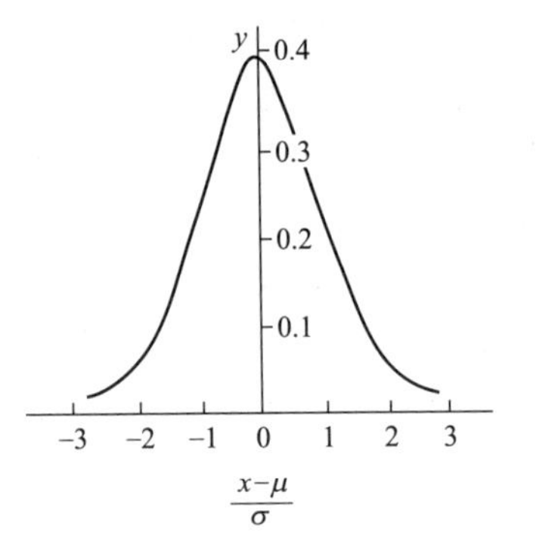

图 2-3 标准正态分布曲线

表 2-1 正态分布概率积分表（单侧）

$\lvert u\rvert$	面 积	$\lvert u\rvert$	面 积	$\lvert u\rvert$	面 积
0.0	0.0000	1.0	0.3414	2.0	0.4773
0.1	0.0398	1.1	0.3643	2.1	0.4821
0.2	0.0793	1.2	0.3849	2.2	0.4861
0.3	0.1179	1.3	0.4032	2.3	0.4893
0.4	0.1554	1.4	0.4192	2.4	0.4918
0.5	0.1915	1.5	0.4332	2.5	0.4938
0.6	0.2258	1.6	0.4452	2.6	0.4953
0.7	0.2580	1.7	0.4554	2.7	0.4965
0.8	0.2881	1.8	0.4641	2.8	0.4974
0.9	0.3159	1.9	0.4713	3.0	0.4987

表中 $\lvert u\rvert$ 是正值，它所对应的概率 P 就是 u 在 0～$\lvert u\rvert$ 单侧区间内的面积。将表中概率乘以 2，则是在 $\pm\lvert u\rvert$ 区间内随机误差出现的概率。如测量误差在 $\pm\sigma$ 区间，即测量值 x 在 $\mu\pm\sigma$ 区间的概率为 68.28%；同理，测量误差在 $\pm2\sigma$ 和 $\pm3\sigma$ 区间，即测量值 x 在 $\mu\pm2\sigma$ 区间和 $\mu\pm3\sigma$ 区间的概率应分别为 95.46% 和 99.74%（见图 2-4）。即误差大于 3σ 的测定值出现的概率仅为 0.26%，在实际有限次测定中，可视作极端值（或异常值）舍去。

标准正态分布是无限次测量数据的分布规律，实际中测定次数少，用标准正态分布规律去处理实际问题不合理，甚至可能得出错误的判断和估计。为了解决有限次测量数据的分布规律，英国统计学家兼化学家戈塞特（W. S. Gosset）提出了一个处理少量实验数据的方法——t 分布，以对标准正态分布进行修正。t 为校正系数，称为置信因子。令 $t=\frac{x-\mu}{s}$，以 t 为横坐标，概率密度为纵坐标，得到有限次测量数据的分布规律——t 分布曲线，见图 2-5。

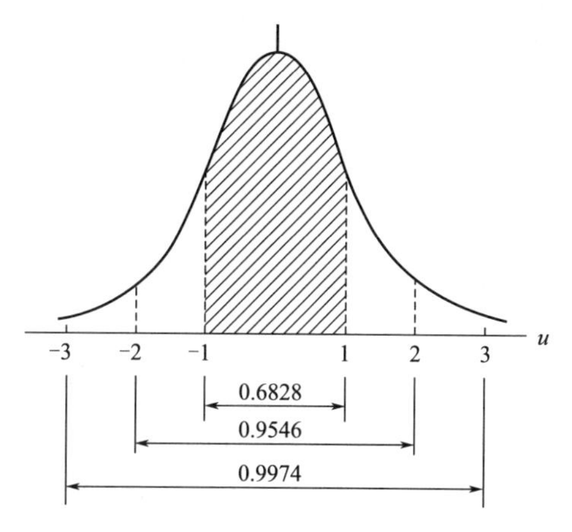

图 2-4　标准正态分布曲线 P 值示意图

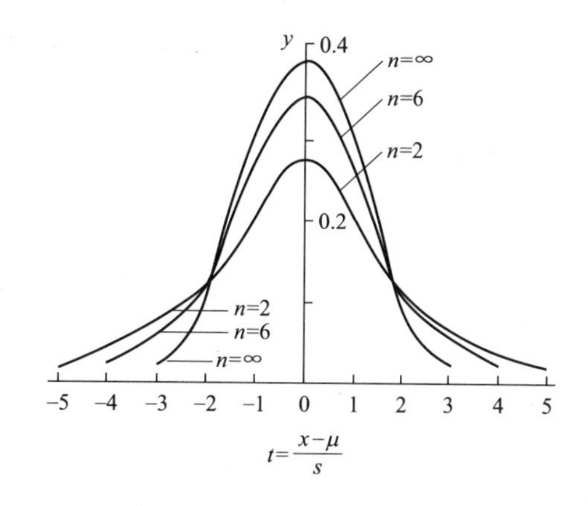

图 2-5　t 分布曲线

t 和 u 的区别在于用有限次测量的样本标准偏差 s 代替总体标准偏差 σ。t 分布曲线与 u 分布曲线相似，但 t 分布曲线形状随测量次数 n 不同而不同。当 t 一定时，n 不同，概率不同。不同测定次数 n 和置信度 P 下对应的 t 值列于表 2-2 中。当 $n\rightarrow\infty$ 时，$s\rightarrow\sigma$。t 与 u 一致，t 分布曲线变成标准正态分布曲线。

表 2-2　t 值表

n	P				
	50%	90%	95%	99%	99.5%
2	1.000	6.314	12.706	63.657	127.32
3	0.816	2.920	4.303	9.925	14.089
4	0.765	2.353	3.182	5.841	7.453
5	0.741	2.132	2.776	4.604	5.598
6	0.727	2.015	2.571	4.032	4.773
7	0.718	1.943	2.447	3.707	4.317
8	0.711	1.895	2.365	3.500	4.029
9	0.706	1.860	2.306	3.355	3.832
10	0.703	1.833	2.262	3.250	3.690
11	0.700	1.812	2.228	3.169	3.581
21	0.687	1.725	2.086	2.845	3.153
∞	0.674	1.645	1.960	2.576	2.807

t 分布曲线下某区间的面积表示相应测量值出现的概率 P。如 $n=4$、$P=0.95$ 时，$t=3.182$，表示 t 分布曲线下直线 $t=-3.182$ 与 $t=3.182$ 之间所夹的面积为 95%。

从表中看出，同一测定次数下，t 随 P 的增大而增大；同一 P 下，t 随测定次数的增大而减小，且减小程度由迅速到缓慢。测定 5 次后 t 变化不大，测定 20

次和无限次结果几乎相同，说明盲目增大测定次数没有意义，一般3～5次足够。

在一定置信度下真值的取值范围称为置信区间（也叫可靠性范围），其概率P称为置信度或置信概率（也叫置信水平），表示人们所作判断的可靠程度。

因为$t=\pm\frac{x-\mu}{s}$，故有

$$\mu=x\pm ts$$

n次测定后，x取平均值$\bar{x}$，则上式经统计处理为

$$\mu=\bar{x}\pm t\frac{s}{\sqrt{n}} \qquad (2\text{-}14)$$

上式表明，对于有限次测定，在一定置信度下，以样本平均值$\bar{x}$和样本的标准偏差s估计总体平均值μ（无系统误差时为真值）的范围，这个范围是以平均值为中心，包括真值的可靠区间，即为平均值的置信区间。可见，通过有限次测定可实现对无限次测定结果的判断。

置信度的高低应定得合适，定得越高判断失误的机会越小，但如果置信区间过宽，往往实用意义不大。

日常工作中人们所作判断若有90%或95%的把握，可认为判断基本正确。处理实验数据时，通常视具体情况有时取90%或95%，有时也取99%的置信度。

【例2-3】 水样中氯含量测定结果（$mg\cdot L^{-1}$）：39.10、39.12、39.19、39.17和39.22，计算样本标准偏差和置信度为90%和99%时的置信区间。

解 $\bar{x}=\frac{1}{5}(39.10mg\cdot L^{-1}+39.12mg\cdot L^{-1}+39.19mg\cdot L^{-1}+39.17mg\cdot L^{-1}+39.22mg\cdot L^{-1})=39.16mg\cdot L^{-1}$

$$s=\sqrt{\frac{(0.06mg\cdot L^{-1})^2+(0.04mg\cdot L^{-1})^2+(0.03mg\cdot L^{-1})^2+(0.01mg\cdot L^{-1})^2+(0.06mg\cdot L^{-1})^2}{5-1}}$$

$$=0.05mg\cdot L^{-1}$$

$P=90\%$，$n=5$，查t表，$t=2.132$。所以

$$\mu=\bar{x}\pm t\frac{s}{\sqrt{n}}=39.16mg\cdot L^{-1}\pm 2.132\times\frac{0.05mg\cdot L^{-1}}{\sqrt{5}}=(39.16\pm 0.06)mg\cdot L^{-1}$$

同理，$P=99\%$，$n=5$，查t表，$t=4.604$

$$\mu=(39.16\pm 0.10)mg\cdot L^{-1}$$

结果表示水样中氯真实含量在39.11～39.21$mg\cdot L^{-1}$区间内的可能性是90%，在39.06～39.26$mg\cdot L^{-1}$区间内的可能性是99%。

二、可疑数据的取舍

在一组平行测定的数据中，常常有个别测定值偏离其他数据较远的可疑值，或称极端值和离群值。对这些数据不能轻易地舍弃或保留，应先设法找出可疑值

出现的原因，若是由过失引起则舍弃，否则要通过检验判断取舍，这是区分随机误差和过失的问题。检验可疑值的方法很多，主要有以下两种。

1. Q 检验法

Q 检验法由迪安（Dean）和狄克逊（Dixon）于 1951 年提出。适用于测定次数为 3～10 时的检验。其判断方法为

① 将测得的数据由小到大排列成序，可疑值往往是首项或末项。

② 计算统计量 $Q_{计}$：

$$Q_{计}=\frac{|x_{疑}-x_{邻}|}{极差\ R}=\frac{|x_{疑}-x_{邻}|}{x_{max}-x_{min}} \tag{2-15}$$

③ 根据测定次数 n 和要求的置信度，查表 2-3，得出 $Q_{表}$。若 $Q_{计}>Q_{表}$，则弃去可疑数据，否则保留。

表 2-3　Q 值表

置信度 P	测定次数 n							
	3	4	5	6	7	8	9	10
90%($Q_{0.90}$)	0.94	0.76	0.64	0.56	0.51	0.47	0.44	0.41
96%($Q_{0.96}$)	0.98	0.85	0.73	0.64	0.59	0.54	0.51	0.48
99%($Q_{0.99}$)	0.99	0.93	0.82	0.74	0.68	0.63	0.60	0.57

【例 2-4】 标定某溶液浓度 $c/mol \cdot L^{-1}$，得到如下结果：0.1014、0.1012、0.1016、0.1025。用 Q 检验法判断可疑值的取舍（置信度 90%）。

解　数据排序为 0.1012、0.1014、0.1016、0.1025，其中 0.1025 为可疑值，则

$$Q_{计}=\frac{0.1025mol\cdot L^{-1}-0.1016mol\cdot L^{-1}}{0.1025mol\cdot L^{-1}-0.1012mol\cdot L^{-1}}=0.69$$

查 Q 值表，当 $n=4$ 时，$Q_{0.90}=0.76$，即 $Q_{计}<Q_{表}$，故 0.1025 应保留。

应当指出，此例 $Q_{计}$ 与 $Q_{表}$ 较相近，若准确度要求高，最好再测定一次。

2. $4\bar{d}$ 法

少量实验数据（一般 4～8 次）时，可粗略地认为偏差大于 $4\bar{d}$ 的测定值应该舍去。

判断方法是：首先计算除去可疑值后各数值的平均值和平均偏差，若可疑值与平均值之差的绝对值大于 4 倍的平均偏差则舍去，否则保留。

用 $4\bar{d}$ 法处理问题时有时会有较大的误差，但该法简单，不用查表，至今仍有应用。当 $4\bar{d}$ 法与其他检验法矛盾时，以其他法则为准。

三、显著性检验

在分析工作中通常可能遇到以下几种情况：

① 对标准试样测定的 $\overline{x}$ 与标准值 μ 不一致；

② 对同一试样用两种不同方法测定的平均值 $\overline{x}_1$、$\overline{x}_2$ 不一致；

③ 对同一试样甲和乙两人测定的平均值 $\overline{x}_甲$、$\overline{x}_乙$ 不一致；

④ 同一试样在A和B不同实验室测定的平均值 $\overline{x}_A$、$\overline{x}_B$ 不一致。

以上四种不一致如果是由系统误差引起，就认为它们之间存在“显著性差异”，否则就认为没有显著性差异，分析结果之间的差异是由随机误差引起，是正常情况。利用统计的方法检验被处理的问题是否存在统计上的显著性，称为显著性检验。

显著性检验的方法有多种，在分析化学中最重要的是 t 检验和 F 检验。

1. 平均值与标准值的比较（t 检验）

本法适用于对标准试样测定的 $\overline{x}$ 与标准值 μ 不一致（上述①）的情况。方法是先计算 t，再与表中的 t 比较。如果 $t_计 < t_表$，新方法准确可靠，否则新方法存在系统误差，测量值不可靠。

$$t_计 = \frac{|\overline{x} - \mu|}{s}\sqrt{n} \tag{2-16}$$

【例 2-5】 用某种新方法分析标准局的铁标样（质量分数为0.1060，视为 μ），结果是 $n=8$，$\overline{x}=0.1056$，$s=0.0006$，设置信度为95%，试对此方法进行评价。

解 $$t_计 = \frac{|0.1056 - 0.1060|}{0.0006}\sqrt{8} = 1.886$$

$P=0.95$，$n=8$，查 t 表，$t_表=2.365$，$t_计 < t_表$，新方法无系统误差，准确可靠。

2. 两组平均值的比较

本法适用于前述的后三种情况的检验。

(1) F 检验　设两组测定结果分别为 n_1、$\overline{x}_1$、s_1 和 n_2、$\overline{x}_2$、s_2。首先用 F 检验判断 s_1 和 s_2 之间是否存在显著性差异。检验方法是计算 F 并与表2-4中 F 比较。

表 2-4　F 表（P=95%）

$f(s_大)$	$f(s_小)$									
	2	3	4	5	6	7	8	9	10	∞
2	19.00	19.16	19.25	19.30	19.33	19.36	19.37	19.38	19.39	15.50
3	9.55	9.28	9.12	9.01	8.94	8.88	8.84	8.81	8.78	8.53
4	6.94	6.59	6.39	6.26	6.16	6.09	6.04	6.00	5.96	5.63
5	5.79	5.41	5.19	5.05	4.95	4.88	4.82	4.78	4.74	4.36
6	5.14	4.76	4.53	4.39	4.28	4.21	4.15	4.10	4.06	3.67
7	4.74	4.35	4.12	3.97	3.87	3.79	3.73	3.68	3.63	3.23

续表

$f(s_{大})$	$f(s_{小})$									
	2	3	4	5	6	7	8	9	10	∞
8	4.46	4.07	3.84	3.69	3.58	3.50	3.44	3.39	3.34	2.93
9	4.26	3.86	3.63	3.48	3.37	3.29	3.23	3.18	3.13	2.71
10	4.10	3.71	3.48	3.33	3.22	3.14	3.07	3.02	2.97	2.54
∞	3.00	2.60	2.37	2.21	2.10	2.01	1.94	1.88	1.83	1.00

$$F_{计}=\frac{s_{大}^2}{s_{小}^2} \tag{2-17}$$

若 $F_{计}>F_{表}$，说明 s_1 和 s_2 之间存在显著性差异，分析测定中有系统误差，可以推断 $\overline{x}_1$ 与 $\overline{x}_2$ 有显著性差异，数据不可靠，不必继续检验；如果 $F_{计}<F_{表}$，说明 s_1 和 s_2 之间无显著性差异，此时需要进一步用 t 检验判断 $\overline{x}_1$ 与 $\overline{x}_2$ 之间是否存在显著性差异。

（2）t 检验　t 检验用于继续检验 $\overline{x}_1$ 与 $\overline{x}_2$ 之间是否存在显著性差异。先计算 t，然后在一定置信度下与 t 表比较。

$$t_{计}=\frac{|\overline{x}_1-\overline{x}_2|}{s_{合}}\sqrt{\frac{n_1n_2}{n_1+n_2}} \tag{2-18}$$

式中　$s_{合}$——合并标准偏差。

$$s_{合}=\sqrt{\frac{偏差平方和}{n_1+n_2-2}}=\sqrt{\frac{\sum d_{1_i}^2+\sum d_{2_i}^2}{n+n_2-2}}=\sqrt{\frac{(n_1-1)s_1^2+(n_2-1)s_2^2}{n_1+n_2-2}} \tag{2-19}$$

根据 n_1+n_2-2 和置信度 P 在 t 表中查相应的 $t_{表}$ 值。比较 $t_{计}$ 和 $t_{表}$。如果 $t_{计}<t_{表}$，则 $\overline{x}_1$ 与 $\overline{x}_2$ 间无显著性差异，否则存在显著性差异，即存在系统误差，分析结果不可靠。

【例 2-6】 用两种方法测定农药中钴含量所得结果（$\mu g \cdot mL^{-1}$）：

方法 1　1.26、1.25、1.22

方法 2　1.35、1.31、1.33、1.34

试问置信度为 95％时两种方法是否存在显著性差异？

解　$n_1=3$　$\overline{x}_1=\frac{1}{3}\times(1.26\mu g \cdot mL^{-1}+1.25\mu g \cdot mL^{-1}+1.22\mu g \cdot mL^{-1})=1.24\mu g \cdot mL^{-1}$

$$s_1=\sqrt{\frac{(0.02\mu g \cdot mL^{-1})^2+(0.01\mu g \cdot mL^{-1})^2+(0.02\mu g \cdot mL^{-1})^2}{3-1}}$$

$$=0.021\mu g \cdot mL^{-1}$$

$n_2=4$

$$\bar{x}_2=\frac{1}{4}\times(1.35\mu g\cdot mL^{-1}+1.31\mu g\cdot mL^{-1}+1.33\mu g\cdot mL^{-1}+1.34\mu g\cdot mL^{-1})$$
$$=1.33\mu g\cdot mL^{-1}$$

$$s_2=\sqrt{\frac{(0.02\mu g\cdot mL^{-1})^2+(0.02\mu g\cdot mL^{-1})^2+(0.01\mu g\cdot mL^{-1})^2}{4-1}}$$
$$=0.017\mu g\cdot mL^{-1}$$

$$F_{计}=\frac{s_{大}^2}{s_{小}^2}=\frac{0.021^2}{0.017^2}=1.53$$

$f(s_{大})=3-1=2$，$f(s_{小})=4-1=3$，$P=95\%$，查 F 表为 19.16，因为 $F_{计}<F_{表}$，说明 s_1 和 s_2 之间无显著性差异。继续用 t 检验：

$$s_{合}=\sqrt{\frac{(3-1)\times(0.021\mu g\cdot mL^{-1})^2+(4-1)\times(0.017\mu g\cdot mL^{-1})^2}{3+4-2}}$$
$$=0.018\mu g\cdot mL^{-1}$$

$$t_{计}=\frac{|1.24\mu g\cdot mL^{-1}-1.33\mu g\cdot mL^{-1}|}{0.018\mu g\cdot mL^{-1}}\sqrt{\frac{3\times4}{3+4}}=6.546$$

当 $P=95\%$，$3+4-2=5$ 时，查 t 表得 $t_{表}=2.776$。$t_{计}>t_{表}$，$\bar{x}_1$ 与 $\bar{x}_2$ 之间有显著性差异，说明两种方法存在显著性差异，即存在系统误差，测定值不可取，必须找出原因并消除。

四、分析结果的报告

1. 例行分析

例行分析是一个试样取平行测定 2 次结果，如果不超过允许的相对误差，则取它们的平均值报告分析结果。如果超过允许误差，再做一次，取 2 次不超过允许误差的测定结果，取其平均值报告分析结果。

不同分析允许的误差不同。例如土壤常规分析，用 EDTA 滴定法测定 CaO 和 MgO 含量的允许相对误差各为 0.15%。

2. 多次测定结果

在科学研究和非例行分析中，对分析结果的报告要求较严，要综合反映准确度、精密度和测定次数这三项必不可少的指标。

常用的分析结果报告形式，一种是直接报告平均值 $\bar{x}$、标准偏差 s 和测定次数 n；另一种是报告指定置信度（一般取 95%）时平均值的置信区间。后一种报告方式不仅表明了测定的准确度、精密度和平行测定次数，而且还标明了测定结果的可信程度。

【例 2-7】 分析某试样中铁的质量分数结果为 0.3910、0.3912、0.3919、0.3917、0.3922。试用两种方式报告分析结果。

解 （1）用（$\bar{x}$、s、n）报告分析结果：

$$\omega(\mathrm{Fe})=\overline{x}=0.3916 \quad s=0.0005 \quad n=5$$

（2）用置信区间（$P=95\%$）报告分析结果：

$$\omega(\mathrm{Fe})=0.3916\pm\frac{2.78\times0.0005}{\sqrt{5}}=0.3916\pm0.0006$$

第四节 有效数字及其运算规则

在科学实验中，为了得到准确的分析结果，不仅要准确测定数据，还要正确地记录和计算。分析结果的数值既反映待测组分的含量，又反映测定方法的准确程度。例如，测定某试样中铁的质量分数为 0.1916，这个数值表示了铁的含量，也说明了测量的相对误差≤0.1%。可见，正确地表示分析结果十分重要，应按测量仪器、分析方法的准确度来记录、计算和表示分析结果。

一、有效数字

有效数字是分析工作中实际能测量到的数字，是测量值大小和精度的真实记录，其最后一位数字为不确定值，其余各位数字都是准确值。例如，万分之一分析天平的精度为±0.0001g，称取试样质量正确记录如为 0.2158g，表示最后一位“8”为不确定数字，通常理解为不确定的数可能有±1 的误差，则真实值在 0.2157～0.2159g 之间，因此 0.2158g 的不确定值为±0.0001g，与天平的精度一致。

确定有效数字位数示例：

0.2580	0.6000	35.02%	6.023×10^{2}		四位有效数字
1.35	55.0	7.20%	1.34×10^{-3}		三位有效数字
0.036	3.8	1.6×10^{5}	0.38%	pH=5.30	二位有效数字
230	1000	43000			有效数字位数含糊

必须注意：

① 数字“0”作为普通数字用时是有效数字；作为定位用时不是有效数字；

② 常用对数的有效数字位数取决于小数部分的位数，整数部分与该数 10 的幂次方有关。例如 pH=4.30，表示 $c(\mathrm{H^+})=5.0\times10^{-5}\mathrm{mol\cdot L^{-1}}$，为二位有效数字；

③ 230，1000，34000 等数字末位的“0”，可以是有效数字，也可以仅是定位的非有效数字，为了避免混淆，最好用 10 的指数法表示。例如 34000 作为两位有效数字写成 3.4×10^{4}，作为三位有效数字写成 3.40×10^{4}。

二、有效数字的修约

① 记录数据或计算结果只保留一位可疑数字。

② 采用“四舍六入，过五进位，恰五留双”的原则，弃去多余的或不正确的数字。就是当要保留 n 位有效数字时，n 后边的数处理方法是：a. 小于或等于 4

时舍去；b. 大于或等于 6 时进位；c. 恰为 5 时，如 5 后面还有不为 0 的任何数时进位，如 5 后面没有数字时，“5”的前一位是奇数则进位，是偶数则舍去。

例如，将下列数据修约为三位有效数字。

3.3846→3.38　2.616→2.62　6.2051→6.21　6.3250→6.32　6.3150—6.32　6.335→6.34

注意，对有效数字修约时，要对原数据一次修约到所需要的位数，不能分次修约。如将 3.5466 修约为两位有效数字，应直接修约为 3.5，不能从后往前先修约为 3.547，再修约为 3.55，最后修约为 3.6。

三、有效数字的计算

① 加减运算中以小数点后位数最少（即绝对误差最大）的数据为依据。因为根据误差传递规律，在加减运算中，结果的绝对误差等于各数据绝对误差的代数和。可见，各数据中绝对误差最大者起绝对作用。

例如，0.0121、25.64 和 1.05782 三数相加，各数的最后一位为可疑数字，绝对误差分别为±0.0001、±0.01、±0.00001，因此计算结果保留至小数后第二位即可，正确方法是先修约再运算。即

$$0.01+25.64+1.06=26.71$$

② 乘除法运算以相对误差最大（即有效数字位数最少）的数据为依据。因为根据误差传递规律，在乘除运算中，结果的相对误差等于各数据相对误差的代数和。可见，各数据中相对误差最大者起绝对作用。

例如，0.0121、25.64 和 1.05782 三数相乘，各个数的相对误差分别为

$$\frac{\pm 0.0001}{0.0121}\times 1000‰=\pm 8‰$$

$$\frac{\pm 0.01}{25.64}\times 1000‰=\pm 0.4‰$$

$$\frac{\pm 0.00001}{1.05782}\times 1000‰=\pm 0.009‰$$

看出应以第一个数据为依据，确定其他数据的位数，结果保留三位有效数字。

$$0.0121\times 25.6\times 1.06=0.328$$

在乘除运算中，若数据首位大于或等于 8，其有效数字的位数可多算一位。如 0.926 是三位有效数字，可认为是四位有效数字。因其相对误差 0.1%，与 1.026 四位有效数字的相对误差相近。

③ 在重量分析和滴定分析中，测量数据多于四位有效数字时，计算结果只需保留四位有效数字；若测量数据不足四位有效数字时，应按最少的有效数字位数保留。

在分析报告中，高含量（$\omega>0.1$）的测定，一般结果要有四位有效数字；中含量（ω 在 0.01～0.1）的测定，一般要有三位有效数字；微量组分（$\omega<$

0.01）的测定，一般要有两位有效数字。计算误差和偏差时，只需取一位有效数字，最多取两位即已足够。

使用计算器连续运算时，不必对每一步的计算结果都进行修约，但应当根据运算法则的要求，正确保留最后结果有效数字的位数。

知识拓展　**关键词链接：自由度，格鲁布斯检验法，回归分析法，分析质量评价与控制**

化学视野

误差的传递

在试样分析中，每步测量所引入的误差，都会或多或少地影响分析结果的准确度，即个别测量步骤中的误差将传递到最后的结果中，称为误差的传递。误差传递包括系统误差的传递和随机误差的传递。

分析结果计算式多数是加减式和乘除式，另外是指数式。

1. 系统误差的传递

（1）加减运算　设：三个测量值 A，B，C，分析结果 $R=A+B-C$，E 为各项相应的误差；E_R 为 R 的误差。则

$$E_R=E_A+E_B-E_C$$

（2）乘除运算　设：三个测量值 A，B，C，分析结果 $R=\frac{AB}{C}$，则

$$\frac{E_R}{R}=\frac{E_A}{A}+\frac{E_B}{B}-\frac{E_C}{C}$$

分析结果的相对误差，是每步测量相对误差的代数和（在乘法运算中，分析结果的相对误差是各个测量值的相对误差之和，而除法则是它们的差）。

（3）指数关系　若分析结果 R 与测量值 A 关系为：$R=mA^n$，则

$$\frac{E_R}{R}=n\frac{E_A}{A}$$

指数关系分析结果的相对误差，为测量值的相对误差的指数倍。

（4）对数关系　若分析结果 R 与测量值 A 关系为：$R=m\lg A$，则

$$E_R=0.434m\frac{E_A}{A}$$

2. 随机误差的传递

随机误差用标准偏差 s 表示最好，因此均以标准偏差来传递。

（1）加减运算　计算结果的方差（标准偏差的平方）是各测量值方差的和，如$R=A+B-C$，则

$$s_R^2=s_A^2+s_B^2+s_C^2$$

（2）乘除运算　计算结果的相对标准偏差的平方是各测量值相对平均偏差平方的和，对于算式 $R=AB/C$，则

$$\left(\frac{s_R}{R}\right)^2=\left(\frac{s_A}{A}\right)^2+\left(\frac{s_B}{B}\right)^2+\left(\frac{s_C}{C}\right)^2$$

（3）指数运算　对于 $R=A^n$，结果的相对偏差是测量值相对偏差的 n 倍，即

$$\left(\frac{s_R}{R}\right)^2=n^2\left(\frac{s_A}{A}\right)^2 \quad 或 \quad \frac{s_R}{R}=n\frac{s_A}{A}$$

（4）对数运算　若关系式为 $R=m\lg A$，可得到误差传递的关系式为

$$s_R=0.434m\frac{s_A}{A}$$

本章小结

定量分析结果的准确性是相对的，误差的存在是绝对的。误差根据产生的原因和性质分为系统误差和随机误差。前者具有单向性和重复性，影响分析结果的准确度，一般用相对误差表示；消除系统误差后，随机误差的规律性表现在分析结果或误差呈正态分布，影响分析结果的精密度，有多种表示方法，如偏差、极差、标准差，最好是用样本标准偏差来表示。分析结果的精密度高准确度不一定高，而准确度高则精密度一定高。采取对照试验、空白试验和校准仪器可减小系统误差，增加测量次数则可减小随机误差。

对分析结果数据处理时，首先对可疑值用 Q 检验法或 $4\bar{d}$ 法确定取舍，其次对分析结果进行显著性检验。对例行分析其结果用平均值报告；对多次测定结果一般采用直接报告平均值、标准差和测定次数，或者报告指定置信度下平均值的置信区间。分析结果的数据记录及处理应正确运用有效数字及其运算规则。

思考与练习

1. 什么是系统误差、随机误差？误差来源如何？如何减小？

2. 有人说："随机误差是在测定中偶然出现的"，这种说法对吗？为什么？

3. 判断下列各种情况引起的是系统误差、随机误差还是过失。如果是误差，说明应采取什么方法减少。

（1）砝码被腐蚀；

（2）称量时天平零点稍有变化；

（3）试剂中含有微量待测组分；

（4）滴定管读数时最后一位数字估计不准；

（5）称量时样品吸收了少量水分；

（6）指示剂的变色点与计量点不符；

（7）标定 HCl 用的 NaOH 标准溶液吸收了 CO_2；

（8）试样未经充分混匀；

（9）滴定管滴定前未用标准溶液润洗；

（10）以含量为 $w=0.99$ 的草酸钠标定高锰酸钾溶液；

（11）标定 NaOH 溶液用的 $H_2C_2O_4 \cdot 2H_2O$ 部分风化；

（12）不同人员的测定结果之间的误差；

（13）移液管未经校准。

4. 选择题

（1）下列关于系统误差说法正确的是（　　）。

A. 符合正态分布

B. 可通过增加平行测定次数的方法来减免

C. 影响分析结果的精密度

D. 是定量分析误差的主要来源

（2）下列关于随机误差说法错误的是（　　）。

A. 随机误差是由一些不固定的因素引起的

B. 随机误差的分布没有规律性

C. 多次平行测定的随机误差的代数和接近于零

D. 多次平行测定的随机误差呈正态分布

5. 填空题

（1）对某样品平行测定 5 次，前 4 次测定值的绝对偏差分别为 0.0003、0.0001、−0.0002、−0.0004，则第 5 次测定值的绝对偏差为（　　）。

（2）精密度好就可以判断分析结果可靠的前提是（　　）。

（3）滴定操作时，滴定管最后一位数字估计不准，对此误差可采取的减免方法是（　　）。

6. 准确度和精密度各是什么含义？分别最好用什么表示？两者的关系如何？

7. 下列数据有几位有效数字？

0.00330　　10.030　　$pK_a^{\ominus}=4.74$　　1.02×10^{-2}　　0.4002　　0.50%

8. 两位实验员对同一个样品各做四次测定，得如下结果（用质量分数表示）：

甲：0.7500、　0.7441、　0.7653、　0.7704

乙：0.7531、　0.7527、　0.7540、　0.7545

若样品标准含量为 0.7500，试计算其相对误差和标准偏差，并据此提出改进工作的建议。

9. 滴定管读数误差±0.02mL，滴定体积分别为：2mL，20mL，40mL。试计算相对误差各为多少。分析计算结果说明什么。

10. 分析天平的相对误差±0.1%，分别称量：0.5g，1g，2g。试计算绝对误差不应大于多少。

11. 用沉淀滴定法测定 NaCl 中氯的质量分数：0.4124，0.4127，0.4123 和 0.4126。试求置信度为 95%时，平均值的置信区间。

12. 某试样中含铁量为 0.3919，若甲分析结果是 0.3912，0.3915，0.3918；乙分析结果是 0.3919，0.3924，0.3928。试比较甲、乙二人分析结果的准确度和精密度。

13. 某试样中氯离子含量经六次测定得：$\overline{x}=35.2\mu g \cdot mL^{-1}$，$s=0.7\mu g \cdot mL^{-1}$，分别计算置信度为 90%和 95%时平均值的置信区间。

14. 对纯度为 $w=0.955$ 的工业纯碱进行检验，$n=9$，$\overline{x}=0.9435$，$s=0.35$。若置信度为 95%，问此批工业纯碱是否合格？

15. 分析石灰石中 CaO 质量分数，测定结果为 0.5595，0.5600，0.5604，0.5608，0.5623。用 Q 检验法检验可疑数据是否应舍去（置信度为 90%）。

16. 用某种新方法测定试样中铜的质量分数，结果如下：0.2048，0.2051，0.2053，0.2054，0.2060。

（1）用 Q 检验法检验可疑数据是否舍弃；

（2）求置信度为 95%时，平均值的置信区间；

（3）若试样标准含量为 0.2050，问此新方法是否存在系统误差？

17. 某分析人员对一含铁样品要进行 5 次测定，已知前四次测定结果（质量分数）为 0.5634，0.5630，0.5628 和 0.5635。若置信度为 90%，问若保证第五次测定结果有效，则第五次测定值的范围应是多少？

18. 根据有效数字运算规则，计算下列结果：

（1）$7.9936 \times 0.9967 - 5.02 = ?$

（2）$0.0325 \times 5.103 \times 60.06 + 139.8 = ?$

（3）$0.414 \div (31.3 \times 0.0530) = ?$

（4）$(1.276 \times 4.17) + (1.7 \times 10^{-5}) - (0.0021764 \times 0.0121) = ?$

（5）$213.64 \div 4.4 + 0.3244 = ?$

（6）pH＝1.05，求 $c(H^+)=?$

19. Use the Q test to determine if the largest value can be dropped from the following data set:

0.5391，0.5452，0.5392，0.5390，0.5382，0.5401

20. Report the mean, standard deviation, and relative standard deviation based on the following data set. Be sure to show your work.

25.90，25.98，26.07，25.88，26.17

扫码看课件

第三章　滴定分析概论

教学目标

1. 理解滴定分析法的基本概念、特点及对滴定反应的要求，掌握滴定方式并能灵活应用。

2. 掌握标准溶液浓度的表示方法、配制与标定方法。

3. 能够熟练运用滴定分析法进行有关的计算。

4. 理解滴定分析误差的来源及减免方法。

第一节　概述

一、滴定分析过程和方法特点

滴定分析法又叫容量分析法。是将一种已知准确浓度的试剂溶液（称为标准溶液，也称“滴定剂”）滴加到被测物溶液中，或者是将被测物滴加到标准溶液中（这一过程叫“滴定”），直到所加试剂与被测物按化学计量关系定量反应完全（称为“化学计量点”，简称“计量点”）为止。根据试剂溶液的浓度和用量，计算出被测物的含量的方法。

计量点的确定是滴定分析法的关键。许多滴定分析反应达到计量点时无外观变化，一般需依据指示剂的颜色改变来确定。在滴定过程中，指示剂发生颜色变化的转变点称为“滴定终点”，简称“终点”。滴定终点是滴定过程中的实测值，计量点是由化学反应计量求得的理论值。在实际分析中，滴定终点与计量点不一定恰好一致，这一误差称为“终点误差”或“滴定误差”又叫“指示剂误差”，是滴定分析误差的主要来源，通过选择合适的指示剂来减免。

滴定分析法通常用于常量组分的测定，即被测组分的质量分数大于0.01。有时也可用来测定含量较低的组分。该法操作简便、快速、仪器设备简单、用途广泛、准确度较高，测定的相对误差在0.1%左右。因此，它在生产实践和科学试验中具有很大的实用价值。

二、滴定分析法的分类和对滴定反应的要求

根据滴定分析反应的类型，滴定分析法分为酸碱滴定法、沉淀滴定法、配位滴定法和氧化还原滴定法等四类。

各种类型的化学反应虽然很多，但适合于滴定分析的化学反应须满足以下条件：

① 反应定量进行完全。要求标准溶液与被测物间的反应按一定的化学反应式进行并且无副反应发生。反应完全程度在99.9%以上，这是滴定分析定量计算的基础。

② 反应速率快。对于速率较慢的反应，可用加热或加催化剂等方法使反应加速完成。

③ 有简便可靠的方法确定滴定终点。

三、滴定分析法的滴定方式

滴定分析法按照滴定方式的不同分为以下四类。

1. 直接滴定法

标准溶液直接滴定被测物的方式叫直接滴定法，适合于符合上述要求的反应，是滴定分析中最常用和最基本的滴定方式，具有简便、快速、引入误差机会少的优点。

当反应不能完全符合上述要求时，可采用以下的滴定方式。

2. 返滴定法

返滴定法又称回滴法或剩余量滴定法，是先加入一定过量的标准溶液于被测物溶液中，待完全反应后，再用另一种滴定剂滴定剩余的标准溶液。这种滴定方式适合于被测物与标准溶液反应速率慢或缺乏合适的终点检测方法等情况。

例如，HCl 标准溶液与固体 $CaCO_3$ 的反应不能立即完成。可先向试样中加入一定过量的 HCl 标准溶液，加热使 $CaCO_3$ 完全反应，冷却后用 NaOH 标准溶液滴定剩余的 HCl。

又如，用 EDTA 标准溶液滴定 Al^{3+} 的反应很慢，这时可于 Al^{3+} 溶液中加入一定过量的 EDTA 标准溶液并加热，促使反应迅速完成，冷却后再用 Cu^{2+} 或 Zn^{2+} 标准溶液滴定剩余的 EDTA。

3. 置换滴定法

先用适当试剂与待测物反应，使其定量地置换出能够滴定的产物，再用标准溶液滴定该产物的滴定方式叫置换滴定法。适用于滴定反应不能定量进行而伴随着副反应发生的情况。

例如，$Na_2S_2O_3$ 不能用来直接滴定 $K_2Cr_2O_7$ 及其他强氧化剂，因为在酸性溶液中这些强氧化剂将 $S_2O_3^{2-}$ 氧化为 $S_4O_6^{2-}$ 及 SO_4^{2-} 等的混合物，反应没有定量关系。但 $Na_2S_2O_3$ 却是一种很好的滴定 I_2 的滴定剂，如果在 $K_2Cr_2O_7$ 的酸性溶液中加入过量 KI，使 $K_2Cr_2O_7$ 还原并产生定量的 I_2，即可用 $Na_2S_2O_3$ 进行滴定。反应式为

$$Cr_2O_7^{2-} + 6I^- + 14H^+ = 2Cr^{3+} + 3I_2 + 7H_2O$$

$$2S_2O_3^{2-} + I_2 = 2I^- + S_4O_6^{2-}$$

4. 间接滴定法

当被测物与标准溶液不能直接反应时，常常用另一种可与标准溶液定量反应的试剂与被测物作用，再用标准溶液滴定与被测物定量作用的试剂。这种滴定方式叫间接滴定法。

例如，Ca^{2+}不能直接用酸、碱、氧化剂或还原剂滴定。可在含钙试液中加$C_2O_4^{2-}$使Ca^{2+}沉淀为CaC_2O_4，过滤洗净，用稀H_2SO_4溶解，最后用$KMnO_4$滴定生成的与Ca^{2+}等量的$H_2C_2O_4$，从而间接测定Ca^{2+}：

$$2MnO_4^- + 5H_2C_2O_4 + 6H^+ = 2Mn^{2+} + 10CO_2\uparrow + 8H_2O$$

由于返滴定法、置换滴定法、间接滴定法的应用，大大扩展了滴定分析的应用范围。

第二节　滴定分析中的标准溶液

一、标准溶液浓度的表示方法

标准溶液的浓度是准确已知的，其浓度的表示方法主要有两种。

1. 物质的量浓度

物质的量浓度（有时简称浓度），用$c(B)$表示。

$$c(B)=\frac{n(B)}{V}$$

式中，B是溶质B的基本单元；V是溶液的体积；$c(B)$的单位常用$mol \cdot L^{-1}$。

注意，涉及“mol”单位时，需注明基本单元。基本单元的选择不同，浓度不同。

2. 滴定度

滴定度是以“质量/体积”为单位的浓度表示方法。“质量”可以是标准溶液所含溶质的质量，也可以是被测物的质量，单位一般是g。“体积”为标准溶液的体积，单位一般是mL，滴定度有两种表示方法：

（1）按配制标准溶液的物质表示　指每毫升标准溶液中所含溶质的质量（g）。以$T(S)$表示，S是溶质的化学式。

例如，$T(HCl)=0.007292g \cdot mL^{-1}$的盐酸溶液，表示每毫升盐酸溶液中含HCl 0.007292g。

（2）按被测物质表示　指每毫升标准溶液相当于被测物质的质量（g）。以符号$T(X/S)$表示，X是被测物质的化学式。

例如，用$KMnO_4$标准溶液测定铁的含量时，若$T(Fe/KMnO_4)=0.005682g \cdot mL^{-1}$，表示每毫升$KMnO_4$标准溶液相当于0.005682g的铁。也就是说，1mL $KMnO_4$标准溶液能把0.005682g的Fe^{2+}氧化成Fe^{3+}。

滴定度的第二种表示方式较第一种表示方式更常用。适合于大批试样中同一组分含量的测定。优点是由滴定时消耗标准溶液的体积，直接算出被测物的质量。

如上例中，若已知滴定时消耗$KMnO_4$标准溶液的体积为20.50mL，则铁的质量为

$m(Fe)=T(Fe/KMnO_4)V(KMnO_4)=0.005682g\cdot mL^{-1}\times 20.50mL=0.1165g$

上述两种滴定度的关系可用下式表示：

$$T(X/S)=T(S)\times\frac{M(X)}{M(S)} \tag{3-1}$$

或

$$T(S)=T(X/S)\times\frac{M(S)}{M(X)} \tag{3-2}$$

式中，$M(S)$ 表示标准溶液中溶质的摩尔质量；$M(X)$ 表示被测物的摩尔质量。

例如，$T(HCl)=0.007292g\cdot mL^{-1}$ 的 HCl 标准溶液，其 $T(NaOH/HCl)$ 为

$$T(NaOH/HCl)=T(HCl)\frac{M(NaOH)}{M(HCl)}=0.007292g\cdot mL^{-1}\times\frac{40.00g\cdot mol^{-1}}{36.46g\cdot mol^{-1}}$$
$$=0.008000g\cdot mL^{-1}$$

标准溶液的物质的量浓度 c 与滴定度 T 可依下式进行换算：

$$c=\frac{T}{M}\times 1000 \tag{3-3}$$

【例 3-1】 计算浓度为 $c(HCl)=0.1015mol\cdot L^{-1}$ 的 HCl 溶液对 NH_3 的滴定度。

解 $T(NH_3/HCl)=c(HCl)M(NH_3)\times 10^{-3}$

$=0.1015mol\cdot L^{-1}\times 17.03g\cdot mol^{-1}\times 10^{-3}$

$=1.728\times 10^{-3}g\cdot mL^{-1}$

二、标准溶液的配制与标定

在滴定分析中，正确地配制标准溶液，准确地确定标准溶液的浓度以及标准溶液的妥善保管，对提高滴定分析结果的准确度有十分重要的意义。

根据配制标准溶液物质的性质和特点，一般采用两种方法配制标准溶液。

1. 直接配制法

能直接配制标准溶液的物质叫基准物质或称基准试剂。直接配制法就是准确称取一定量的基准物质，溶解后定量转移到容量瓶中定容，根据基准物质的质量和溶液的体积计算出溶液的准确浓度的方法。这样配成的标准溶液有时称为基准溶液。

基准物质必须具备以下条件：

① 纯度高。质量分数一般要求大于 0.999。

② 组成精确符合化学式。若含结晶水，结晶水的含量也应与化学式相符。

③ 性质稳定。在配制和贮存过程中不发生变化。不分解、不吸湿、不吸收空气中二氧化碳、不氧化变质。

④ 最好有较大的摩尔质量，以减少称量误差。

在分析化学中，常用的基准物质有纯金属和纯化合物等，纯度甚至可达 $\omega>0.9999$。有些高纯试剂和光谱试剂的纯度虽然很高，但并不表明它的主成分含量 $\omega>0.999$，而只能说明其中某些杂质的含量很低。有时因为其中含有不定组成的水分和气体杂质，以及试剂本身的组成不固定等原因，致使主成分的含量可能达不到要求。所以不能随意选择基准物质。

基准物质实际中不多，即使已具备条件的基准物质，一般在使用前也要进行一些处理。最常用的处理是在一定温度下烘去水分。现将一些常用基准物质的干燥条件和应用范围列于表 3-1 中。

表 3-1　常用基准物质的干燥条件和应用范围

基准物质		干燥后组成	干燥条件/℃	标定对象
名称	化学式			
碳酸氢钠	$NaHCO_3$	Na_2CO_3	270～300	酸
无水碳酸钠	Na_2CO_3	Na_2CO_3	180～200	酸
十水碳酸钠	$Na_2CO_3 \cdot 10H_2O$	Na_2CO_3	270～300	酸
碳酸氢钾	$KHCO_3$	K_2CO_3	270～300	酸
草酸钠	$Na_2C_2O_4$	$Na_2C_2O_4$	270～300	酸
二水合草酸	$H_2C_2O_2 \cdot 2H_2O$	$H_2C_2O_4 \cdot 2H_2O$	室温空气干燥	碱或 $KMnO_4$
硼砂	$Na_2B_4O_7 \cdot 10H_2O$	$Na_2B_4O_7 \cdot 10H_2O$	置盛 NaCl 和蔗糖饱和溶液的密闭容器中	酸
邻苯二甲酸氢钾	$KHC_8H_4O_4$	$KHC_8H_4O_4$	110～120	碱
重铬酸钾	$K_2Cr_2O_7$	$K_2Cr_2O_7$	140～150	还原剂
溴酸钾	$KBrO_3$	$KBrO_3$	130	还原剂
碘酸钾	KIO_3	KIO_3	130	还原剂
铜	Cu	Cu	室温干燥器中保存	还原剂
三氧化二砷	As_2O_3	As_2O_3	室温干燥器中保存	氧化剂
碳酸钙	$CaCO_3$	$CaCO_3$	105～110	EDTA
锌	Zn	Zn	室温干燥器中保存	EDTA
氧化锌	ZnO	ZnO	800	EDTA
氯化钠	NaCl	NaCl	500～600	$AgNO_3$
氯化钾	KCl	KCl	500～600	$AgNO_3$
硝酸银	$AgNO_3$	$AgNO_3$	220～250	氯化物
草酸钠	$Na_2C_2O_4$	$Na_2C_2O_4$	130	$KMnO_4$

2. 间接配制法（又称标定法）

非基准物质标准溶液的配制用间接配制法，是先配成近似于所需浓度的溶液，用基准物质或另一种标准溶液去确定其准确浓度。这种方法叫标定法，其过程叫“标定”或“标化”。

标定时至少要平行做 2～3 次，且相对偏差小于 0.2%。还要注意用万分之一的分析天平称取基准物的质量要大于 0.2g，滴定时使滴定剂的体积控制在 20～30mL。必要时校正所使用的量器（如滴定管、移液管和容量瓶等）。读取的溶液体积还应考虑温度的影响。一般以 20℃为标准温度，若室温偏离 20℃较大时，应加上温度校正值。

标准溶液要妥善保存。若保存得当，有些标准溶液可长期保持浓度不变或极少改变；保存于瓶中的溶液，因蒸发瓶内壁上常有水滴凝聚，使浓度变化，所以在使用前应将溶液摇匀；一些不太稳定的溶液，应根据它们的性质妥善保存，如 $AgNO_3$、$KMnO_4$ 等见光易分解的标准溶液应贮存于棕色瓶中，放置暗处；碱液因易吸收空气中 CO_2，并腐蚀玻璃而应装在塑料瓶中，并在瓶口装一苏打石灰管以吸收空气中的 CO_2 和水，不稳定的标准溶液还要定期标定。

第三节　滴定分析计算

滴定分析计算主要包括标准溶液的配制与标定、标准溶液与被测物之间的计量关系及分析结果的计算等方面。无论何种计算，都遵循着共同的原则，掌握了这一原理，任何复杂的计算问题都不难解决。

一、滴定分析计算原理

1. 根据“等物质的量规则”计算

滴定分析中，当标准溶液与待测物反应完全达计量点时，两者物质的量之间的关系应符合反应式所表示的化学计量关系，这是滴定分析计算的依据。如果根据滴定反应选取特定组合作为反应物质的基本单元，则计量点时，标准溶液与被测物的物质的量相等，这就是等物质的量反应规则。应用这一规则计算时，重要的是确定基本单元。滴定反应的类型不同，确定基本单元的方法也不同。

（1）酸碱反应　酸给出 1mol H^+ 和碱接受 1mol H^+ 的粒子或粒子的特定组合作为基本单元。如在下列反应中：

$$NaOH + H_2SO_4 = NaHSO_4 + H_2O$$

$$2NaOH + H_2SO_4 = Na_2SO_4 + 2H_2O$$

$$3NaOH + H_3PO_4 = Na_3PO_4 + 3H_2O$$

$$\frac{1}{2}Ca(OH)_2 + HCl = \frac{1}{2}CaCl_2 + H_2O$$

选择 H_2SO_4、$\frac{1}{2}H_2SO_4$、$\frac{1}{3}H_3PO_4$、HCl 作为酸的基本单元；NaOH、$\frac{1}{2}Ca(OH)_2$ 作为碱的基本单元，则每一个反应都遵循着等物质的量反应规则。

（2）氧化还原反应　氧化剂得到 1mol 电子和还原剂失去 1mol 电子的粒子或粒子的特定组合作为基本单元。

如在下列反应中：

$$2MnO_4^- + 5C_2O_4^{2-} + 16H^+ = 2Mn^{2+} + 10CO_2 + 8H_2O$$

$$Cr_2O_7^{2-} + 6Fe^{2+} + 14H^+ = 2Cr^{3+} + 6Fe^{3+} + 7H_2O$$

$$I_2 + 2S_2O_3^{2-} = 2I^- + S_4O_6^{2-}$$

选择$\frac{1}{5}MnO_4^-$、$\frac{1}{6}Cr_2O_7^{2-}$、$\frac{1}{2}I_2$和$\frac{1}{2}C_2O_4^{2-}$、Fe^{2+}、$S_2O_3^{2-}$作为基本单元，反应也是按等物质的量进行。

（3）沉淀反应　带单位电荷的粒子或粒子的特定组合作为基本单元。如：

$$AgNO_3 + NaCl = AgCl\downarrow + NaNO_3$$

$$Hg_2^{2+} + 2Cl^- = Hg_2Cl_2\downarrow$$

把$AgNO_3$、$NaCl$、$\frac{1}{2}Hg_2^{2+}$、Cl^-作为基本单元。反应也是按等物质的量进行。

（4）配位反应　常用的配位滴定法是金属离子与EDTA反应滴定法，把与1分子EDTA进行配位的粒子作为基本单元。如：

$Mg^{2+} + H_2Y^{2-} = MgY^{2-} + 2H^+$　（EDTA在溶液中的存在形式为H_2Y^{2-}）

以Mg^{2+}、H_2Y^{2-}为基本单元，反应物间以1∶1进行反应。

2. 根据“物质的量比规则”计算

任一滴定反应：

$$aA + bB = gG + hH$$

当反应达计量点时，下列比值成立

$$n(A):n(B) = a:b$$

则

$$n(B) = \frac{b}{a}n(A)$$

若样品的质量为m，则样品中被测组分B的质量分数为

$$\omega(B) = \frac{m(B)}{m} = \frac{\frac{b}{a}c(A)V(A)M(B)}{m}$$

需要说明，根据“物质的量比规则”计算时，需要配平反应式，计算过程烦琐，但初学者易掌握；利用“等物质的量规则”计算时，无需配平反应式，计算过程简单，但初学者不易确定基本单元，可通过多做练习逐步掌握这一计算方法。本教材例题均采用这种方法，正是此目的所在。

二、滴定分析计算示例

1. 标准溶液的配制与浓度的计算

【例3-2】　欲配制$c(HNO_3)=0.2mol\cdot L^{-1}$的硝酸溶液500mL，应取密度为$1.42g\cdot mL^{-1}$，含$HNO_3$质量分数为0.70的浓硝酸体积为多少？

解　设取浓HNO_3体积为V_1，因为浓HNO_3的物质的量浓度

$$c_1=\frac{\rho_1\omega_1}{M\times 10^{-3}}$$

根据 $c_1V_1=c_2V_2$，所以

$$V_1=\frac{c_2V_2M}{\rho_1\omega_1}10^{-3}=\frac{0.2\text{mol}\cdot\text{L}^{-1}\times 0.5\text{L}\times 63.01\text{g}\cdot\text{mol}^{-1}}{1.42\text{g}\cdot\text{mL}^{-1}\times 0.70}=6.3\text{mL}$$

【例 3-3】 称取 0.4903g $K_2Cr_2O_7$ 纯物质，配制成 1000.00mL 的溶液，问此溶液的 $c\left(\frac{1}{6}K_2Cr_2O_7\right)$ 为多少？

解 $$c\left(\frac{1}{6}K_2Cr_2O_7\right)=\frac{m(K_2Cr_2O_7)}{M\left(\frac{1}{6}K_2Cr_2O_7\right)V\times 10^{-3}}$$

$$=\frac{0.4903\text{g}}{49.03\text{g}\cdot\text{mol}^{-1}\times 1.000\text{L}}=0.01000\text{mol}\cdot\text{L}^{-1}$$

【例 3-4】 用 0.2165g 纯 Na_2CO_3 作基准物质，标定 HCl 标准溶液，消耗 HCl 溶液 20.65mL，试计算 HCl 溶液的浓度 c(HCl)。

解 反应式

$$2HCl+Na_2CO_3 = 2NaCl+CO_2+H_2O$$

以 HCl、$\frac{1}{2}Na_2CO_3$ 为基本单元，则 $n(HCl)=n\left(\frac{1}{2}Na_2CO_3\right)$，所以

$$c(HCl)=\frac{m(Na_2CO_3)}{M\left(\frac{1}{2}Na_2CO_3\right)V(HCl)\times 10^{-3}}$$

$$=\frac{0.2165\text{g}}{53.00\text{g}\cdot\text{mol}^{-1}\times 20.65\times 10^{-3}\text{L}}=0.1978\text{mol}\cdot\text{L}^{-1}$$

2. 基准物质质量和标准溶液体积的计算

【例 3-5】 用邻苯二甲酸氢钾（$KHC_8H_4O_4$）作基准物质，标定 c(NaOH) 约为 0.2mol·L^{-1}的 NaOH 标准溶液，欲使 NaOH 溶液的体积控制在 25mL 左右，应称取邻苯二甲酸氢钾多少克？如改用 $H_2C_2O_4\cdot 2H_2O$ 作基准物质，则应称取 $H_2C_2O_4\cdot 2H_2O$ 多少克？

解 用邻苯二甲酸氢钾作基准物反应式

$$KHC_8H_4O_4+NaOH = KNaC_8H_4O_4+H_2O$$

选 $KHC_8H_4O_4$、NaOH 为基本单元，设称取邻苯二甲酸氢钾 m_1，依题意有：

$$m_1=c(NaOH)V(NaOH)\times 10^{-3}M(KHC_8H_4O_4)$$

$$=0.2\text{mol}\cdot\text{L}^{-1}\times 25\times 10^{-3}\text{L}\times 204.2\text{g}\cdot\text{mol}^{-1}=1\text{g}$$

同理，若改用 $H_2CO_4\cdot 2H_2O$ 为基准物质，称取质量为 m_2

$$H_2C_2O_4 + 2NaOH = Na_2C_2O_4 + 2H_2O$$

选$\frac{1}{2}H_2C_2O_4 \cdot 2H_2O$、NaOH为基本单元，则需$H_2C_2O_4 \cdot 2H_2O$的质量为

$$m_2 = c(NaOH)V(NaOH) \times 10^{-3} M\left(\frac{1}{2}H_2C_2O_4 \cdot 2H_2O\right)$$

$$= 0.2mol \cdot L^{-1} \times 25 \times 10^{-3} L \times 63.04g \cdot mol^{-1} = 0.3g$$

由例3-5可看出，与相同量的被测物作用，基本单元的摩尔质量大的基准物质需要的质量多，称量误差小，准确度高。如果称量的绝对误差都为±0.0002g（用万分之一的分析天平差减法称量），则称量两份基准物的相对误差分别为

$$\frac{\pm 0.0002g}{1g} \times 100\% = \pm 0.02\%$$

$$\frac{\pm 0.0002g}{0.3g} \times 100\% = \pm 0.07\%$$

可见，前者的相对误差明显地小于后者。所以，基准物质最好应具有较大的摩尔质量。

【例3-6】 1.00mL KHC_2O_4溶液在酸性条件下恰好与4.00mL $c(KMnO_4)=0.01000mol \cdot L^{-1}$ $KMnO_4$溶液完全反应，问需要多少毫升0.2000mol·L^{-1} NaOH溶液才能与上述1.00mL KHC_2O_4溶液完全中和？

解 在酸性条件下KHC_2O_4与$KMnO_4$反应为

$$2MnO_4^- + 5HC_2O_4^{2-} + 11H^+ = 2Mn^{2+} + 10CO_2 + 8H_2O$$

以$\frac{1}{5}MnO_4^-$、$\frac{1}{2}HC_2O_4^-$为基本单元，依题意有：

$$1.00mL \times c\left(\frac{1}{2}KHC_2O_4\right) = 4.00mL \times c\left(\frac{1}{5}KMnO_4\right)$$

因为

$$c(KMnO_4) = 0.01000mol \cdot L^{-1}$$

所以

$$c\left(\frac{1}{5}KMnO_4\right) = 0.05000mol \cdot L^{-1}$$

$$c\left(\frac{1}{2}KHC_2O_4\right) = \frac{4.00mL \times 0.05mol \cdot L^{-1}}{1.00mL} = 0.2000mol \cdot L^{-1}$$

当KHC_2O_4与NaOH发生中和反应时，从反应式

$$HC_2O_4^- + OH^- = C_2O_4^{2-} + H_2O$$

看出反应物的基本单元是KHC_2O_4、NaOH。依题意：

$$1.00mL \times c(KHC_2O_4) = 0.2000mol \cdot L^{-1} \times V(NaOH)$$

因为

$$c\left(\frac{1}{2}KHC_2O_4\right)=0.2000mol \cdot L^{-1}$$

所以

$$c(KHC_2O_4)=0.1000mol \cdot L^{-1}$$

$$V(NaOH)=\frac{1.00mL \times 0.1000mol \cdot L^{-1}}{0.2mol \cdot L^{-1}}=0.50mL$$

3. 待测组分含量的计算

【例 3-7】 仅含纯 NaBr 和 NaI 的混合物质量为 0.2500g，用 0.1000mol·L^{-1} $AgNO_3$ 标准溶液 22.01mL 滴定至完全，求样品中 NaBr 和 NaI 的含量。

解 设样品中含 NaBr xg，则含 NaI 为（0.2500$-x$)g。

依题意得

$$\frac{x}{M(NaBr)}+\frac{0.2500-x}{M(NaI)}=c(AgNO_3)V(AgNO_3)\times 10^{-3}$$

即

$$\frac{x}{102.9g \cdot mol^{-1}}+\frac{0.2500g-x}{149.1g \cdot mol^{-1}}=0.1000mol \cdot L^{-1} \times 22.01 \times 10^{-3}L$$

$$x=0.1741g$$

所以

$$w(NaBr)=\frac{0.1741g}{0.2500g}=0.6964$$

$$w(NaI)=1-0.6964=0.3036$$

【例 3-8】 含 K_2CO_3 样品 0.5000g，滴定时用去 $c(HCl)=0.1064mol \cdot L^{-1}$ 的 HCl 溶液 27.31mL，计算试样中 K_2CO_3 的质量分数。若以 K_2O 或 K 的形式表示，质量分数又为多少？

解

$$K_2CO_3+2HCl = 2KCl+H_2CO_3$$

K_2CO_3 的基本单元为$\frac{1}{2}K_2CO_3$。

$$w(K_2CO_3)=\frac{c(HCl)V(HCl)M\left(\frac{1}{2}K_2CO_3\right)}{m}\times 10^{-3}$$

$$=\frac{0.1064mol \cdot L^{-1} \times 27.31 \times 10^{-3}L \times 69.10g \cdot mol^{-1}}{0.5000g}$$

$$=0.4016$$

同理，以 K_2O 表示结果，则

$$w(K_2O)=\frac{c(HCl)V(HCl)M\left(\frac{1}{2}K_2O\right)\times 10^{-3}}{m}$$

$$=\frac{0.1064\text{mol}\cdot\text{L}^{-1}\times27.31\times10^{-3}\text{L}\times47.10\text{g}\cdot\text{mol}^{-1}}{0.5000\text{g}}$$

$$=0.2737$$

$w(K_2O)$ 也可由下列方法计算：

因为

$$n\left(\frac{1}{2}K_2CO_3\right)=n\left(\frac{1}{2}K_2O\right)$$

所以

$$\frac{m(K_2CO_3)}{M\left(\frac{1}{2}K_2CO_3\right)}=\frac{m(K_2O)}{M\left(\frac{1}{2}K_2O\right)}$$

即

$$\frac{m(K_2CO_3)}{m(K_2O)}=\frac{M\left(\frac{1}{2}K_2CO_3\right)}{M\left(\frac{1}{2}K_2O\right)}$$

因为是同一样品，存在：

$$\frac{m(K_2CO_3)}{m(K_2O)}=\frac{w(K_2CO_3)}{w(K_2O)}$$

代入上式，所以

$$w(K_2O)=\frac{M\left(\frac{1}{2}K_2O\right)w(K_2CO_3)}{M\left(\frac{1}{2}K_2CO_3\right)}=\frac{47.10\text{g}\cdot\text{mol}^{-1}}{69.11\text{g}\cdot\text{mol}^{-1}}\times0.4016=0.2737$$

将$\frac{M\left(\frac{1}{2}K_2O\right)}{M\left(\frac{1}{2}K_2CO_3\right)}$称为换算因数，为一常数。

同理：

$$w(K)=\frac{M(K)\times w(K_2CO_3)}{M\left(\frac{1}{2}K_2CO_3\right)}=\frac{39.10\text{g}\cdot\text{mol}^{-1}}{69.11\text{g}\cdot\text{mol}^{-1}}\times0.4016=0.2272$$

【例 3-9】 测定铜矿中铜的含量，称取 0.5218g 试样，用 HNO_3 溶解，除去过量 HNO_3 及氮的氧化物后，加入 1.5g KI，析出的 I_2 用 $c(Na_2S_2O_3)=0.1046\text{mol}\cdot\text{L}^{-1}$的 $Na_2S_2O_3$ 标准溶液滴定至淀粉褪色，消耗 21.32mL，计算矿样中铜的质量分数。

解 反应如下：

$$2Cu^{2+}+4I^-=\!=\!=2CuI\downarrow+I_2$$

$$I_2 + 2S_2O_3^{2-} = 2I^- + S_4O_6^{2-}$$

据此各物质的基本单元为 Cu^{2+}、$\frac{1}{2}I_2$、$Na_2S_2O_3$。

所以

$$n(Cu) = n(Cu^{2+}) = n\left(\frac{1}{2}I_2\right) = n(Na_2S_2O_3)$$

$$w(Cu) = \frac{c(Na_2S_2O_3)V(Na_2S_2O_3)M(Cu^{2+})}{m} \times 10^{-3}$$

$$= \frac{0.1046\text{mol} \cdot L^{-1} \times 21.32 \times 10^{-3}L \times 63.55\text{g} \cdot \text{mol}^{-1}}{0.5218\text{g}} = 0.2716$$

【例 3-10】 在 1.000g 含 $CaCO_3$ 试样中，加入 $c(HCl)=0.5100\text{mol} \cdot L^{-1}$ HCl 50.00mL 溶解试样，过量的 HCl 用 $c(NaOH)=0.4900\text{mol} \cdot L^{-1}$ NaOH 溶液回滴，消耗 25.00mL，求试样中 $CaCO_3$ 的质量分数。

解

$$CaCO_3 + 2HCl = CaCl_2 + CO_2 + H_2O$$

$CaCO_3$ 的基本单元为 $\frac{1}{2}CaCO_3$。

$$n\left(\frac{1}{2}CaCO_3\right) = n(HCl) - n(NaOH)$$

$$w(CaCO_3) = \frac{[c(HCl)V(HCl) - c(NaOH)V(NaOH)]M\left(\frac{1}{2}CaCO_3\right) \times 10^{-3}}{m}$$

$$= \frac{(0.5100\text{mol} \cdot L^{-1} \times 50.00 \times 10^{-3}L - 0.4900\text{mol} \cdot L^{-1} \times 25.00 \times 10^{-3}L) \times 50.05\text{g} \cdot \text{mol}^{-1}}{1.000\text{g}}$$

$$= 0.6632$$

【例 3-11】 称取铁矿样 0.6000g，溶解还原成 Fe^{2+} 后，用 $T(FeO/K_2Cr_2O_7) = 0.007185\text{g} \cdot \text{mL}^{-1}$ $K_2Cr_2O_7$ 标准溶液滴定，消耗的体积为 24.56mL，求 Fe_2O_3 的质量分数。

解

$$Cr_2O_7^{2-} + 6Fe^{2+} + 14H^+ = 2Cr^{3+} + 6Fe^{3+} + 7H_2O$$

以 Fe^{2+}、FeO、$\frac{1}{2}Fe_2O_3$、$\frac{1}{6}K_2Cr_2O_7$ 为基本单元。

$$n(Fe^{2+}) = n(FeO) = n\left(\frac{1}{2}Fe_2O_3\right) = n\left(\frac{1}{6}K_2Cr_2O_7\right)$$

$$c\left(\frac{1}{6}K_2Cr_2O_7\right) = \frac{T(FeO/K_2Cr_2O_7)}{M(FeO)} \times 10^3$$

$$w(Fe_2O_3)=\frac{c\left(\frac{1}{6}K_2Cr_2O_7\right)V(K_2Cr_2O_7)M\left(\frac{1}{2}Fe_2O_3\right)}{m}\times10^{-3}$$

$$=\frac{\frac{0.007185\times10^3\,g\cdot L^{-1}}{71.85\,g\cdot mol^{-1}}\times24.56\times10^{-3}\,L\times79.85\,g\cdot mol^{-1}}{0.6000\,g}$$

$$=0.3269$$

第四节　滴定分析误差

滴定分析的相对误差为0.1%～0.2%，实际分析中要达到这样的要求，首先要了解分析过程中可能出现的误差及减少误差的方法。

从前面的讨论知，滴定分析结果计算的数据中，除一些常数外，其余都源于质量的称量和体积的测量两个方面，所以可能产生的误差也来源于这两个方面。

一、称量质量的误差

① 使用未经校准的砝码产生称量误差。可通过每次使用相同的砝码来减免。

② 天平不等臂产生称量误差。可通过使用同一台天平进行标定和测定来抵消误差。如天平右臂较左臂短1/100，则右盘加砝码的质量比左盘上物体的质量多1/100，即称量结果大1/100，这一误差很大。如用该样品标定，则标定结果也会高1/100。但再用此标好的溶液滴定未知样，未知样也用同一台天平称量，则未知样也比实际质量大1/100。显然，误差被抵消，对分析结果无影响。可见，在一般分析中，只要使用同一台天平和尽量采用相同的砝码进行称量，可不必校正。但在要求较高的分析中还需校正。

③ 用万分之一的分析天平差减法称量。称取试样的质量大于0.2g，可使称量的相对误差在|±0.1%|内。

二、测量体积的误差

测量体积的误差主要来源于方法误差、试剂误差、量器误差和操作误差四个方面。

1. 方法误差

方法误差主要是确定计量点的误差，产生的原因及减免方法为：

① 滴定终点与计量点不符。只要选择合适的指示剂，就可减少这种误差。

② 达到计量点时，滴定剂常过量。因为滴定剂一般是一滴滴加入，不一定恰好在计量点结束滴定，一般会超过一些，所以在临近计量点时，滴定剂要半滴半滴加入。

③ 指示剂本身消耗标准溶液。因为指示剂参与反应会消耗标准溶液，所以指示剂用量不宜过多，在变色敏锐的前提下少加为好。

2. 试剂误差

某些杂质在滴定过程中参与反应而消耗标准溶液，所以应选择高纯度试剂。

3. 量器误差

如果使用未经校准的滴定管、移液管和容量瓶等，就可能引入量器误差。实际上，使用这些合格的量器或经校准的量器，并严格按操作规程使用，可使这一误差不超过0.1%～0.2%。在滴定操作过程中，也可采取一些措施减少量器误差。

① 控制滴定剂的用量，一般在20～30mL之间。

② 尽可能使标定和测定在同一条件下进行。如使用同一支滴定管，每次滴定从“0”刻度线开始，并使所用溶液体积相近，这样可抵消滴定管刻度不匀产生的误差。

但是，用直接法配制的标准溶液不需标定，此时滴定管的刻度误差不能完全抵消；此外，在返滴定法中，因标定和测定所用溶液的体积不一致，其误差也不能抵消。

③ 校准仪器，同时考虑温度对体积的影响。

4. 操作误差

由于分析工作者对颜色变化观察敏锐程度及读取体积时偏高或偏低等引起的误差。例如，在酸碱滴定中用甲基橙作指示剂确定终点时，有的人易偏向黄色，有的人则偏向红色。这些误差只能通过规范操作而尽量减小。

除上述一般误差外，各类滴定分析还有它们的特殊误差，将在以后各章中分别讨论。

知识拓展 **关键词链接：标准物质，化学试剂的规格，计量认证**

化学视野

化学试剂的保质期

与食品和药品有严格的保质期不同，化学试剂一般不注明保质期。确定试剂是否变质不能习惯于依生产日期判断，而是要凭经验和做新旧试剂对比试验而定，根据试剂性质、保存条件及工作的实际情况判断试剂是否出现变质、能否继续使用。

一、化学试剂的有效期

1. 无机化合物

无机化合物只要妥善保管，包装完好，理论上可长期使用。易氧化、易潮解的物质，在避光、阴凉、干燥的条件下，能保存1～5年。如亚硫酸盐、苯酚、亚铁盐、碘化物、硫化物等应将其固体或晶体密封保存，不宜长期存放；亚硫酸溶液、氢硫酸溶液要密封存放；钾、钠、白磷更要采用液封形式存放。

2. 有机化合物

有机小分子化合物包装的密闭性好可保存3～5年。易氧化、受热分解、易聚合、光敏性物质，在避光、阴凉、干燥的条件下，能保存1～5年，具体要看包装和储存条件是否符合规定。有机大分子，特别是油脂、多糖、蛋白、酶、多肽等生命材料，极易受微生物、温度、光照的影响而失去活性，或变质腐败，要冷藏（冻）保存，且时间较短。

3. 基准物质、标准物质和高纯物质

这类物质原则上要严格按规定保存，确保包装完好无损，避免受到化学环境的影响，且保存时间不宜过长。一般情况下，基准物质必须在有效期内使用。在常温（15～25℃）下保存时间一般不超过2个月，否则要重新标定或检查之后再用。

4. 培养基

按规定配制并消毒、冷至室温且保存在阴暗处（尽可能在冰箱）的培养基应在1个月内用完；除另有规定外，试液、缓冲液、指示剂（液）的有效期均为半年；液相用的流动相、纯化水有效期为15天，具体要看有机相和水相的比例而定。

二、影响化学试剂保质期的因素

1. 贮存环境

空气中的氧易使还原性试剂氧化而破坏；强碱性试剂易吸收二氧化碳而变成碳酸盐；水分可以使某些试剂潮解、结块；纤维、灰尘能使某些试剂还原、变色；夏季高温会加快不稳定试剂的分解，冬季严寒则促使甲醛聚合而沉淀变质；日光中的紫外线能加速某些试剂（如银盐、汞盐、溴和碘的钾、钠、铵盐和某些酚类试剂）的化学反应而使其变质。

2. 试剂杂质

不稳定试剂的纯净与否，对其变质情况的影响不容忽视。例如纯净的溴化汞实际上不受光照影响，而含有微量溴化亚汞或有机物杂质的溴化汞遇光易变黑。

3. 贮存日期

不稳定试剂长期贮存后，出现下列现象应停止使用：液体分层、浑浊、变色、发霉等；流动相用于样品检测时，样品的保留时间或相对保留时间发生明显变化；固体有吸潮、变色等现象。

三、防止与缓解化学试剂变质的方法

1. 密封和通风

密封是最普遍通用的方法，适于易挥发、升华、潮解、稀释、风化、水解和氧化还原、霉变的化学试剂。试剂瓶材质和密封程度依试剂性质而定。强腐蚀的“三酸”和液溴，用带磨口塞的玻璃瓶，或是有塑料衬垫的螺旋盖的玻璃瓶；氢氟酸用银或塑料容器。易分解产生气体的试剂，一般不完全密封，要适当留有余地，避免容器破裂；三氯化铝、五氧化二磷等在一般密封基础上加蜡封，或用自制硝罗酊封口。注意，尽管化学试剂一般都密封保存，但也难免有跑、冒、漏、泄现象发生，在夏季高温天气，更易形成爆炸性混合气体。因此，贮藏室应通风良好，要安装并经常开启专用排风扇，使空气流通。

2. 隔离

隔离法也叫液封法，分油封和水封两种。能和空气、水作用的试剂，如很活泼的金属和非金属应隔离在相对稳定的液体或惰气中。钾、钠、钙浸没在机油中；黄磷浸没在水中；液态溴、二硫化碳的试剂瓶中加一薄层水。实际中还要注意合理分类存放，如有机物与无机物分开、普通药品与危险药品分开、氧化剂与易燃物及还原剂分开、易挥发性酸和碱分开等。

3. 避光

通常采用遮光性能较好的深棕色试剂瓶，并放在暗处或遮光的专用试剂柜中。也可用照相纸的黑色厚纸包裹试剂瓶，如贮存浓硝酸、碘化钾、碘化钠、氯化汞等。

4. 低温

普通挥发性试剂常放置在阴冷处，如浓硝酸、浓盐酸、氨水等。某些特殊的生化试剂则要贮放在水箱或冰箱之中，如酶试剂等。

5. 适时

极易变质失效的试剂要适时配制、使用和处理。如极易氧化的氢硫酸溶液、氯水、溴水、碘水及做银镜反应的硝酸银溶液、氨水、乙醛溶液等最好现用现配且配制适量；硫酸亚铁溶液配好后应加些铁粉避免氧化；淀粉、蔗糖、蛋白质的溶液使用后应及时清洗试剂瓶，以防霉变。

本章小结

滴定分析法适用于常量分析，具有快速、准确、简便、用途广泛的特点。按所依据的反应类型分为酸碱滴定法、沉淀滴定法、配位滴定法和氧化还原滴定法四类。按滴定方式分为直接滴定、返滴定、置换滴定和间接滴定法四类。

配制标准溶液的方法有直接法和间接法两种，能直接配制标准溶液的基准物质需满足纯度高、组成恒定、性质稳定且摩尔质量大的条件。标准溶液的浓度常用物质的量浓度和滴定度两种方法表示。

滴定分析计算主要是确定物质的基本单元，然后按等物质的量反应规则进行计算。滴定分析误差主要来源于称量误差和测量体积误差。在实际分析中可通过选取合适的滴定方法和指示剂、校准仪器、保证标定和测定在同一条件下进行、控制物质的质量和体积以及严格操作等方法来减免。

思考与练习

1. 解释下列概念：

滴定　标准溶液　计量点　滴定终点　基准物质　标定　滴定误差

2. 标定标准溶液的方法有几种？标定标准溶液时一般应注意哪些问题？

3. 滴定方式有几种？各在什么情况下应用？主要过程是什么？

4. 什么是滴定度？滴定度的表示方法有几种？滴定度与物质的量浓度如何换算？

5. 指出下列反应中主要反应物的基本单元。

(1) $H_2SO_4 + 2NaOH \xlongequal{} Na_2SO_4 + 2H_2O$

(2) $Mg(OH)_2 + 2HCl \xlongequal{} MgCl_2 + 2H_2O$

(3) $Zn + H_2SO_4 \xlongequal{} ZnSO_4 + H_2$

(4) $K_2Cr_2O_7 + 6KI + 7H_2SO_4 \xlongequal{} 4K_2SO_4 + Cr_2(SO_4)_3 + 3I_2 + 7H_2O$

(5) $2KMnO_4 + 16HCl \xlongequal{} 2KCl + 2MnCl_2 + 5Cl_2 + 8H_2O$

(6) $MnO_2 + 4HCl \xlongequal{} MnCl_2 + Cl_2 + 2H_2O$

(7) $K_2Cr_2O_7 + 4H_2O_2 + 2HCl \xlongequal{} 2H_2CrO_6 + 2KCl + 3H_2O$

6. 选择题

(1) 用 $H_2C_2O_4$ 作基准物质标定含有 CO_3^{2-} 的 NaOH 标准溶液，若用该标准溶液测 HCl-NH_4Cl 中的 HCl，则结果将会（　　）。

A. 偏高　　B. 偏低　　C. 无影响　　D. 无法判断

(2) 滴定分析误差的主要来源是（　　）。

A. 终点误差　　B. 称量误差　　C. 仪器误差　　D. 试剂误差

(3) 硼砂标定盐酸时结果偏高，可能的原因是（　　）。

A. 硼砂失去部分结晶水　　B. 滴定终点时，盐酸体积过量

C. 未用盐酸溶液润洗滴定管

D. 差减法称量硼砂时，有少量硼砂撒落在三角瓶外

7. 填空题

(1) 用返滴定法测定 $CaCO_3$ 的含量时，滴定前已赶气泡，滴定中碱滴定管下端又出现气泡，则测定结果将偏（　　）。

(2) 指示剂变色点与化学计量点不符属于（　　）误差。

8. 已知 $\rho = 1.01g \cdot mL^{-1}$ 的 HCl 溶液质量分数为 0.041，问其物质的量浓度和滴定度各是多少？

9. 计算下列溶液的滴定度 $T(X/S)$。

(1) $c(HCl) = 0.2015mol \cdot L^{-1}$ 的 HCl 溶液，用来测定 $Ca(OH)_2$ 和 NaOH。

(2) $c(NaOH)=0.1734mol \cdot L^{-1}$的 NaOH 溶液，用来测定 $HClO_4$、HAc。

10. 称取石灰石试样 0.1600g，溶解后沉淀为 CaC_2O_4，溶于 H_2SO_4，需用 $c\left(\frac{1}{5}KMnO_4\right)=0.1000mol \cdot L^{-1}$ $KMnO_4$ 标准溶液 21.08mL 滴定，求石灰石中钙的含量，以 $w(CaCO_3)$ 和 $w(CaO)$ 表示。

11. 某工厂实验室用高锰酸钾标准溶液测定三种铁矿石中铁的含量。已知 $T(Fe/KMnO_4)=0.005620g \cdot mL^{-1}$，每份矿样的质量均为 0.5000g，消耗 $KMnO_4$ 的体积分别为 10.22mL、22.33mL、29.83mL，求各矿样中铁的质量分数。

12. 用重铬酸钾法测定铁，称取铁矿样 0.2500g，处理成 Fe^{2+} 溶液后，滴定时消耗 $K_2Cr_2O_7$ 标准溶液 23.68mL，已知 $T(Fe/K_2Cr_2O_7)=0.005585g \cdot mL^{-1}$，求 Fe_2O_3 的质量分数。

13. 称取 0.2400g $K_2Cr_2O_7$ 试样，在酸性溶液中加入 KI，析出的 I_2 用 $c(Na_2S_2O_3)=0.2000mol \cdot L^{-1}$ $Na_2S_2O_3$ 标准溶液 20.00mL 滴定至终点，求 $K_2Cr_2O_7$ 的质量分数。

14. A concentrated solution of aqueous ammonia is 28.0% *m/m* NH_3 and has a density of $0.899g \cdot mL^{-1}$. What is the molar concentration of NH_3 in this solution?

15. Describe how you would prepare the following three solutions:

(a) 500mL of approximately $0.20mol \cdot L^{-1}$ NaOH using solid NaOH;

(b) 1L of $150.0mg \cdot L^{-1}$ Cu^{2+} using Cu metal;

(c) 2L of 4% *v/v* acetic acid using concentrated glacial acetic acid.

第四章　酸碱滴定法

教学目标

1. 了解质子等衡式的书写规则，掌握各类酸碱溶液酸碱度的计算方法。

2. 理解酸碱指示剂的作用原理和变色范围，能够正确选择和使用常见的酸碱指示剂。

3. 掌握各种类型酸碱滴定条件、计量点pH计算和滴定曲线的特点，能够熟练应用双指示剂法进行混合碱（酸）的定性和定量分析。

4. 理解CO_2对酸碱滴定的影响以及消除方法。

酸碱滴定法是以质子传递反应为基础的滴定分析方法。所依据的反应是：

$$H_3O^+ + OH^- \rightleftharpoons 2H_2O\text{（强酸强碱间的滴定）}$$

$$H_3O^+ + A^- \rightleftharpoons HA + H_2O\text{（强酸滴定弱碱）}$$

$$HA + OH^- \rightleftharpoons H_2O + A^-\text{（强碱滴定弱酸）}$$

酸、碱以及能与酸、碱直接或间接发生质子传递的物质，都可用酸碱滴定法进行分析。因此，酸碱滴定法是滴定分析中重要的、应用广泛的方法之一。例如，可直接测定试样的酸碱度以及间接测定氮、磷、碳酸盐、硫酸盐等的含量。

酸碱滴定法的理论基础是酸碱平衡理论，方法的关键是计量点的确定。因此，在学习酸碱滴定法时，首先要了解各种类型的酸碱溶液酸碱度的计算方法。

第一节　酸碱溶液中酸碱度的计算简介

一、处理酸碱平衡的方法——质子等衡式

酸碱反应实质是质子转移。酸碱平衡时，酸失去质子的总数等于碱得到质子的总数，这种关系叫质子等衡式或质子条件，用 PBE（proton balance equation）表示。

书写质子等衡式的方法是先找出酸碱溶液中大量存在的、并参与质子转移的物质作为计算得失质子数目的基准，称为参考水准或零水准。然后根据得失质子数相等的原则写出质子等衡式。具体方法如下：

① 选取参考水准。一般是起始酸碱组分和溶剂分子。

② 以参考水准为起点，找出溶液中得、失质子物质。

③ 根据得失质子等衡原理写出 PBE。正确的 PBE 中应不含有参考水准本身的有关项。

【例 4-1】 写出 HAc 溶液的质子等衡式。

解　选 HAc 和 H_2O 为参考水准。溶液中存在的离解关系式如下：

$$HAc+H_2O \rightleftharpoons \underset{H_2O\text{得质子产物}}{H_3O^+} + \underset{HAc\text{失质子产物}}{Ac^-}$$

$$H_2O+H_2O \rightleftharpoons \underset{H_2O\text{得质子产物}}{H_3O^+} + \underset{H_2O\text{失质子产物}}{OH^-}$$

PBE 为

$$[H_3O^+]=[Ac^-]+[OH^-]$$ [1]

【例 4-2】 写出 NH_4Ac 溶液的质子等衡式。

解 选 NH_4^+、Ac^- 和 H_2O 为参考水准：

$$NH_4^+ + H_2O \rightleftharpoons H_3O^+ + NH_3$$

$$Ac^- + H_2O \rightleftharpoons HAc + OH^-$$

$$H_2O + H_2O \rightleftharpoons H_3O + OH^-$$

PBE 为

$$[H_3O^+]+[HAc]=[NH_3]+[OH^-]$$

【例 4-3】 写出 Na_2S 溶液的质子等衡式。

解 Na_2S 溶液中存在着下列反应：

$$Na_2S = 2Na^+ + S^{2-}$$

$$S^{2-} + H_2O \rightleftharpoons HS^- + OH^-$$

$$S^{2-} + 2H_2O \rightleftharpoons H_2S + 2OH^-$$

$$2H_2O \rightleftharpoons H_3O^+ + OH^-$$

以 S^{2-} 和 H_2O 为参考水准。HS^- 和 H_2S 分别为 S^{2-} 得到 1 个和 2 个质子的产物；H_3O^+、OH^- 分别为 H_2O 得到和失去 1 个质子的产物。

PBE 为

$$[H_3O^+]+[HS^-]+2[H_2S]=[OH^-]。$$

二、酸碱溶液中酸碱度的计算

1. 强酸强碱溶液中酸碱度的计算

① 当强酸强碱溶液浓度 $c>10^{-6}mol \cdot L^{-1}$时，水的离解可忽略，如 $0.1mol \cdot L^{-1}$ HCl 溶液中 H^+ 浓度为 $0.1mol \cdot L^{-1}$。

② 当强酸强碱溶液浓度 $c \leqslant 10^{-6} mol \cdot L^{-1}$时，水的离解不可忽略，计算溶液的酸碱度应必须考虑水的质子传递作用所提供的 H^+ 或 OH^-。

如 $c \leqslant 10^{-6} mol \cdot L^{-1}$盐酸溶液 H^+ 相对浓度的计算公式为

$$[H^+]=\frac{(c/c^{\ominus})+\sqrt{(c/c^{\ominus})^2+4K_W^{\ominus}}}{2}$$

对于强碱溶液用同样方法处理。

---

[1] 本教材用 [ ] 表示物质的相对浓度（相对浓度$=\frac{\text{物质的量浓度}}{\text{标准浓度 }c^{\ominus}}$，$c^{\ominus}=1mol \cdot L^{-1}$），以后不再说明。

2. 一元弱酸弱碱溶液酸碱度的计算

设一元弱酸（或一元弱碱）的浓度为 c，离解常数 $K^{\ominus}$（弱酸为 $K_a^{\ominus}$，弱碱为 $K_b^{\ominus}$）。

① 当 $(c/c^{\ominus})K^{\ominus}>20K_W^{\ominus}$，且 $(c/c^{\ominus})/K_a^{\ominus}\geqslant 500$，表明酸（或碱）虽弱，但浓度不是很小，离解度很小，这时水的离解可忽略，得到计算 H^+ 和 OH^- 浓度的最简式：

$$[H^+]=\sqrt{K_a^{\ominus}(c/c^{\ominus})} \tag{4-1a}$$

$$[OH^-]=\sqrt{K_b^{\ominus}(c/c^{\ominus})} \tag{4-1b}$$

② 当 $(c/c^{\ominus})K_a^{\ominus}<20K_W^{\ominus}$，$(c/c^{\ominus})/K_a^{\ominus}\geqslant 500$ 时，表明酸（或碱）虽弱，但浓度很小，离解度很小，但水的离解不能忽略，这时得到计算 H^+ 和 OH^- 浓度的比较精确式：

$$[H^+]=\sqrt{K_a^{\ominus}(c/c^{\ominus})+K_W^{\ominus}} \tag{4-2a}$$

$$[OH^-]=\sqrt{K_b^{\ominus}(c/c^{\ominus})+K_W^{\ominus}} \tag{4-2b}$$

③ 当 $(c/c^{\ominus})K_a^{\ominus}>20K_W^{\ominus}$，$(c/c^{\ominus})/K_a^{\ominus}<500$ 时，表明酸（或碱）不是很弱，浓度也不是很小，故水的离解可忽略，但应考虑因离解使酸（或碱）浓度的减小，这时得到计算 H^+ 和 OH^- 浓度的近似式：

$$[H^+]=\frac{-K_a^{\ominus}+\sqrt{K_a^{\ominus 2}+4K_a^{\ominus}(c/c^{\ominus})}}{2} \tag{4-3a}$$

$$[OH^-]=\frac{-K_b^{\ominus}+\sqrt{K_b^{\ominus 2}+4K_b^{\ominus}(c/c^{\ominus})}}{2} \tag{4-3b}$$

【例 4-4】 计算 $0.010\text{mol}\cdot L^{-1}$ 的甲酸溶液的 pH。

解 查附表 2，甲酸的 $K_a^{\ominus}=1.77\times10^{-4}$，因 $(c/c^{\ominus})K_a^{\ominus}=1.77\times10^{-6}>20K_W^{\ominus}$，$(c/c^{\ominus})/K_a^{\ominus}=56<500$，所以，用近似式(4-3a) 计算：

$$[H^+]=\frac{-1.77\times10^{-4}+\sqrt{(1.77\times10^{-4})^2+4\times1.77\times10^{-4}\times0.010}}{2}$$

$$=2.6\times10^{-3}$$

$$pH=2.59$$

3. 多元酸、碱溶液酸碱度的计算

多元弱酸若 $K_{a_1}^{\ominus}\gg K_{a_2}^{\ominus}\gg\cdots$，只考虑第一级离解，即按一元弱酸处理。

多元碱同理。

4. 两性物质溶液酸度的计算

(1) NaHA 型两性物质　一般来说，当浓度 c 不是很小时，溶液的 H^+ 浓度

可按下式近似计算：

$$[H^+]=\sqrt{K_{a_1}^{\ominus}K_{a_2}^{\ominus}} \quad (最简式) \qquad (4\text{-}4)$$

（2）Na_2HA 型两性物质　一般来说，当浓度 c 不是很小时，溶液的 H^+ 浓度可按下近似计算：

$$[H^+]=\sqrt{K_{a_2}^{\ominus}K_{a_3}^{\ominus}} \quad (最简式) \qquad (4\text{-}5)$$

（3）NH_4Ac 两性物质　一般来说，当浓度 c 不是很小时，溶液的 H^+ 浓度可按下式近似计算：

$$[H^+]=\sqrt{K_{a}^{\ominus}K_{a}^{\ominus\prime}} \quad (最简式) \qquad (4\text{-}6)$$

式中，$K_a^{\ominus}$ 为正离子酸（NH_4^+）的离解常数；$K_a^{\ominus\prime}$ 为负离子碱（Ac^-）的共轭酸（HAc）的离解常数。

【例 4-5】 配位滴定法常用 EDTA（$Na_2H_2Y \cdot 2H_2O$）作滴定剂，已知 H_6Y^{2+} 的六级离解常数分别是 0.126、2.51×10^{-2}、1.00×10^{-2}、2.14×10^{-3}、6.92×10^{-7}、5.50×10^{-11}，试计算 $c(H_2Y^{2-})=0.2mol \cdot L^{-1}$ EDTA 水溶液的 pH。

解 $[H^+]=\sqrt{K_{a_4}^{\ominus}K_{a_5}^{\ominus}}=\sqrt{2.14\times10^{-3}\times6.92\times10^{-7}}=3.85\times10^{-5}$

$$pH=4.4$$

第二节　酸碱指示剂

酸碱滴定中溶液的 pH 变化，从外观上不易察觉，常借助于指示剂的颜色改变来指示滴定终点。

一、酸碱指示剂的变色原理

在一定 pH 范围能够利用本身的颜色改变来指示溶液的 pH 变化的物质称为酸碱指示剂。酸碱指示剂自身是有机弱酸或有机弱碱，其共轭酸碱对因结构不同而呈现不同的颜色。当溶液的 pH 改变时，共轭酸碱对发生相互转化，从而引起溶液的颜色随之变化。

例如，酚酞是二元有机弱酸，在水中的离解平衡为

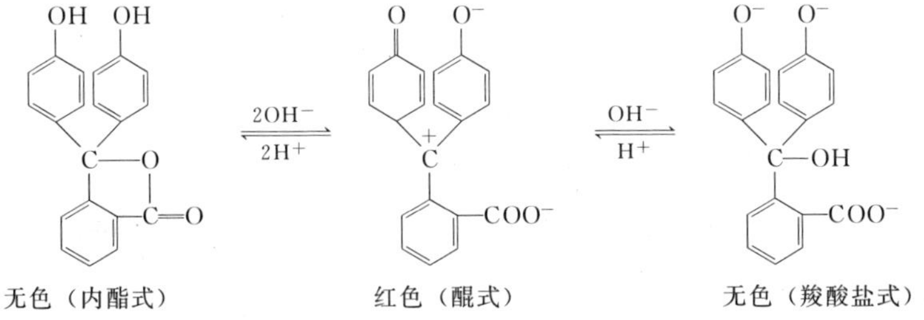

$$\underset{无色（内酯式）}{} \underset{2H^+}{\overset{2OH^-}{\rightleftharpoons}} \underset{红色（醌式）}{} \underset{H^+}{\overset{OH^-}{\rightleftharpoons}} \underset{无色（羧酸盐式）}{}$$

无色（内酯式）　　红色（醌式）　　无色（羧酸盐式）

酚酞是单色指示剂，在酸性溶液中，主要以酸式型（无色）存在。在碱性溶液中失质子转为碱式型醌式结构而显红色。碱性更强时则形成羧酸盐式结构又显无色。

又如，甲基橙是有机弱碱，是双色指示剂。增大溶液的酸度，平衡左移，甲基橙主要以醌式结构存在而显红色；降低溶液的酸度平衡右移，甲基橙转化为偶氮结构而显黄色。

$$(CH_3)_2\overset{+}{N}=\!\!\langle\ \rangle\!\!=N-\underset{\underset{H}{|}}{N}-\!\!\langle\bigcirc\rangle\!\!-SO_3Na \underset{H^+}{\overset{OH^-}{\rightleftharpoons}} (CH_3)_2N-\!\!\langle\bigcirc\rangle\!\!-N=N-\!\!\langle\bigcirc\rangle\!\!-SO_3Na$$

红色（醌式）酸式色　　　　　　　　　　黄色（偶氮式）碱式色

二、酸碱指示剂的变色范围

溶液 pH 变化使指示剂结构发生变化而导致颜色改变。但并不是溶液的 pH 稍有变化就能看到指示剂颜色改变，只有当溶液的 pH 改变到一定范围，才能观察到指示剂颜色的变化。

以 HIn 表示弱酸型指示剂，则指示剂在溶液中的离解平衡为

$$\underset{\text{（酸式色）}}{HIn} \rightleftharpoons H^+ + \underset{\text{（碱式色）}}{In^-}$$

平衡时离解常数为

$$K^{\ominus}(HIn)=\frac{[H^+][In^-]}{[HIn]}$$

则

$$[H^+]=K^{\ominus}(HIn)\frac{[HIn]}{[In^-]} \quad \text{或} \quad pH=pK^{\ominus}(HIn)+\lg\frac{[In^-]}{[HIn]}$$

对给定的指示剂在一定温度下 $pK^{\ominus}(HIn)$ 为常数。pH 改变影响 $[In^-]/[HIn]$ 的比值，从而发生颜色的变化。由于人的眼睛辨别颜色的能力有限，一般地：

$[In^-]/[HIn]\geqslant 10$ 时，即 $pH\geqslant pK^{\ominus}(HIn)+1$ 时能看出 In^- 的颜色（碱式色）；

$[In^-]/[HIn]\leqslant \frac{1}{10}$ 时，即 $pH\leqslant pK^{\ominus}(HIn)-1$ 时能看出 HIn 的颜色（酸式色）；

$[In^-]/[HIn]=1$ 时，$pH=pK^{\ominus}(HIn)$，为指示剂的理论变色点，简称变色点。

可见，当 pH 低于 $pK^{\ominus}(HIn)-1$ 或高于 $pK^{\ominus}(HIn)+1$ 时，都看不出指示剂颜色随 pH 改变的变化，只有在 $pH=pK^{\ominus}(HIn)\pm 1$ 范围内，才能观察到由 pH 改变所引起的指示剂颜色的变化。指示剂颜色变化的 pH 区间称为指示剂的变色范围。这是根据 $pK^{\ominus}(HIn)$ 计算的理论值，在滴定过程中指示剂的变色范围是通过肉眼观察得出的。由于眼睛对不同颜色的敏感程度不同，并且两种颜色相互掩盖，影响观察，因此指示剂理论变色范围与实测值有差别。表 4-1 给出了常用的酸碱指示剂的颜色变化和变色范围。

表 4-1 常用酸碱指示剂的颜色变化和变色范围

<table>
<tr><th rowspan="2"></th><th rowspan="2">指示剂</th><th rowspan="2">变色范围</th><th rowspan="2">变色点 pH</th><th colspan="2">颜色</th><th rowspan="2">备注</th></tr>
<tr><th>酸色</th><th>碱色</th></tr>
<tr><td rowspan="8">单一指示剂</td><td>百里酚蓝</td><td>1.2～2.8</td><td>1.6</td><td>红</td><td>黄</td><td>0.001 的 0.20 乙醇溶液</td></tr>
<tr><td>甲基橙</td><td>3.1～4.4</td><td>3.4</td><td>红</td><td>黄</td><td>0.001 或 0.0005 的水溶液</td></tr>
<tr><td>溴甲酚绿</td><td>3.8～5.4</td><td>4.9</td><td>黄</td><td>蓝</td><td>0.001 的水溶液</td></tr>
<tr><td>甲基红</td><td>4.2～6.2</td><td>5.0</td><td>红</td><td>黄</td><td>0.001 的 0.60 乙醇溶液或其钠盐的水溶液</td></tr>
<tr><td>中性红</td><td>6.8～8.0</td><td>7.4</td><td>红</td><td>黄橙</td><td>0.0010 的 0.60 醇溶液</td></tr>
<tr><td>溴百里酚蓝</td><td>8.0～9.6</td><td>8.9</td><td>黄</td><td>蓝</td><td>0.0010 的 0.60 乙醇溶液</td></tr>
<tr><td>酚酞</td><td>8.0～10.0</td><td>9.1</td><td>无</td><td>红</td><td>0.0010 的 0.90 乙醇溶液</td></tr>
<tr><td>百里酚酞</td><td>9.4～10.6</td><td>10</td><td>无</td><td>蓝</td><td>0.0010 的 0.90 乙醇溶液</td></tr>
<tr><td rowspan="5">混合指示剂</td><td colspan="2">一份 0.001 甲基橙水溶液
一份 0.0025 靛蓝二磺酸钠水溶液</td><td>4.1</td><td>紫</td><td>绿</td><td>灯光下可滴定</td></tr>
<tr><td colspan="2">三份 0.001 溴甲酚绿 0.20 乙醇溶液
一份 0.002 甲基红 0.60 乙醇溶液</td><td>5.1</td><td>酒红</td><td>绿</td><td>变色明显</td></tr>
<tr><td colspan="2">一份 0.001 甲酚红钠盐水溶液
三份 0.001 百里酚蓝钠盐水溶液</td><td>8.3</td><td>黄</td><td>紫</td><td>pH=8.2 玫瑰色
pH=8.4 清晰紫色</td></tr>
<tr><td colspan="2">一份 0.001 百里酚蓝的 0.50 乙醇溶液
三份 0.001 酚酞的 0.50 乙醇溶液</td><td>9.0</td><td>黄</td><td>紫</td><td>pH=9.0 时呈绿色</td></tr>
<tr><td colspan="2">一份 0.001 中性红水溶液
一份 0.001 亚甲基蓝水溶液</td><td>7.1</td><td>紫蓝</td><td>绿</td><td>保存在棕色瓶中</td></tr>
</table>

三、影响酸碱指示剂变色范围的因素

指示剂的变色范围越窄越好，这样在化学计量点附近 pH 稍有变化，就能引起指示剂颜色的改变，变色灵敏的指示剂能减小误差，提高分析结果的准确度。影响指示剂变色范围的因素除了人眼的观察敏感程度外，还有以下几点：

1. 温度

温度变化会引起指示剂离解常数的改变，使指示剂的变色范围也随之变化。例如，18℃时，甲基橙的变色范围为 3.1～4.4，100℃时，为 2.5～3.7。

2. 溶剂

指示剂在不同溶剂中的 $pK^{\ominus}(HIn)$ 不同。例如，甲基橙在水溶液中 $pK^{\ominus}(HIn)=3.4$，在甲醇溶液中 $pK^{\ominus}(HIn)=3.8$。因此，溶剂对指示剂的变色范围有一定的影响。

3. 指示剂的用量

指示剂的用量对变色范围的影响有两方面：一是指示剂用量过多或过浓会多

消耗标准溶液，带来误差；二是指示剂用量过多，会使单色指示剂变色范围改变，使双色指示剂因两种颜色互相掩盖而终点颜色不易观察。

例如酚酞，人眼能察觉到酚酞粉红色的最低浓度［In^-］是一定的，即

$$[In^-]=K^{\ominus}(HIn)\frac{[HIn]}{[H^+]}$$

因 $K^{\ominus}$(HIn) 是常数，当 HIn 用量增加时，则要增大溶液中 H^+ 浓度，则变色范围发生变化。例如在 50～100mL 溶液中加 2～3 滴 $\omega=0.001$ 酚酞，pH≈9 时出现红色，而在相同条件下加 10～15 滴酚酞，则在 pH≈8 时出现红色。因此必须控制指示剂的用量，通常以能明显观察其颜色变化的最少用量为宜。

4. 盐类

由于盐类能吸收不同波长的光，所以影响指示剂颜色的深度，从而影响指示剂变色的敏锐性；另外盐类对指示剂的离解常数也有影响，使指示剂的变色范围发生移动。

5. 滴定顺序

在实际分析中，滴定顺序也会影响人眼对滴定终点颜色观察的敏锐性。一般来说，颜色由浅到深变化较由深到浅变化易观察。所以强碱滴定强酸时选酚酞指示剂较甲基橙好，强酸滴定强碱时选甲基橙指示剂较酚酞好。因为颜色由无色变红色，或由黄色变橙色，比由红色变无色，或由橙色变黄色易于辨别。

四、混合指示剂

单一指示剂的变色范围一般都较宽，有的在变色过程中还有过渡颜色，不易辨别颜色变化。因此有时需要使用混合指示剂。混合指示剂利用颜色互补作用使终点变色敏锐，变色范围窄。混合指示剂由人工配制而成，通常有以下两种配制方法：

① 由一种不随溶液 pH 变化而改变颜色的染料和一种指示剂混合而成　例如甲基橙与靛蓝（染料）混合。靛蓝在滴定过程中不变色，只作甲基橙颜色的背景，在滴定过程中颜色由紫色经灰色（近无色）变为绿色，易于观察。

pH	3.1	4.0	4.4
甲基橙	红色	橙色	黄色
靛蓝	蓝色	蓝色	蓝色
混合指示剂	紫色	灰色(近无色)	绿色

② 由两种不同的指示剂混合而成。例如溴甲酚绿与甲基红混合，pH＜4.0 呈橙色。pH＞6.2 时呈绿色，pH＝5.1 时呈浅灰色，颜色发生突变，变色敏锐。常用混合指示剂及其配方见表 4-1。

第三节 酸碱滴定原理

酸碱滴定法常用酸碱指示剂来确定滴定终点。为了选择合适的指示剂，必须了解滴定过程中，特别是计量点附近±0.1%相对误差范围内 pH 的变化。不同类型的酸碱滴定在计量点附近 pH 变化不同，现分别进行讨论。

一、一元酸碱的滴定

1. 强碱滴定强酸和强酸滴定强碱

滴定的基本反应为

$$H^+ + OH^- \rightleftharpoons H_2O$$

以 $0.1000mol \cdot L^{-1}$ NaOH 溶液滴定 20.00mL $c(HCl)=0.1000mol \cdot L^{-1}$ HCl 溶液为例，研究滴定过程中溶液 pH 的变化。

(1) 滴定前　由于 HCl 是强酸，溶液的 pH 决定于 HCl 的起始浓度。即

$$[H^+]=0.1000, \quad pH=1.00$$

(2) 滴定开始至计量点前　溶液的 pH 取决于剩余 HCl 浓度，即

$$c(H^+)=\frac{c(HCl)V(HCl)-c(NaOH)V(NaOH)}{V(HCl)+V(NaOH)}$$

如，加入 18.00mL NaOH 时，90%的 HCl 被中和，溶液的酸度为

$$c(H^+)=\frac{0.1000mol \cdot L^{-1}\times 20.00mL-0.1000mol \cdot L^{-1}\times 18.00mL}{(20.00+18.00)mL}$$

$$=5.26\times 10^{-3}mol \cdot L^{-1}$$

$$pH=2.28$$

同样的方法计算出滴入 19.80mL、19.98mL NaOH 溶液时，溶液的 pH 分别为 3.30 和 4.30。

(3) 计量点　加入 20.00mL NaOH 溶液，溶液组成为 NaCl，溶液 pH 决定于水的离解，即

$$[H^+]=[OH^-]=1.00\times 10^{-7}$$

$$pH=7.00$$

(4) 计量点后　加入过量的 NaOH 溶液，溶液 pH 由过量的 NaOH 浓度来决定，即

$$c(OH^-)=\frac{c(NaOH)V(NaOH)-c(HCl)V(HCl)}{V(NaOH)+V(HCl)}$$

如，加入 20.02mL NaOH 时，则

$$c(OH^-)=\frac{0.1000mol \cdot L^{-1}\times 20.02mL-0.1000mol \cdot L^{-1}\times 20.00mL}{(20.02+20.00)mL}$$

$$=5.00\times 10^{-5}mol \cdot L^{-1}$$

$$pOH=4.30, \quad pH=9.70$$

同样的方法计算出滴入不同体积的 NaOH 溶液的 pH。结果列入表 4-2。

表 4-2　0.1000mol·L⁻¹ NaOH 滴定 20.00mL 不同浓度 HCl 溶液及 0.1000mol·L⁻¹ HAc 溶液 pH 的变化

加入的 NaOH		HCl 的起始浓度/mol·L^{-1}			0.1000mol·L^{-1} HAc
		0.1000	0.0100	0.001000	
mL	滴定%	pH	pH	pH	pH
0.00	0.00	1.00	2.00	3.00	2.89
18.00	90.00	2.28	3.28	4.28	5.70
19.80	99.00	3.30	4.30	5.30	6.75
19.96	99.80	4.00	5.00	6.00	7.40
19.98	99.90	4.30	5.30	6.30	7.70
20.00	100.00	7.00	7.00	7.00	8.73
20.02		9.70	9.70	9.70	9.70
20.04		10.00	10.00	10.00	10.00
22.00		11.68	11.68	11.68	11.68
40.00		12.52	12.52	10.52	12.52

以溶液的 pH 为纵坐标，以 NaOH 加入的体积或滴定百分数为横坐标作图，得到滴定过程中 pH 的变化曲线，称为滴定曲线，如图 4-1 所示。

看出，从滴定开始到加入 19.98mL NaOH 溶液，溶液的 pH 从 1.0 变到 4.3，曲线较平坦；但从 NaOH 溶液加入 19.98mL 到 20.02mL，即加入 1 滴 NaOH 溶液，pH 从 4.30 突变到 9.70，在滴定曲线中出现几乎平行于纵轴的直线。酸碱滴定中计量点附近±0.1%相对误差范围内溶液 pH 的变化范围称为酸碱滴定的突跃范围。突跃范围是选择指示剂的依据。继续加入 NaOH，溶液的 pH 变化很小，曲线又较平坦。

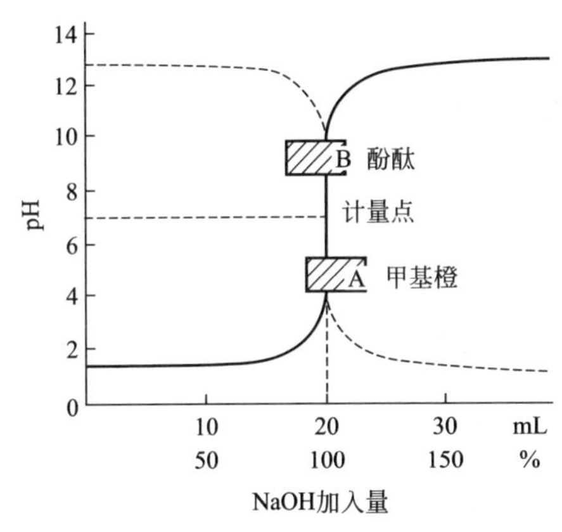

图 4-1　0.1000mol·L^{-1} NaOH 溶液滴定 20.00mL 0.1000mol·L^{-1} HCl 溶液的滴定曲线

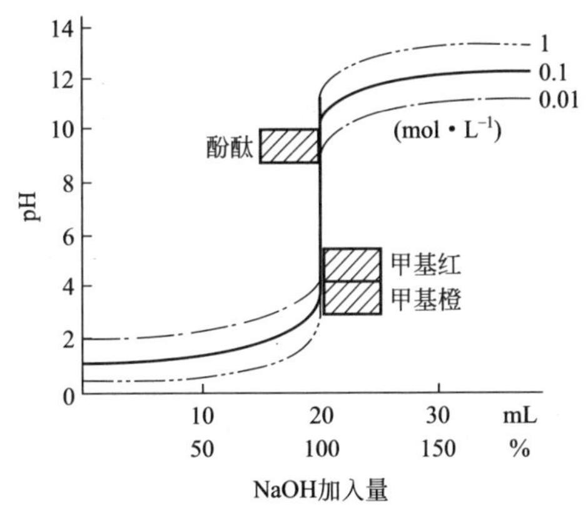

图 4-2　不同浓度 NaOH 溶液滴定不同浓度 HCl 溶液滴定曲线

从表4-2和图4-2看出，酸碱滴定突跃范围大小与酸碱浓度有关。浓度越大突跃范围越宽，浓度越小突跃范围越窄。

HCl滴定NaOH的滴定曲线与NaOH滴定HCl的滴定曲线形状相反，如图4-1虚线所示。

酸碱指示剂的选择依据是：指示剂的变色范围全部或部分地落在滴定的突跃范围之内。最理想的指示剂应该是变色点和计量点相接近，且颜色变化明显易观察。如酸滴定碱时宜选用甲基橙作指示剂，碱滴定酸时宜选用酚酞作指示剂。

可见滴定突跃范围越大，可供选择的指示剂越多，终点颜色变化越明显。所以酸碱标准溶液浓度太小，突跃不明显，不易找到合适的指示剂，引起的误差较大；但浓度太大，试样的取用量及试剂消耗量随之增加，应用不方便。通常标准溶液的浓度在0.01～$1mol \cdot L^{-1}$间为宜。

2. 强碱滴定弱酸与强酸滴定弱碱

强碱滴定弱酸（如HA）与强酸滴定弱碱（如A^-）反应式分别为

$$OH^- + HA \rightleftharpoons A^- + H_2O$$

$$H_3O^+ + A^- \rightleftharpoons HA + H_2O$$

以$c(NaOH) = 0.1000mol \cdot L^{-1}$ NaOH溶液滴定20.00mL $c(HAc) = 0.1000mol \cdot L^{-1}$ HAc溶液为例，讨论滴定过程中溶液pH的变化规律。

（1）滴定前　溶液中H^+浓度取决于HAc的离解。

$$[H^+] = \sqrt{K_a^{\ominus} c/c^{\ominus}} = \sqrt{1.76 \times 10^{-5} \times 0.1000} = 1.3 \times 10^{-3}$$

$$pH = 2.87$$

（2）滴定开始至计量点前　溶液是HAc-NaAc的缓冲溶液。H^+浓度可依下式计算：

$$[H^+] = K_a^{\ominus} \frac{c(A)}{c(B)}$$

式中，$c(A)$为酸的平衡浓度；$c(B)$为共轭碱的平衡浓度。

例如，加入18.00mL NaOH时，溶液的pH为

$$pH = 4.75 - \lg \frac{0.1000mol \cdot L^{-1} \times (20.00 - 18.00)mL/38.00mL}{0.1000mol \cdot L^{-1} \times 18.00mL/38.00mL} = 5.70$$

（3）计量点　生成的NaAc是弱碱，按下式计算溶液的pH：

$$[OH^-] = \sqrt{K_b^{\ominus} c/c^{\ominus}} = \sqrt{\frac{K_W^{\ominus} c}{K_a^{\ominus} c^{\ominus}}}$$

$$= \sqrt{\frac{1.0 \times 10^{-14}}{1.76 \times 10^{-5}} \times 0.05000}$$

$$= 5.33 \times 10^{-6}$$

$$pOH=5.27，pH=8.73$$

（4）计量点后　溶液组成为 NaAc 和过量的 NaOH，由于 NaAc 的碱性很弱，且生成的 NaAc 抑制 Ac^- 的离解，因此溶液的 pH 由过量的 NaOH 决定，计算方法与强碱滴定强酸计量点后相同。计算结果见表 4-2，计量点 8.7，突跃范围 7.7～9.7。滴定曲线如图 4-3 所示。

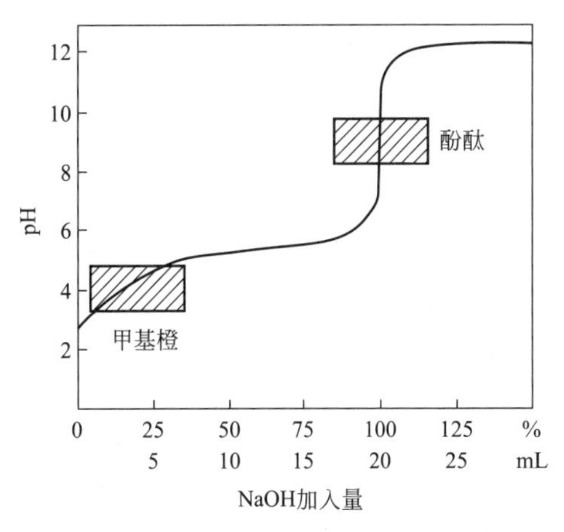

图 4-3　0.1000mol·L^{-1} NaOH 溶液滴定 20.000mL 0.1000mol·L^{-1} HAc 溶液的滴定曲线

由表 4-2 和图 4-3 看出，NaOH 滴定 HAc 滴定曲线有如下特点：

① 起点高。因 HAc 是弱酸。

② 滴定刚开始，pH 增加较快，曲线的斜率较大。因为加入 NaOH 后，生成少量的 Ac^-，产生同离子效应，使 HAc 的离解度降低；继续加入 NaOH，HAc-NaAc 缓冲能力逐渐增大，溶液的 pH 变化缓慢，曲线逐渐平坦；临近计量点，由于 HAc 浓度减少，溶液的缓冲能力减弱，pH 增加较快，曲线斜率又迅速增大。

③ 计量点及突跃范围都在碱性区。因为生成的 NaAc 是弱碱。

④ 突跃范围较相同浓度的 NaOH 溶液滴定 HCl 溶液的窄。

⑤ 计量点后，溶液 pH 的变化规律与强碱滴定强酸相同。

这类滴定只能选择在碱性范围内变色的指示剂。如酚酞和百里酚酞等，甲基橙不适用。

不同浓度的 NaOH 溶液滴定相同浓度不同强度的弱酸（体积均为 20.00mL），计量点及突跃范围见表 4-3 和图 4-4 所示。

表 4-3　强碱滴定弱酸时计量点附近 pH 的变化（强碱与弱酸的浓度相等，体积均为 20.00mL）

弱酸离解常数 $K_a^\ominus$	1mol·L^{-1}溶液				0.1mol·L^{-1}溶液				0.01mol·L^{-1}溶液			
	−0.1% pH	计量点 pH	+0.1% pH	ΔpH	−0.1% pH	计量点 pH	+0.1% pH	ΔpH	−0.1% pH	计量点 pH	+0.1% pH	ΔpH
10^{-5}	8.00	9.35	10.70	2.70	7.70	8.70	9.70	2.00	7.96	8.50	9.03	1.07
10^{-6}	9.00	9.85	10.74	1.74	9.00	9.35	9.77	0.77	8.70	8.85	9.00	0.30
10^{-7}	10.00	10.35	10.77	0.77	9.70	9.85	10.00	0.30	9.30	9.35	9.40	0.10
10^{-8}	10.70	10.85	11.00	0.30	10.30	10.35	10.40	0.10				
10^{-9}	11.30	11.35	11.40	0.10	10.83	10.85	10.87	0.04				

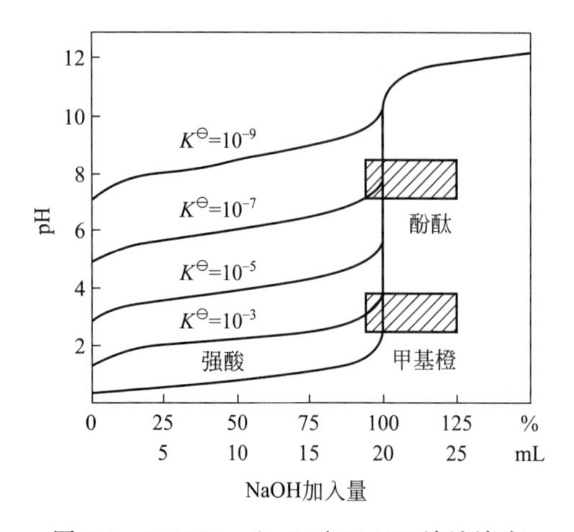

图 4-4 0.1000mol·L^{-1} NaOH 溶液滴定 20.00mL 0.1000mol·L^{-1} $K^{\ominus}$不同的弱酸溶液的滴定曲线

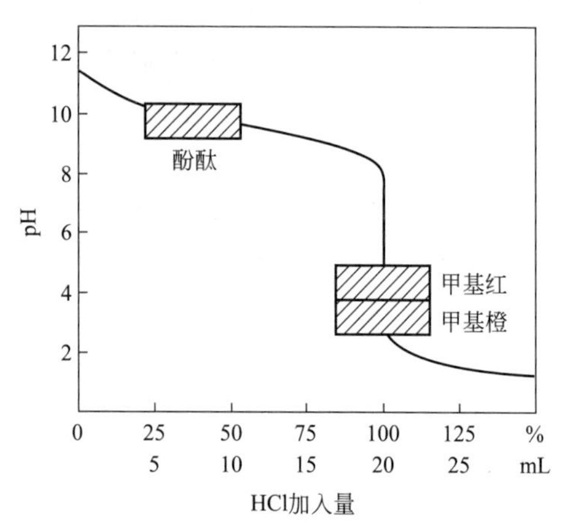

图 4-5 0.1000mol·L^{-1} HCl 溶液滴定 20.00mL 0.1000mol·L^{-1} $NH_3 \cdot H_2O$ 溶液的滴定曲线

强酸滴定弱碱与之相似。

以 $c(HCl)=0.1000mol \cdot L^{-1}$ HCl 溶液滴定 20.00mL $c(NH_3)=0.1000mol \cdot L^{-1}$ NH_3 溶液为例。

$$H^+ + NH_3 \rightleftharpoons NH_4^+$$

① 滴定前 $[OH^-]=\sqrt{K_b^{\ominus}(c/c^{\ominus})}$，pH=11.13

② 滴定开始至计量点前 $[OH^-]=K_b^{\ominus}\dfrac{c(B)}{c(A)}$，若加入 19.98mL 的 HCl，则溶液的 pH 为 6.30。

③ 计量点 $[OH^-]=\sqrt{K_b^{\ominus}(c/c^{\ominus})}=\sqrt{\dfrac{K_W^{\ominus}c}{K_a^{\ominus}c^{\ominus}}}$，pH=5.30

④ 计量点后 与强酸滴定强碱相同。

滴定曲线如图 4-5 所示。显然与强碱滴定弱酸相似，但 pH 变化相反。pH 突跃范围为 6.30～4.30，计量点 pH 为 5.30。只能选用酸性范围内变色的指示剂，如甲基橙等。

综上看出，影响酸碱滴定突跃范围的因素为酸碱的强度和浓度。酸碱的浓度及强度越大，突跃范围越大。

实践证明，借助酸碱指示剂颜色变化准确判断终点，突跃范围必须≥0.3 个 pH 单位，在此条件下，分析结果的相对误差在±0.2%之内。据此得出，弱酸或弱碱能够被准确滴定的条件是

$$(c/c^{\ominus})K_a^{\ominus} \geqslant 10^{-8}$$

$$(c/c^{\ominus})K_b^{\ominus} \geqslant 10^{-8}$$

以上讨论看出，强碱滴定弱酸 pH 突跃在碱性区，强酸滴定弱碱 pH 突跃在酸性区。所以，弱酸弱碱间的滴定无明显突跃形成，无法选择指示剂。因此，弱酸弱碱相互不能直接滴定。实际应用中都采用强酸和强碱作标准溶液，一般为 $0.1 mol \cdot L^{-1}$的 HCl 和 NaOH。

二、多元酸碱的滴定

计算多元酸碱滴定过程中 pH 变化较复杂，可用电位法测 pH。这里只讨论多元酸中各级离解的 H^+能否被准确滴定、能否分别滴定，计量点 pH 计算及如何选择指示剂等问题。

以二元酸为例，各级离解的 H^+滴定情况可依下列原则判断：

① 若 $(c/c^{\ominus})K_{a_1}^{\ominus} \geqslant 10^{-8}$，$(c/c^{\ominus})K_{a_2}^{\ominus} \geqslant 10^{-8}$，则两级离解的 H^+都能准确滴定。

当 $K_{a_1}^{\ominus}/K_{a_2}^{\ominus} \geqslant 10^4$，则两级离解的 H^+可分别准确滴定，形成两个突跃；

当 $K_{a_1}^{\ominus}/K_{a_2}^{\ominus} < 10^4$，则两级离解的 H^+不能分别滴定，只能测其总量，即形成一个突跃。

② 若 $(c/c^{\ominus})K_{a_1}^{\ominus} \geqslant 10^{-8}$，$(c/c^{\ominus})K_{a_2}^{\ominus} < 10^{-8}$，$K_{a_1}^{\ominus}/K_{a_2}^{\ominus} \geqslant 10^4$，则第一级离解的 H^+能准确滴定，第二级离解的 H^+不能准确滴定，形成一个突跃；

③ 若 $(c/c^{\ominus})K_{a_1}^{\ominus} \geqslant 10^{-8}$，$(c/c^{\ominus})K_{a_2}^{\ominus} < 10^{-8}$，$K_{a_1}^{\ominus}/K_{a_2}^{\ominus} < 10^4$，则由于第二级离解的 H^+对第一级离解的 H^+滴定有影响，即该二元酸不能被准确滴定。

其他多元酸类推。

多元碱判断原则与此相似。

由于多元酸碱滴定过程的计算较复杂，因此在实际分析中，通常只计算各计量点的 pH，选择在此范围内变色的指示剂来指示终点。

【例 4-6】 用 $c(NaOH)=0.1000 mol \cdot L^{-1}$ NaOH 溶液滴定 $c(H_2C_2O_4)=0.1000 mol \cdot L^{-1}$ $H_2C_2O_4$ 溶液，形成几个突跃？选用何种指示剂？已知 $K_{a_1}^{\ominus}=5.9\times10^{-2}$，$K_{a_2}^{\ominus}=6.4\times10^{-5}$。

解 $(c/c^{\ominus})K_{a_1}^{\ominus}=5.9\times10^{-3}>10^{-8}$，$(c/c^{\ominus})K_{a_2}^{\ominus}=6.4\times10^{-6}>10^{-8}$，$K_{a_1}^{\ominus}/K_{a_2}^{\ominus}=9.2\times10^2<10^4$，所以 $H_2C_2O_4$ 的两个 H^+都能准确滴定，形成一个突跃，反应式为

$$2NaOH+H_2C_2O_4 \xlongequal{} Na_2C_2O_4+2H_2O$$

因计量点时消耗 NaOH 溶液的体积是 $H_2C_2O_4$ 溶液体积的 2 倍，即计量点时溶液的体积增大了 3 倍，且产物 $Na_2C_2O_4$ 是二元弱碱，因 $K_{b_1}^{\ominus} \gg K_{b_2}^{\ominus}$，可按一元弱碱处理：

$$[OH^-]=\sqrt{K_{b_1}^{\ominus}c/c^{\ominus}}=\sqrt{\frac{K_W^{\ominus}c}{K_{a_2}^{\ominus}c^{\ominus}}}=\sqrt{1.6\times10^{-10}\times0.1000/3}=2.31\times10^6$$

pH=8.36，选酚酞作指示剂。

【例 4-7】 用 $c(NaOH)=0.1000mol \cdot L^{-1}$ NaOH 滴定 20.00mL $c(H_3PO_4)=0.1000mol \cdot L^{-1}$的 H_3PO_4，已知 $K_{a_1}^{\ominus}=7.5\times10^{-3}$，$K_{a_2}^{\ominus}=6.2\times10^{-8}$，$K_{a_3}^{\ominus}=2.2\times10^{-13}$，能形成几个突跃？各选用何种指示剂？

解 因 $(c/c^{\ominus})K_{a_1}^{\ominus}=7.5\times10^{-4}>10^{-8}$，$(c/c^{\ominus})K_{a_2}^{\ominus}=0.62\times10^{-8}\approx10^{-8}$，$(c/c^{\ominus})K_{a_3}^{\ominus}=2.2\times10^{-14}\ll10^{-8}$，$K_{a_1}^{\ominus}/K_{a_2}^{\ominus}>10^4$，$K_{a_2}^{\ominus}/K_{a_3}^{\ominus}>10^4$，所以第一、二级离解的 H^+ 能准确滴定，形成两个突跃，第三级离解的 H^+ 不能准确滴定。

第一计量点，反应式为

$$H_3PO_4+NaOH \longrightarrow NaH_2PO_4+H_2O$$

产物 NaH_2PO_4 是两性物质，为计算简便，用式(4-4) 计算 pH：

$$[H^+]=\sqrt{K_{a_1}^{\ominus}K_{a_2}^{\ominus}}$$

$$pH=4.66$$

可选用甲基橙或溴甲酚绿作指示剂。

第二计量点，反应式为

$$NaOH+NaH_2PO_4 \longrightarrow Na_2HPO_4+H_2O$$

产物 Na_2HPO_4 也是两性物质，为简便用最简式(4-5) 计算 pH：

$$[H^+]=\sqrt{K_{a_2}^{\ominus}/K_{a_3}^{\ominus}}$$

$$pH=9.93$$

可选用酚酞或百里酚酞作指示剂。

第三级离解的 H^+ 经强化也可准确滴定，即在第二计量点后加入过量的 $CaCl_2$ 使之生成 $Ca_3(PO_4)_2$ 沉淀

$$2Na_2HPO_4+3CaCl_2 \longrightarrow Ca_3(PO_4)_2\downarrow+4NaCl+2HCl$$

再用 NaOH 标准溶液滴定生成的 HCl 至酚酞终点。为防止终点 $Ca_3(PO_4)_2$ 的溶解，不能用酸性范围内变色的指示剂。

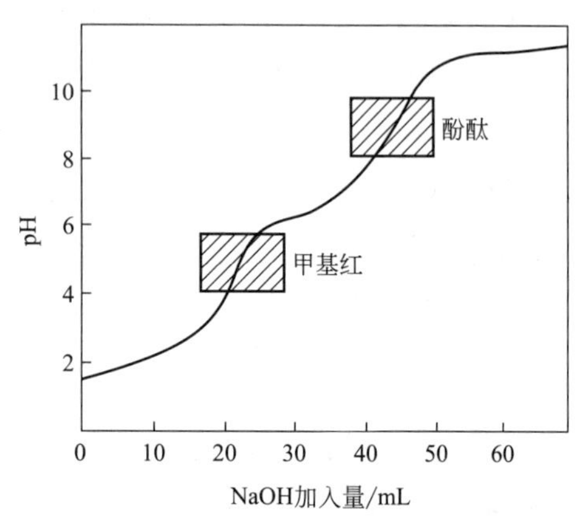

图 4-6 $0.1000mol \cdot L^{-1}$ NaOH 溶液滴定 20.00mL $0.1000mol \cdot L^{-1}$ H_3PO_4 溶液的滴定曲线

NaOH 滴定 H_3PO_4 的曲线见图 4-6。

因 $(c/c^{\ominus})K_{a_2}^{\ominus}=0.62\times10^{-8}$ 接近 10^{-8}，所以第二个突跃没有第一个

明显。

【例 4-8】 用 $c(HCl)=0.1000mol \cdot L^{-1}$ HCl 溶液滴定 $c(Na_2CO_3)=0.1000mol \cdot L^{-1}$ Na_2CO_3，能形成几个突跃？各选用何种指示剂？已知 H_2CO_3 $K_{a_1}^{\ominus}=4.30\times10^{-7}$，$K_{a_2}^{\ominus}=5.61\times10^{-11}$。

解 Na_2CO_3 是二元碱，$K_{b_1}^{\ominus}=\dfrac{K_W^{\ominus}}{K_{a_2}^{\ominus}}=1.8\times10^{-4}$，$K_{b_2}^{\ominus}=\dfrac{K_W^{\ominus}}{K_{a_1}^{\ominus}}=2.3\times10^{-8}$

由于 $(c/c^{\ominus})K_{b_1}^{\ominus}>10^{-8}$，$(c/c^{\ominus})K_{b_2}^{\ominus}=0.23\times10^{-8}\approx10^{-8}$，$K_{b_1}^{\ominus}/K_{b_2}^{\ominus}\approx10^4$，所以能形成两个突跃，但第一个突跃不太明显。

第一计量点，反应式为

$$H^+ + CO_3^{2-} \rightleftharpoons HCO_3^-$$

HCO_3^- 为两性物质，用最简式(4-4) 计算 pH：

$$[H^+]=\sqrt{K_{a_1}^{\ominus}K_{a_2}^{\ominus}}$$

或

$$[OH^-]=\sqrt{K_{b_1}^{\ominus}K_{b_2}^{\ominus}}$$

$$pH=8.31$$

选酚酞作指示剂，但终点观察由红色变到无色，终点误差可达±2.5%左右。另外，由于突跃不大，终点不易观察。若选用甲酚红-百里酚蓝混合指示剂，终点由紫色变为粉红色（变色范围 8.2～8.4），效果较好。或采用同浓度的 $NaHCO_3$ 溶液作参比。

第二计量点，反应式为

$$H^+ + HCO_3^- \rightleftharpoons H_2CO_3$$

由于 H_2CO_3 的 $K_{a_1}^{\ominus}\gg K_{a_2}^{\ominus}$，则溶液 pH 取决于 H_2CO_3 的第一级离解，此时溶液是 CO_2 的饱和溶液，在室温下其浓度为 $0.040mol \cdot L^{-1}$。

$$[H^+]=\sqrt{K_{a_1}^{\ominus}c/c^{\ominus}}$$

$$=\sqrt{4.30\times10^{-7}\times0.040}$$

$$=1.31\times10^{-4}$$

$$pH=3.89$$

选择甲基橙作指示剂，终点颜色变化由黄到橙。滴定曲线如图 4-7 所示。

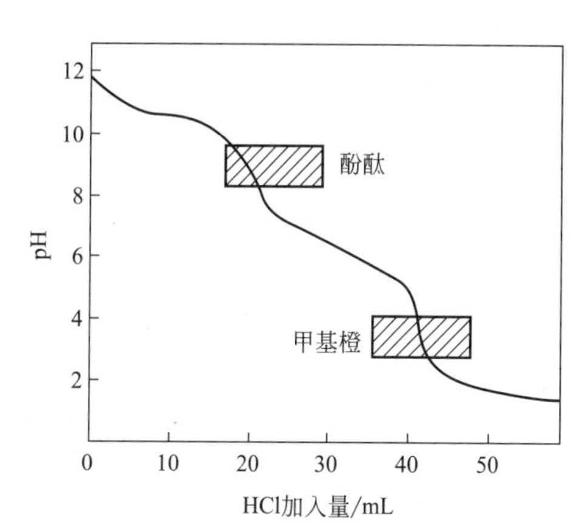

图 4-7　$0.1000mol \cdot L^{-1}$ HCl 溶液滴定 $0.1000mol \cdot L^{-1}$ Na_2CO_3 溶液的滴定曲线

对于其他的多元碱，如 Na_3PO_4，其处理及计算方法同 Na_2CO_3 类似。

三、混合酸碱的滴定

混合酸碱与多元酸碱相似，以两种酸混合为例，判定原则为：

① 如果混合酸中各酸的浓度相同，若 $(c/c^{\ominus})K_a^{\ominus} \geqslant 10^{-8}$，$(c/c^{\ominus})K_a'^{\ominus} \geqslant 10^{-8}$，且 $K_a^{\ominus}/K_a'^{\ominus} \geqslant 10^4$ 时，第一种酸能直接滴定，第二种酸不干扰，能分别滴定，形成两突跃；

② 如果混合酸中各酸的浓度不同，若 $(c/c^{\ominus})K_a^{\ominus} \geqslant 10^{-8}$，$(c'/c^{\ominus})K_a'^{\ominus} \geqslant 10^{-8}$，且 $[(c/c^{\ominus})K_a^{\ominus}]/[(c'/c^{\ominus})K_a'^{\ominus}] \geqslant 10^4$，两种酸可以分别滴定，互不干扰，形成两突跃；

③ 如果 $(c/c^{\ominus})K_a^{\ominus} \geqslant 10^{-8}$，$(c'/c^{\ominus})K_a'^{\ominus} \geqslant 10^{-8}$，且 $[(c/c^{\ominus})K_a^{\ominus}]/[(c'/c^{\ominus})K_a'^{\ominus}] < 10^4$，则只能测其总量，形成一个突跃。

混合碱的滴定与混合酸的处理方法相似，下面结合实例介绍混合碱含量的测定方法。

(1) 双指示剂法

利用两种指示剂在不同计量点产生颜色变化，得到两个终点，根据各终点时所消耗的标准溶液体积计算各组分的含量。

① 烧碱中 NaOH 和 Na_2CO_3 含量的测定　可用甲基橙和酚酞两种指示剂，用 HCl 标准溶液连续滴定。先用酚酞作指示剂，用 HCl 标准溶液滴至溶液红色刚好消失，消耗 HCl 的体积为 V_1 mL，此时生成 NaCl 和 $NaHCO_3$；然后用甲基橙作指示剂，继续用 HCl 标准溶液滴至溶液由黄色变橙色，这时产物为 H_2CO_3，消耗 HCl 体积为 V_2 mL。滴定中 NaOH 消耗 HCl 的体积为 (V_1-V_2) mL，Na_2CO_3 共消耗 HCl 的体积为 $2V_2$ mL。滴定过程如图 4-8 所示。

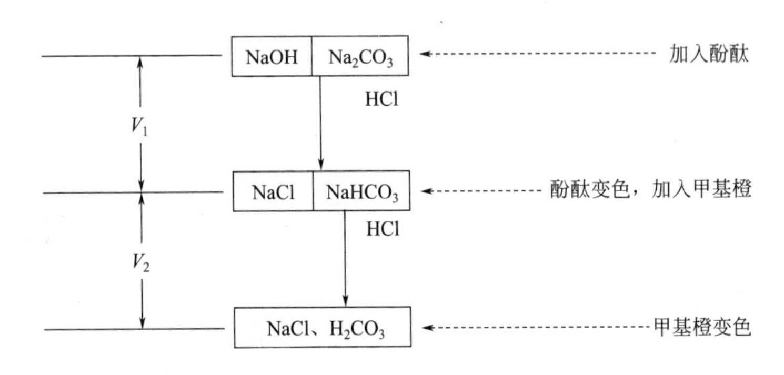

图 4-8　NaOH、Na_2CO_3 含量的测定

若混合碱的质量为 m(g)，则 NaOH 和 Na_2CO_3 的质量分数可由下式计算：

$$w(NaOH)=\frac{c(HCl)(V_1-V_2)\times 10^{-3}M(NaOH)}{m}$$

$$w(Na_2CO_3)=\frac{c(HCl)2V_2\times 10^{-3}M\left(\frac{1}{2}Na_2CO_3\right)}{m}$$

或

$$w(Na_2CO_3)=\frac{c(HCl)V_2\times 10^{-3}M(Na_2CO_3)}{m}$$

② Na_2CO_3 和 $NaHCO_3$ 含量的测定　方法与上例类似，滴定过程如图 4-9 所示。

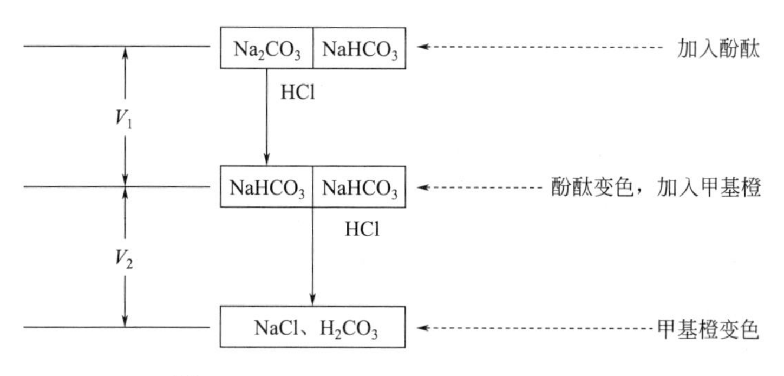

图 4-9　Na_2CO_3、$NaHCO_3$ 含量的测定

Na_2CO_3 消耗的 HCl 体积为 $2V_1$ mL，$NaHCO_3$ 消耗 HCl 的体积为 (V_2-V_1)mL，
所以

$$w(Na_2CO_3)=\frac{c(HCl)2V_1\times 10^{-3}M\left(\frac{1}{2}Na_2CO_3\right)}{m}$$

或

$$w(Na_2CO_3)=\frac{c(HCl)V_1\times 10^{-3}M(Na_2CO_3)}{m}$$

$$w(NaHCO_3)=\frac{c(HCl)(V_2-V_1)\times 10^{-3}M(NaHCO_3)}{m}$$

双指示剂法不仅能用于混合碱的定量分析，还可用于混合碱的定性分析。设酚酞变色所需 HCl 标准溶液的体积为 V_1，甲基橙变色所需 HCl 标准溶液的体积为 V_2。则

当 $V_1\neq 0$，$V_2=0$ 时，试样的组成为 $NaOH(OH^-)$

当 $V_1=0$，$V_2\neq 0$ 时，试样的组成为 $NaHCO_3(HCO_3^-)$

当 $V_1=V_2\neq0$ 时，试样的组成为 $Na_2CO_3(CO_3^{2-})$

当 $V_1>V_2>0$ 时，试样的组成为 $NaOH+Na_2CO_3(OH^-+CO_3^{2-})$

当 $V_2>V_1>0$ 时，试样的组成为 $Na_2CO_3+NaHCO_3(CO_3^{2-}+HCO_3^-)$

(2) 氯化钡法

以 NaOH 和 Na_2CO_3 混合碱为例。取一份试液，以甲基橙为指示剂，用 HCl 标准溶液 V_1 mL 滴定至终点，测其总量；另取一份等量试液，加入 $BaCl_2$ 使 Na_2CO_3 生成 $BaCO_3$ 沉淀，然后用 HCl 标准溶液滴定 NaOH 至酚酞终点，用去 HCl 为 V_2 mL。则

$$w(NaOH)=\frac{c(HCl)V_2\times10^{-3}M(NaOH)}{m}$$

$$w(Na_2CO_3)=\frac{c(HCl)(V_1-V_2)\times10^{-3}M\left(\frac{1}{2}Na_2CO_3\right)}{m}$$

四、酸碱滴定中 CO_2 的影响及消除

酸碱滴定中 CO_2 的来源主要有：水中溶解的 CO_2 或试剂中含有碳酸盐（例如 NaOH 吸收 CO_2 生成 Na_2CO_3）。此外配制好的 NaOH 标准溶液放置和滴定过程中也能吸收空气中的 CO_2。

CO_2 在水中的离解平衡为

$$CO_2+H_2O \rightleftharpoons H_2CO_3 \rightleftharpoons H^++HCO_3^- \rightleftharpoons 2H^++CO_3^{2-}$$

$pK_{a_1}^{\ominus}=6.4$，$pK_{a_2}^{\ominus}=10.3$。在平衡系统中，CO_2 的存在形式决定于溶液的 pH。当 pH<6.4 时，主要以 CO_2 或 H_2CO_3 形式存在；pH 在 6.4～10.3 间，主要以 HCO_3^- 形式存在；pH>10.3 时，主要以 CO_3^{2-} 形式存在。

CO_2 对酸碱滴定的影响情况决定于 CO_2 的来源和滴定终点的 pH。

① 当碱标准溶液（如 NaOH）在标定前吸收 CO_2，若不经处理就配成标准溶液，则只要使标定和测定用同一种指示剂，并在相同条件下进行，CO_2 的影响就可基本抵消。

如配制的 NaOH 溶液吸收 CO_2 而含有部分 Na_2CO_3。用邻苯二甲酸氢钾标定，用酚酞作指示剂，Na_2CO_3 被中和为 HCO_3^-。当用此标准溶液直接法滴定样品时，若仍用酚酞作指示剂，终点为碱性，则对测定结果无大影响；若用甲基橙作指示剂，终点为酸性，使 CO_3^{2-} 被中和为 CO_2，造成误差。

② 当碱标准溶液在标定后放置过程中或在滴定过程中吸收 CO_2，若滴定终点是酸性，如用甲基橙作指示剂，终点 pH=4 时，CO_2 对滴定无影响，因为溶液中 CO_2 的存在形式没变；若滴定终点是碱性，如用酚酞作指示剂，终点 pH=9 时，CO_2 主要以 HCO_3^- 形式存在。即溶液中 CO_2 被滴定为 HCO_3^-，有影响。

实际中 CO_2 的影响除用指示剂控制标定和测定条件外，配制 NaOH 的蒸馏

水要经煮沸冷却后再用，以除去 CO_2；另外尽量用不含 Na_2CO_3 的 NaOH 配制标准溶液；或者先将 NaOH 配制成饱和溶液（质量分数为 0.50），放置，取上清液稀释。因为此时 Na_2CO_3 的溶解度很小；配制好的 NaOH 溶液要塞紧保存，防止再吸收 CO_2。

此外，由于 CO_2 在水中的溶解速率很快，使某些指示剂的终点颜色受到影响。例如，以酚酞为指示剂时，终点呈浅红色，放置 0.5～1min 后，由于吸收了空气中的 CO_2，使溶液的 pH 降低，酚酞又变为无色。因此，当使用这类指示剂时，滴定到变色后若在 0.5min 内颜色不退去，即达到终点。

第四节　酸碱滴定法的应用

一、酸碱标准溶液的配制与标定

酸碱滴定中常用的标准溶液是 $0.1mol \cdot L^{-1}$ 的 HCl 和 NaOH 溶液，有时根据需要配制合适浓度的溶液。

HCl 易挥发，NaOH 易吸收空气中的水分和 CO_2，因此 HCl 和 NaOH 标准溶液都用间接法配制。

标定 HCl 的基准物质常用硼砂。其优点是易制得纯品，不易吸水，摩尔质量大。但在空气中易风化失去结晶水，因此应保存在相对湿度为 60% 的恒湿器中。

标定反应：

$$Na_2B_4O_7 + 2HCl + 5H_2O \xlongequal{} 4H_3BO_3 + 2NaCl$$

终点 pH 为 5.12，选用甲基红或甲基橙为指示剂，终点变色明显。

$$c(HCl) = \frac{m(\text{硼砂})}{M\left(\frac{1}{2}\text{硼砂}\right)V(HCl)} \times 10^3$$

有时也用无水碳酸钠标定 HCl。Na_2CO_3 虽易制得纯品，但由于易吸收空气中水分，因此使用前应在 180～200℃ 间干燥，再密封于试剂瓶内保存在干燥器中。用时称量要快，减少水分吸收。

标定反应：

$$Na_2CO_3 + 2HCl \xlongequal{} 2NaCl + CO_2 + H_2O$$

计量点 pH 为 3.89，选用甲基橙作指示剂，终点变色不太明显。

$$c(HCl) = \frac{m(Na_2CO_3)}{M\left(\frac{1}{2}Na_2CO_3\right)V(HCl)} \times 10^3$$

标定 NaOH 的基准物质常用 KHC_2O_4、$H_2C_2O_4 \cdot 2H_2O$ 和邻苯二甲酸氢钾。其中最理想的是邻苯二甲酸氢钾。因为它易制得纯品，不含结晶水，不吸湿，易保存，摩尔质量大。

标定反应：

$$KHC_8H_4O_4 + NaOH \longrightarrow KNaC_8H_4O_4 + H_2O$$

计量点 pH 约为 9.1，选用酚酞作指示剂，终点变色明显。

$$c(NaOH)=\frac{m(KHC_8H_4O_4)}{M(KHC_8H_4O_4)V(NaOH)}\times 10^3$$

二、酸碱滴定法的应用

酸碱滴定法在生产实践和科学研究中应用广泛，可以直接测定许多酸碱性物质，但一些较弱的酸碱，即 $(c/c^{\ominus})K_a^{\ominus}<10^{-8}$，$(c/c^{\ominus})K_b^{\ominus}<10^{-8}$ 的物质可利用间接法测定，还可应用于有机物的分析。现举例说明。

1. 铵盐中氮含量的测定

测定铵盐中氮的方法有蒸馏法和甲醛法。

（1）蒸馏法　在铵盐中加浓 NaOH，蒸馏出生成的 NH_3，用过量的 HCl 标准溶液吸收，剩余的 HCl 用 NaOH 标准溶液滴定。计量点 pH 约为 5，用甲基红或甲基橙作指示剂；也可用 H_3BO_3 吸收蒸馏出来的 NH_3，生成较强的碱 $H_2BO_3^-$，再用 HCl 标准溶液滴定，生成 H_3BO_3 和 NH_4^+ 混合弱酸，pH≈5，用甲基橙作指示剂。

$$NH_3 + H_3BO_3 \rightleftharpoons NH_4^+ + H_2BO_3^-$$

$$H^+ + H_2BO_3^- \rightleftharpoons H_3BO_3$$

$$w(N)=\frac{c(HCl)V(HCl)\times 10^{-3}M(N)}{m}$$

用 H_3BO_3 吸收 NH_3 的优点是：仅需一种酸标准溶液，即硼酸浓度不必准确，只要用量足够即可。但注意，用硼酸吸收时，温度不得超过 40℃，否则氨易逸失。

土壤和有机物中的氮不能直接测定，必须经一定化学处理，使各种氮化合物转化为铵盐，再按上述方法测定。

蒸馏法测定比较费时，现在多用甲醛法测定。

（2）甲醛法　甲醛与铵盐作用生成酸（质子化的六亚甲基四胺和 H^+）：

$$4NH_4^+ + 6HCHO \longrightarrow (CH_2)_6N_4H^+ + 3H^+ + 6H_2O$$

$$K_a^{\ominus}=7.1\times 10^{-6}$$

可用碱标准溶液滴定，产物 $(CH_2)_6N_4$ 是一种很弱的碱（$K_b^{\ominus}=1.4\times 10^{-9}$），溶液的 pH 约为 8.7，用酚酞作指示剂。为使测定准确，可加入过量的碱标准溶液，再用酸标准溶液回滴。如果试样中含有游离酸，应中和除去。

氮的含量为

$$w(N)=\frac{c(NaOH)V(NaOH)\times 10^{-3}\times M(N)}{m}$$

2. 磷的测定

某些磷酸盐和过磷酸钙的全磷和有效磷可以用酸碱滴定法测定。先将试样溶解变成 H_3PO_4，在 HNO_3 介质中与钼酸、喹啉形成大分子的磷钼喹啉沉淀，因沉淀的溶解度很小，所以，低含磷量也能沉淀完全。然后将沉淀过滤洗涤至滤液不呈酸性为止。将沉淀溶于过量的 NaOH 标准溶液中。反应为

$$(C_9H_7N)_3H_3PO_4 \cdot 12MoO_3 + 27NaOH = 3C_9H_7N + Na_3PO_4 + 12Na_2MoO_4 + 15H_2O$$

HCl 标准溶液滴定剩余的 NaOH 溶液。溶液中的 Na_3PO_4 被 HCl 滴定为 Na_2HPO_4。因此，计量点时溶液中有 C_9H_7N（$pK_b^{\ominus}=9.1$）、Na_2MoO_4 和 Na_2HPO_4，溶液为碱性，用百里酚蓝-酚酞指示剂。由反应式知 1mol 磷钼喹啉沉淀需 27mol NaOH 溶解，产生的 PO_4^{3-} 需 1mol HCl 形成 HPO_4^{2-}，故 1mol 沉淀实际上只消耗 26mol NaOH。

$$1\text{mol 磷钼喹啉} \Rightarrow 1\text{mol } H_3PO_4 \Rightarrow 26\text{mol NaOH}$$

$$1\text{mol } P_2O_5 = 52\text{mol NaOH}$$

即

$$N(P_2O_5) = \frac{1}{52}n(NaOH)$$

故

$$w(P_2O_5) = \frac{[c(NaOH)V(NaOH) - c(HCl)V(HCl)] \times 10^{-3} M\left(\frac{1}{52}P_2O_5\right)}{m}$$

3. 醛的测定

醛类化合物非酸碱物质，不能用酸碱滴定法直接测定。但醛类化合物可通过某些化学反应，释放出相当量的酸或碱，间接地测定其含量。例如，丙烯醛与盐酸羟氨在醇溶液中反应，释放出等物质的量 HCl：

$$H_2C{=}CHCHO + NH_2OH \cdot HCl = CH_2{=}CHCH{=}NOH + HCl + H_2O$$

生成的 HCl 用 NaOH 标准溶液滴定，以甲基橙作指示剂，则

$$w(CH_2CHCHO) = \frac{c(NaOH)V(NaOH) \times 10^{-3} M(CH_2CHCHO)}{m}$$

又如，甲醛与亚硫酸钠在水溶液中发生下述反应：

$$HCHO + Na_2SO_3 + H_2O = H_2C(OH){-}SO_3Na + NaOH$$

释放出等物质的量 NaOH，以酚酞或百里酚酞作指示剂，用 HCl 标准溶液滴定。

知识拓展 **关键词链接：非水溶液中的酸碱滴定，酸碱滴定的终点误差**

化学视野

酸碱指示剂的发现

像科学上的许多其他发现一样，酸碱指示剂的发现也是化学家善于观察、勤于思考、勇于探索的结果。

300多年前的一个清晨，一位花木工给喜爱鲜花的、英国年轻的科学家罗伯特-波义耳送来一篮盛开的紫罗兰，波义耳随手拿一些花带进了实验室放在实验台上。当他从试剂瓶倾倒盐酸时，有少许酸沫溅到鲜花上，他把花用水冲了一下，一会儿发现紫罗兰颜色变红了。当时波义耳感到既新奇又兴奋，为了验证是否是盐酸使紫罗兰变色，他立即返回住所，把那篮鲜花全部拿到实验室，把紫罗兰花瓣分别放入当时已知的几种酸的稀溶液中，结果现象完全相同，紫罗兰都变为红色。由此他推断，酸能使紫罗兰变为红色。他想，这太重要了，以后只要把紫罗兰花瓣放进溶液，看它是否变红，就可判别这种溶液是不是酸。偶然的发现，激发了科学家的探求欲望，后来，他又用其他花瓣做试验，并制成花瓣的水或酒精的浸液，用来检验酸，当用它们来检验一些碱溶液时，也产生了一些变色现象。

波义耳还采集了药草、牵牛花、苔藓、月季花、树皮和各种植物的根，泡出了多种颜色的不同浸液，有些浸液遇酸变色，有些浸液遇碱变色。有趣的是，他从石蕊苔藓中提取的紫色浸液，酸能使它变红色，碱能使它变蓝色，这就是最早的石蕊试液，波义耳称之为指示剂。为使用方便，波义耳用一些浸液把纸浸透、烘干制成纸片，使用时只要将小纸片放入被检测的溶液，纸片上就会发生颜色变化，从而指示出溶液的酸碱性。今天，我们使用的石蕊和酚酞试纸、pH试纸，就是根据波义耳发现的原理研制而成。

随着科学技术的进步和发展，许多其他的指示剂也相继被科学家所发现。

本章小结

各种酸碱溶液中酸碱度的计算以质子等衡式为依据，一般常用最简式计算。各类酸碱滴定中溶液的pH变化不同，其突跃范围与酸碱的强度和浓度有关，弱酸及弱碱能够被准确滴定的条件是 $(c/c^{\ominus})K^{\ominus}\geqslant 10^{-8}$。酸碱滴定法的终点通常用酸碱指示剂判断。其选择原则是指示剂的变色范围全部或部分地落在滴定的突跃范围之内。多元酸碱的判定原则同一元弱酸及弱碱的判定原则相似，各级离解的 H^+ 能否分别准确滴定，是看相邻两级离解常数之比是否大于 10^4。多元酸碱可以看成是几种强度不同的一元酸碱的混合，所以混合酸碱也可以用与多元酸碱相似的原则进行判断，实际中常用双指示剂法进行混合碱的定性及定量分析。酸碱滴定中 CO_2 的影响主要与其来源和终点 pH 有关，可采取相应措施予以消除。

思考与练习

1. 写出 $Na_2C_2O_4$、NH_4HCO_3 水溶液的质子等衡式。

2. 影响酸碱滴定突跃范围的因素是什么？怎样选择酸碱指示剂？

*3. 计算硼砂水溶液的 pH，并说明硼砂为什么具有酸碱缓冲溶液的性质。为什么可以用酸标准溶液直接滴定硼砂，而不能直接滴定 NaAc？

4. 用下列物质标定 NaOH 溶液的浓度，标定所得结果是否可靠？为什么？

（1）部分风化的 $H_2C_2O_4 \cdot 2H_2O$；

（2）带有少量水的 $H_2C_2O_4 \cdot 2H_2O$；

（3）含有少量不溶性杂质（中性）的 $H_2C_2O_4 \cdot 2H_2O$。

5. 选择题

（1）NaOH 溶液中含有部分 NaAc，用 HCl 标准溶液准确滴定该 NaOH 溶液，最好选用的指示剂为（　　）。

A. 甲基橙　　B. 甲基红　　C. 酚酞　　D. 无法判断

（2）标定好的 NaOH 标准溶液保存不当吸收了 CO_2，若用此 NaOH 溶液滴定 H_3PO_4 至酚酞终点时，则（　　）。

A. 结果偏高　　B. 结果偏低

C. 结果准确　　D. 应选择甲基橙作指示剂

（3）用邻苯二甲酸氢钾标定 NaOH 溶液时，滴定前滴定管中有气泡未赶尽，滴定中气泡消失，会导致结果（　　）。

A. 偏高　　B. 偏低

C. 标定结果不变　　D. 无法判断

6. 填空题

（1）碳酸钠中含有少量碳酸钾时，标定盐酸结果会（　　）。

（2）标定好的 NaOH 标准溶液，保存不当吸收了 CO_2，如果用来测定 HAc 的含量，将产生（　　）误差。

7. 某弱酸型指示剂在 pH＝4.5 时呈蓝色，在 pH＝6.5 时呈黄色，该指示剂的离解常数是多少？

8. 下列滴定能否进行？若能进行选择何种指示剂？

（1）$c(NaOH)=0.1000mol \cdot L^{-1}$ NaOH 溶液滴定 $c(HAc)=0.1000mol \cdot L^{-1}$ 的 HAc 溶液；

（2）$c(HCl)=0.1000mol \cdot L^{-1}$ HCl 溶液滴定 $c(NaCN)=0.1000mol \cdot L^{-1}$ 的 NaCN 溶液；

（3）$c(HCl)=0.1000mol \cdot L^{-1}$ HCl溶液滴定$c(NaAc)=0.1000mol \cdot L^{-1}$的NaAc溶液。

9. 下列各$0.1000mol \cdot L^{-1}$的多元酸能否用$c(NaOH)=0.1000mol \cdot L^{-1}$的NaOH溶液滴定？若能滴定，有几个突跃？选用何种指示剂？

（1）H_3AsO_4　　（2）H_2SO_4

（3）酒石酸（2,3-二羟基丁二酸）　　（4）苹果酸（2-羟基丁二酸）

*（5）柠檬酸（2-羟基丙烷-1,2,3-三羧酸）

10. 称取纯的$KHC_2O_4 \cdot H_2C_2O_4 \cdot 2H_2O$ 2.542g，用NaOH标准溶液滴定，用去体积30.00mL，计算NaOH溶液的浓度。

11. 称取仅含有Na_2CO_3和K_2CO_3的试样1.000g，溶于水后以甲基橙作指示剂，终点时消耗$c(HCl)=0.5000mol \cdot L^{-1}$ HCl溶液30.00mL，计算样品中Na_2CO_3和K_2CO_3的含量。

12. 含Na_2CO_3、$NaHCO_3$及杂质的试样1.000g，用$c(HCl)=0.2500mol \cdot L^{-1}$ HCl标准溶液滴定至酚酞终点，消耗20.40mL；再用甲基橙作指示剂，继续用HCl滴定至终点，共消耗HCl 48.86mL。试计算试样中Na_2CO_3和$NaHCO_3$的含量。

13. 草酸试样2.000g，溶解后用250mL容量瓶定容。取25.00mL试液，用$c(NaOH)=0.1000mol \cdot L^{-1}$ NaOH溶液30.00mL滴定至酚酞终点，试计算$H_2C_2O_4 \cdot 2H_2O$的含量。

14. 蛋白质试样0.2318g，经消解后加浓碱蒸馏，用4%稀硼酸吸收蒸馏出来的NH_3，用HCl溶液21.60mL滴定至终点。已知1.000mL HCl溶液能与0.02284g $Na_2B_4O_7 \cdot 10H_2O$反应。计算试样中N的含量。

15. 三种质量均为0.5000g的试样，可能含有NaOH、$NaHCO_3$、Na_2CO_3或它们的混合物，用$c(HCl)=0.1250mol \cdot L^{-1}$ HCl作标准溶液。根据下列实验数据，判断三种试样的组成，并计算各组分的含量。

试样Ⅰ：用酚酞作指示剂消耗HCl溶液24.32mL，再加甲基橙指示剂继续用HCl溶液滴定，又消耗HCl溶液10.00mL。

试样Ⅱ：加酚酞指示剂时颜色无变化，再加甲基橙指示剂消耗HCl溶液38.47mL滴至终点。

试样Ⅲ：用酚酞作指示剂时消耗HCl溶液12.00mL，再加甲基橙指示剂，又用去HCl溶液12.00mL。

16. 已知某试样可能含有Na_3PO_4或Na_2HPO_4、NaH_2PO_4或这些物质的混合物及惰性杂质。称取该试样2.000g，用水溶解，用甲基橙作指示剂，以$c(HCl)=0.5000mol \cdot L^{-1}$ HCl标准溶液滴定，消耗体积32.00mL；同样质量的试样以酚酞作指示剂，需相同浓度的HCl溶液12.00mL。求试样的组成及各成分的含量。

17. 称取0.5000g氧化镁试样溶于50.00mL $c(H_2SO_4)=0.04500mol \cdot L^{-1}$ H_2SO_4溶液中，再用$c(NaOH)=0.1002mol \cdot L^{-1}$ NaOH溶液滴定，消耗NaOH溶液20.10mL。计算试样中MgO的含量。

18. 1.000g 的发烟硫酸试样溶于水后，需用 42.82mL $c(NaOH)=0.5000mol \cdot L^{-1}$ NaOH 溶液滴定。计算试样中各组分的含量。

19. A sample containing phosphorus, weighing 1.000g, phosphorus are precipitated to ammonium phosphomolybdate with ammonium molybdate. Excess ammonium molybdate are washed away by water. Ammonium phosphomolybdate are dissolved by 50.00mL of $0.1000mol \cdot L^{-1}$ NaOH. Excess NaOH are titrated with 10.27mL of $0.2000mol \cdot L^{-1}$ HCl while the indicator is phenolphthalein. Calculate the $w(P)$ and $w(P_2O_5)$ of sample.

20. A mixture of H_2SO_3 and H_3BO_3, the concentration is $0.0100mol \cdot L^{-1}$. Can H_2SO_3 be titrated exactly with $0.01mol \cdot L^{-1}$ NaOH? If it could be, calculate the pH in stoichiometric point and choose the indicator. $pK_{a_1}^{\ominus}(H_2SO_3)=1.90$, $pK_{a_2}^{\ominus}(H_2SO_3)=7.20$.

第五章　沉淀滴定法

教学目标

1. 掌握莫尔法和佛尔哈德法确定终点的原理、滴定条件和适用范围。
2. 了解法扬司法确定终点的原理、滴定条件和适用范围。

沉淀滴定法是以沉淀反应为基础的滴定分析法。能用于滴定分析的沉淀反应需满足以下条件：

① 生成的沉淀物组成恒定，溶解度小，且不易形成过饱和溶液。

② 沉淀反应速率快。

③ 有适当的方法确定滴定终点。

目前能满足以上条件的，应用最多的是生成难溶性银盐的反应，以这类反应为基础的沉淀滴定法称为银量法。反应实质为

$$Ag^{+} + X^{-} \rightleftharpoons AgX\downarrow$$

$X^{-} = Cl^{-}$、Br^{-}、I^{-}、CN^{-}、SCN^{-}、CNO^{-}

除银量法外，还有利用其他沉淀反应进行滴定的方法。例如，$K_4[Fe(CN)_6]$ 与 Zn^{2+}，Ba^{2+} 与 SO_4^{2-}，$Na[B(C_6H_5)_4]$ 与 K^{+} 等发生的沉淀反应等，但应用不普遍，本章仅介绍银量法。

第一节　银量法的分类

银量法根据确定终点所用指示剂的不同分为莫尔法、佛尔哈德法和法扬司法。

一、莫尔（Mohr）法

1. 方法原理

用 K_2CrO_4 作指示剂，用 $AgNO_3$ 标准溶液直接滴定 Cl^{-}（或 Br^{-}）。以测定 Cl^{-} 为例。

溶液中的 Cl^{-} 和 CrO_4^{2-} 能分别与 Ag^{+} 形成 AgCl 及 Ag_2CrO_4 沉淀。由于 AgCl 的溶解度比 Ag_2CrO_4 的溶解度小，根据分步沉淀原理，在用 $AgNO_3$ 溶液滴定过程中，先生成 AgCl 沉淀，待白色 AgCl 定量沉淀后，再形成砖红色的 Ag_2CrO_4 沉淀，以指示终点到达。

滴定反应　　$Ag^{+} + Cl^{-} \rightleftharpoons AgCl\downarrow$（白色）　$K_{sp}^{\ominus} = 1.77\times10^{-10}$

指示反应　　$Ag^{+} + CrO_4^{2-} \rightleftharpoons Ag_2CrO_4\downarrow$（砖红色）　$K_{sp}^{\ominus} = 2.0\times10^{-12}$

2. 滴定条件

（1）指示剂用量　指示剂 K_2CrO_4 加入量过多或过少，Ag_2CrO_4 沉淀生成则会偏早或偏晚，从而影响滴定的准确度。理想情况是 Ag_2CrO_4 沉淀恰好在计量点时生成。根据溶度积原理，理论上可计算出计量点时生成 Ag_2CrO_4 沉淀所需 CrO_4^{2-} 的浓度。

计量点时溶液中的 Ag^+ 的相对浓度为

$$[Ag^+]=[Cl^-]=\sqrt{K_{sp}^{\ominus}(AgCl)}=\sqrt{1.77\times10^{-10}}=1.3\times10^{-3}$$

生成 Ag_2CrO_4 沉淀所需 CrO_4^{2-} 的相对浓度为

$$[CrO_4^{2-}]=\frac{K_{sp}^{\ominus}(Ag_2CrO_4)}{[Ag^+]^2}=\frac{2.0\times10^{-12}}{1.77\times10^{-10}}=1.1\times10^{-2}$$

K_2CrO_4 呈黄色，如果浓度高，颜色深，会影响终点的观察，因此指示剂的浓度略低一些为好。一般 $c(CrO_4^{2-})\approx5.0\times10^{-3}mol\cdot L^{-1}$。显然，$K_2CrO_4$ 浓度降低，会使 Ag_2CrO_4 沉淀析出时 $AgNO_3$ 溶液须多加一些。这样，滴定剂过量，终点将在计量点后出现，但由此产生的误差一般都小于 0.1%，可认为不影响分析结果的准确度。

（2）溶液的酸度　滴定的最适宜酸度为 pH＝6.5～10.5。在酸性溶液中，CrO_4^{2-} 与 H^+ 反应影响 Ag_2CrO_4 沉淀的生成：

$$2H^++2CrO_4^{2-}\rightleftharpoons2HCrO_4^-\rightleftharpoons Cr_2O_7^{2-}+H_2O$$

在强碱性溶液中 Ag^+ 发生水解生成 Ag_2O 沉淀。

若试液的酸性太强，用 $NaHCO_3$、$CaCO_3$ 或 $Na_2B_4O_7$ 等中和；碱性太强用 HNO_3 中和。

如果有铵盐存在，滴定时溶液的 pH 应控制在 6.5～7.2。因为 NH_4^+ 在强碱性溶液中会生成 NH_3，Ag^+ 与 NH_3 反应生成 $Ag(NH_3)_2^+$。所以溶液中有 NH_3 存在时，需预先用 HNO_3 中和。

（3）去除干扰　凡能与 Ag^+ 生成沉淀的阴离子（如 PO_4^{3-}、AsO_4^{3-}、SO_3^{2-}、S^{2-}、CO_3^{2-}、$C_2O_4^{2-}$ 等）、能与 CrO_4^{2-} 生成沉淀的阳离子（如 Ba^{2+}、Pb^{2+}、Hg^{2+} 等）、在测定条件下易水解的离子（如 Fe^{3+}、Al^{3+} 等）、有色离子（如 Co^{2+}、Ni^{2+}、Cu^{2+} 等）在滴定前都应预先除去。

（4）剧烈摇动　AgCl 沉淀易吸附 Cl^-，使终点提前。因此，滴定时要剧烈摇动溶液，使被吸附的 Cl^- 释出。AgBr 吸附 Br^- 更严重，所以滴定 Br^- 时更要剧烈摇动，否则会引起较大的误差。

3. 适用范围

莫尔法可以直接测定 Cl^- 和 Br^-，也可间接测定 Ag^+，但不能测定 I^- 和

SCN^-。因为 AgI 和 AgSCN 吸附 I^- 和 SCN^- 的现象严重。

莫尔法因选择性差，应用受限。但此法较简单，对含氯量低、干扰少的试样（如天然水等）进行分析时，可以得到准确的结果。

二、佛尔哈德（Volhard）法

1. 方法原理

以十二水合硫酸铁铵 $NH_4Fe(SO_4)_2 \cdot 12H_2O$（铁铵矾）为指示剂，$NH_4SCN$ 为标准溶液，在酸性介质中直接滴定 Ag^+。

首先 Ag^+ 和 SCN^- 生成 AgSCN 白色沉淀。沉淀完全后，过量的 SCN^- 与指示剂 Fe^{3+} 反应生成红色 $Fe(SCN)^{2+}$ 配合物，从而指示终点。

滴定反应　　$Ag^+ + SCN^- \rightleftharpoons AgSCN\downarrow$（白色）　$K_{sp}^{\ominus} = 1.0\times10^{-12}$

指示反应　　$Fe^{3+} + SCN^- \rightleftharpoons Fe(SCN)^{2+}$（红色）　$K^{\ominus} = 138$

由于 $Fe(SCN)^{2+}$ 比 AgSCN 沉淀稳定性差，因此理论上，只有在 AgSCN 沉淀达到计量点后，稍过量的 SCN^- 存在，才能指示出终点。

2. 滴定条件

（1）指示剂用量　实验证明，溶液中 $Fe(SCN)^{2+}$ 浓度达 $6.0\times10^{-6}mol \cdot L^{-1}$ 时，人眼睛能观察到红色出现，由指示反应的平衡常数和计量点时 $[SCN^-] = [Ag^+] = \sqrt{K_{sp}^{\ominus}(AgSCN)} = \sqrt{1.0\times10^{-12}} = 1.0\times10^{-6}$，计算出指示剂 Fe^{3+} 浓度为 $0.04mol \cdot L^{-1}$。考虑到 Fe^{3+} 浓度大时的黄色干扰，实际中指示剂 Fe^{3+} 浓度为 $0.015mol \cdot L^{-1}$，此时可使终点误差小于 0.1%。

（2）溶液酸度　为防止 Fe^{3+} 水解，滴定须在 HNO_3 溶液中进行，H^+ 浓度一般控制在 $0.1 \sim 1mol \cdot L^{-1}$ 之间。

（3）剧烈摇动　由于 AgSCN 沉淀吸附溶液中的 Ag^+，使颜色的出现略早于计量点。因此滴定过程中要剧烈摇动，使被吸附的 Ag^+ 释出。

（4）去除干扰　强氧化剂、氮的低价氧化物、汞盐等能与 SCN^- 反应，需预先除去。

3. 适用范围

佛尔哈德法可以直接测定 Ag^+ 含量，采用返滴定法可测定 Cl^-、Br^-、I^- 和 SCN^- 等。在生产上常用于测定有机氯化物，如农药 666、滴滴涕等。该法较莫尔法应用广泛。

（1）测定 Cl^-　先加入过量的 $AgNO_3$ 标准溶液，再以铁铵矾为指示剂，用 NH_4SCN 标准溶液回滴剩余的 $AgNO_3$。其反应为

$$Cl^- + Ag^+(\text{过量}) \begin{cases} \nearrow AgCl\downarrow_{\text{白色}} \\ \searrow Ag^+_{(\text{剩余})} \end{cases} + SCN^- \rightleftharpoons AgSCN\downarrow_{\text{白色}}$$

因 AgSCN 溶解度比 AgCl 小，所以用 NH_4SCN 标准溶液回滴剩余 $AgNO_3$

溶液达计量点后，稍过量的 SCN^- 可能与 AgCl 作用，使 AgCl 沉淀转化为 AgSCN 沉淀。

$$AgCl + SCN^- \rightleftharpoons AgSCN\downarrow + Cl^-$$

但因沉淀的转化进行缓慢，影响不大。如果剧烈摇动溶液，将促使反应进行，红色逐渐消失。为了得到持久的红色，需继续滴入 SCN^-，这将产生很大的误差。

为避免该现象发生，常采取以下措施：

① 加入过量的 $AgNO_3$ 标准溶液后煮沸，使 AgCl 凝聚，减少 AgCl 沉淀对 Ag^+ 的吸附。过滤后，用稀 HNO_3 充分洗涤 AgCl 沉淀，洗涤液合并到滤液中。然后用 NH_4SCN 标准溶液滴定滤液中过量的 Ag^+。

② 加入过量的 $AgNO_3$ 标准溶液后，加入有机溶剂如硝基苯或 1,2-二氯乙烷 1～2mL 并充分摇动，使之覆盖在 AgCl 沉淀表面，不与滴定液接触，阻止 AgCl 与 NH_4SCN 反应。此法简单易行，但硝基苯有毒，如果分析要求不高，可不加。

③ 临近终点时，要快速滴定并不要剧烈摇动。

（2）测定 Br^- 和 I^-　因为 AgBr 和 AgI 的溶解度较 AgSCN 小，不能发生沉淀转化。但测定 I^- 时，由于 Fe^{3+} 能氧化 I^-，因此必须先加入过量的 $AgNO_3$ 后再加指示剂。

【例 5-1】 称取基准试剂 NaCl 0.1173g，溶解后加入 30.00mL $AgNO_3$ 溶液，过量的 Ag^+ 用 3.20mL 的 NH_4SCN 标准溶液滴定至终点。已知 20.00mL $AgNO_3$ 与 21.00mL NH_4SCN 溶液完全作用，计算 $AgNO_3$ 与 NH_4SCN 溶液的浓度各为多少？

解　$AgNO_3$ 溶液与 NaCl 反应消耗的体积为

$$V(AgNO_3) = 30.00\text{mL} - 3.20\text{mL} \times \frac{20.00\text{mL}}{21.00\text{mL}} = 26.95\text{mL}$$

因为

$$n(NaCl) = n(AgNO_3) = n(NH_4SCN)$$

所以

$$c(AgNO_3) = \frac{0.1173\text{g}}{58.44\text{g}\cdot\text{mol}^{-1} \times 26.95 \times 10^{-3}\text{L}} = 0.07448\text{mol}\cdot\text{L}^{-1}$$

$$c(NH_4SCN) = \frac{0.07448\text{mol}\cdot\text{L}^{-1} \times 20.00\text{mL}}{21.00\text{mL}} = 0.07093\text{mol}\cdot\text{L}^{-1}$$

三、法扬司（Fajans）法

1. 方法原理

利用吸附指示剂确定滴定终点的银量法称为法扬司法。

吸附指示剂是一类有色的有机化合物，当它被吸附在胶体微粒表面之后，由于形成某种表面化合物，使分子结构发生变化，从而引起颜色的改变。

以 $AgNO_3$ 标准溶液滴定 Cl^-，用荧光黄作指示剂为例。

荧光黄是有机弱酸，用 HFIn 表示。它在溶液中可离解出黄绿色有荧光的 FIn^- 阴离子：

$$HFIn \rightleftharpoons H^+ + FIn^-$$

计量点前，溶液中 Cl^- 过量，$AgNO_3$ 和 Cl^- 反应生成 AgCl 沉淀吸附 Cl^- 带负电，不能吸附指示剂阴离子 FIn^-，溶液呈黄绿色；计量点后，$AgNO_3$ 过量，AgCl 沉淀吸附 Ag^+ 带正电，吸附指示剂阴离子 FIn^-，使其在 AgCl 沉淀表面生成淡红色的荧光黄银化合物，溶液从带荧光的黄绿色变为不带荧光的粉红色，指示终点的到达。

$$AgCl \cdot Ag^+ + FIn^- \rightleftharpoons AgCl \cdot Ag^+ \cdot FIn^-$$

（黄绿色，有荧光）　　　　（粉红色，无荧光）

2. 滴定条件

为了使终点变色敏锐，使用吸附指示剂应注意以下几点：

① 吸附指示剂的颜色变化发生在沉淀表面，应尽可能使 AgCl 沉淀呈胶体状态，而具有较大表面积。因此，滴定时常加入糊精或淀粉等胶体保护剂，防止 AgCl 沉淀聚沉。

② 吸附指示剂多是有机弱酸，其阴离子有指示剂作用。滴定时溶液 pH 应根据指示剂的离解常数来确定。指示剂的离解常数小，滴定时溶液 pH 应大些，反之亦然。例如荧光黄 $pK_a^{\ominus} \approx 7$，当溶液 pH<7 时，荧光黄大部分以 HFIn 形式存在，不被卤化物吸附，无法指示终点。所以溶液的 pH 范围应在 7～10。表 5-1 列出了常见几种吸附指示剂的 pH 适用范围。

表 5-1　常用的吸附指示剂

指示剂	待测离子	滴定剂	颜色变化	适用 pH 范围
荧光黄	Cl^-	Ag^+	黄绿→粉红	7～10
二氯荧光黄	Cl^-	Ag^+	黄绿→红	4～10
曙红	Br^-, I^-, SCN^-	Ag^+	橙→紫红	2～10
酚藏红	Cl^-, Br^-	Ag^+	红→蓝	酸性

③ 滴定时应避免强光照射。因为卤化物易感光分解，析出金属银，影响终点观察。

④ 溶液中被测离子浓度不能太低。否则沉淀量少，观察终点困难。如用荧光黄作指示剂，用 $AgNO_3$ 标准溶液滴定 Cl^- 时，Cl^- 浓度要大于 $0.005mol \cdot L^{-1}$；滴定 Br^-、I^-、SCN^- 时，浓度应大于 $0.001mol \cdot L^{-1}$。

⑤ 沉淀物对指示剂的吸附要略小于对待测离子的吸附。实验证明，卤化银对卤离子和常用指示剂的吸附顺序为

$$I^- > Br^- > \text{曙红} > Cl^- > \text{荧光黄}$$

因此用 $AgNO_3$ 滴定 Cl^- 时应选荧光黄为指示剂，滴定 Br^-、I^- 时应选曙红为指示剂。

第二节　银量法应用示例

一、标准溶液的配制与标定

银量法中常用的标准溶液是 $AgNO_3$ 和 NH_4SCN 溶液。

$AgNO_3$ 能制得很纯，可直接用干燥的基准物质 $AgNO_3$ 来配制标准溶液。但一般的 $AgNO_3$ 往往含有杂质，需用基准物质 NaCl 标定。

需注意的是，用于配制 $AgNO_3$ 溶液的蒸馏水应不含 Cl^-，且 $AgNO_3$ 溶液应保存在棕色瓶中。此外，基准物 NaCl 在使用前要在坩埚中加热至 500～600℃，直至不再有爆裂声为止，然后放干燥器内冷却备用。

NH_4SCN 试剂一般含杂质，易潮解，不能直接法配制标准溶液，通常用 $AgNO_3$ 标准溶液标定。

二、银量法应用示例

1. 水样中氯含量的测定

天然水样中 Cl^- 含量多用莫尔法测定。工业废水中因含有 SO_3^{2-}、S^{2-}、PO_4^{3-} 等，一般用佛尔哈德法测定。

2. 有机卤化物中卤素的测定

有机卤化物中活泼的卤素原子与 NaOH 乙醇溶液共热回流煮沸时，有机卤素离子 X^- 转入溶液，如下列反应：

$$RCH_2X + OH^- \rightleftharpoons RCH_2OH + X^-$$

$$C_6H_3(Cl)(NO_2)_2 + OH^- \rightleftharpoons C_6H_3(OH)(NO_2)_2 + Cl^-$$

溶液冷却后，用 HNO_3 酸化，卤素离子 X^- 可用佛尔哈德法直接测定。

3. 血清中氯化物的测定

在血清试样中加入质量分数为 0.10 的钨酸钠水溶液和 $0.33mol \cdot L^{-1}$ 的硫酸溶液，发生如下反应：

$$Na_2WO_4 + H_2SO_4 = H_2WO_4 + Na_2SO_4$$

钨酸能使蛋白质分子三级结构中的氢键断裂，使蛋白质变性而产生沉淀。充分混合后，放置 15min，过滤得到澄清的无蛋白质的滤液，加硝酸酸化，再用佛尔哈德法测定 Cl^- 的含量。

4. 混合离子的沉淀滴定

在沉淀滴定中，两种（或两种以上）离子能否被准确地分别滴定，取决于这两种沉淀的溶度积常数的相对大小。

例如，用 $AgNO_3$ 标准溶液滴定 Cl^- 和 I^- 的混合液时，AgI 沉淀先生成，当 Cl^- 开始沉淀时，溶液中 I^- 和 Cl^- 浓度比为

$$\frac{[I^-]}{[Cl^-]}=\frac{K_{sp}^{\ominus}(AgI)}{K_{sp}^{\ominus}(AgCl)}\approx 5\times10^{-7}$$

看出 Cl^- 开始沉淀时，I^- 已沉淀完全，I^- 和 Cl^- 可分别准确滴定，在滴定曲线上出现两个明显的突跃。

用 $AgNO_3$ 标准溶液滴定 Br^- 和 Cl^- 的混合液时，$[Br^-]$ 与 $[Cl^-]$ 比值为 3×10^{-3}，不能分别进行准确滴定。

知识拓展 **关键词链接：银量法滴定曲线，荧光黄的应用**

化学视野

用途广泛的荧光素钠

荧光素钠（fluorescein disodium salt）也叫荧光黄钠、荧光橙红钠和荧光素二钠，化学式为 $C_{20}H_{10}Na_2O_5$，是橙红色粉末，无味，有吸湿性，易溶于水，溶液呈黄红色，并带极强的黄绿色荧光，酸化后消失，中和或碱化后又出现，微溶于乙醇，最大吸收波长（水）493.5nm。

荧光素钠除用作沉淀滴定法中的吸附指示剂外，在实际中还有很多重要应用。

1. 医药方面的应用

（1）眼科诊断　荧光素钠作为滴眼液，正常角膜不显色，异常角膜显色。

（2）眼底血管荧光造影　人体静脉注入荧光素钠，约10s左右到达眼底，通过一系列的分光镜，可以将眼底发出的黄绿色荧光反映于观察镜中，并通过快速拍照留下永久的资料。

（3）测定血液循环时间　人体静脉注入荧光素钠后，在紫外线灯下观察，以10～16s唇部黏膜能见到黄绿色荧光为正常。

（4）颅内肿瘤手术　用荧光素钠对颅内肿瘤进行染色，使肿瘤边界清楚地显示出来，便于精准手术。

（5）药物分析　如利用药物与荧光素钠的荧光反应，进行头孢菌素类药物研究等。

2. 环境监测

荧光素是发光物质的基质，使许多生物具有荧光。如荧光素钠与ATP形成复合物（荧光素腺苷），然后再与荧光酶结合，使荧光素发光。用作活的生物检出或对很低程度的细菌污染作定量分析。很多的专利研究，一般采用将含荧光的有机物与工业水处理用聚合物混合在一起，加入工业循环水系统中，通过测量荧光物质的浓度来监测聚合物的含量。

3. 各类指示剂

荧光素钠除作吸附指示剂外，还可用作酸碱滴定荧光指示剂，pH 4.0（蓝绿色）～6.6（绿色）；作氧化还原指示剂，用荧光光度法分析硫离子及氯、溴、碘等离子。

本章小结

沉淀滴定法应用最多的是利用生成难溶性银盐进行滴定。根据终点指示剂的不同分为莫尔法、佛尔哈德法和法扬司法。

莫尔法用 $AgNO_3$ 作标准溶液，K_2CrO_4 作指示剂，直接滴定法测定 Cl^- 和 Br^-，返滴定法测定 Ag^+。该法适宜的pH范围是6.5～10.5（当有 NH_3 或 NH_4^+ 存在时为6.5～7.2），同时要注意去除干扰离子并在接近终点时剧烈摇动，以减小沉淀对被测离子的吸附。佛尔哈德法用铁铵矾作指示剂，以 NH_4SCN 为标准溶液，直接法可测定 Ag^+，返滴定法可测定 Cl^-、Br^- 和 I^-。该法要求在强酸性（H^+ 浓度为0.1～$1mol \cdot L^{-1}$）溶液中进行。用返滴定测定 Cl^- 时，为避免发生由AgCl沉淀向AgSCN沉淀的转化，对AgCl沉淀可采取煮沸、过滤及加硝基苯保护的办法，以提高测定的准确性。法扬司法使用的是吸附指示剂，在滴定过程中要注意指示剂吸附能力的选择和溶液pH的控制，设法增大AgX沉淀的表面积，同时注意避光。法扬司法可用于测定 Cl^-、Br^-、I^- 和 SCN^- 等，但被测离子的浓度不能太低。

思考与练习

1. 说明用下述方法进行测定是否会引入误差。

（1）在pH＝4或pH＝11的溶液中用莫尔法测定 Cl^-；

（2）中性溶液中用莫尔法测定 Br^-；

（3）用佛尔哈德法测定 Cl^-，未加硝基苯；

（4）法扬司法测 Cl^-，选曙红为指示剂。

2. 用沉淀滴定法测定 Cl^-，最好用（　　）滴定方法，滴定方式为（　　）。

3. 选择题

（1）下列离子适用于佛尔哈德法测定的是（　　）。

A. Cl^-　　B. Br^-　　C. Ag^+　　D. 以上都可以

（2）试样不需经处理即可用莫尔法测定其中氯含量的是（　　）。

A. $BaCl_2$　　B. KCl　　C. $PbCl_2$　　D. $KCl+K_3AsO_4$

4. 某试样含 NaCl 和 Na_3PO_4，欲测 NaCl 的含量，采用哪种方法较合适？说明理由。

5. 将 0.1256g NaCl 固体加到 30.00mL $AgNO_3$ 溶液中，过量的 Ag^+ 需用 3.20mL NH_4SCN 溶液滴定至终点。已知滴定 20.00mL $AgNO_3$ 溶液需要 19.85mL NH_4SCN 溶液，试计算 $AgNO_3$ 和 NH_4SCN 溶液的浓度。

6. 将 $c(AgNO_3)=0.1068mol \cdot L^{-1}$ $AgNO_3$ 溶液 30.00mL 加入含有氯化物试样 0.2173g 的溶液中，然后用 1.24mL $c(NH_4SCN)=0.1158mol \cdot L^{-1}$的 NH_4SCN 溶液滴定过量的 $AgNO_3$，计算试样中氯的含量。

7. 称取银合金试样 0.4000g，用 HNO_3 溶解后，加入铁铵矾指示剂，用 $c(NH_4SCN)=0.1000mol \cdot L^{-1}$的 NH_4SCN 标准溶液滴定，用去 27.86mL，计算合金中银的含量。

8. 加 40.00mL $c(AgNO_3)=0.1020mol \cdot L^{-1}$ $AgNO_3$ 溶液于 25.00mL $BaCl_2$ 试液中，在返滴定时用去 15.00mL $c(NH_4SCN)=0.0980mol \cdot L^{-1}$的 NH_4SCN 溶液。计算 100mL 试液中含 $BaCl_2$ 的质量。

9. 称取纯的 LiCl 和 $BaBr_2$ 混合物 0.3000g，溶于水后，加入 $c(AgNO_3)=0.2000mol \cdot L^{-1}$ 的 $AgNO_3$ 标准溶液 23.95mL，然后以铁铵矾为指示剂，用 $c(NH_4SCN)=0.1000mol \cdot L^{-1}$的 NH_4SCN 溶液 12.50mL 滴定过量的 $AgNO_3$。计算混合物中 $BaBr_2$ 的含量。

10. 从食盐液槽中取试液 25.00mL 用莫尔法进行滴定。用去 $c(AgNO_3)=0.1013mol \cdot L^{-1}$的 $AgNO_3$ 标准溶液 25.36mL。往液槽中加入质量分数为 0.9661 的食盐 4.500kg，溶解后混匀，再吸取 25.00mL 试液进行滴定，用去标准溶液 28.42mL。假定吸取试液不影响液槽中溶液的体积，计算液槽中溶液的体积。

11. 称取一定量约含质量分数 0.52 NaCl 和 0.44 KCl 的试样。溶解后，加入 $c(AgNO_3)=0.1128mol \cdot L^{-1}$ $AgNO_3$ 溶液 30.00mL。过量的 $AgNO_3$ 用 10.00mL NH_4SCN 标准溶液滴定。已知 1.00mL 的 NH_4SCN 溶液相当于 1.15mL 的 $AgNO_3$ 溶液，应称取试样多少克？

12. 将 12.34L 的空气试样通过 H_2O_2 溶液，使其中的 SO_2 转化成 H_2SO_4，以 $c[Ba(ClO_4)_2]=0.01025mol \cdot L^{-1}$的 $Ba(ClO_4)_2$ 溶液 8.53mL 滴定至终点。计算空气试样中 SO_2 的质量和 1L 空气试样中含 SO_2 的质量。

13. 有 0.5000g 纯的 KIO_x，将其还原成碘化物溶液后用 $c(AgNO_3)=0.1000mol \cdot L^{-1}$ $AgNO_3$ 标准溶液滴定，用去 23.36mL。计算分子式中的 x。

14. A mixture containing only KCl and NaBr is analyzed by the Mohr method. A 0.3172g sample is dissolved in 50.00mL of water and titrated to the Ag_2CrO_4 end point, requiring 36.85mL of $0.1120mol \cdot L^{-1}$ $AgNO_3$. A blank titration requires

0.71mL of titrant to reach the same end point. Report the w(KCl) and w(NaBr) in the sample.

15. The $w(I^-)$ in a 0.6712g sample was determined by a Volhard titration. After adding 50.00mL of 0.05619mol · L^{-1} $AgNO_3$ and allowing the precipitate to form, the remaining silver was back titrated with 0.05322mol · L^{-1} KSCN, requiring 35.14mL to reach the end point. Report the $w(I^-)$ in the sample.

第六章　配位滴定法

教学目标

1. 掌握EDTA的性质及与金属离子配位的特点，重点掌握酸度对配位反应的影响。

2. 掌握单一金属离子配位滴定可行性判断依据，熟悉条件稳定常数等有关计算。

3. 掌握影响配位滴定突跃范围的因素。

4. 掌握金属指示剂的作用原理、使用条件及常用金属指示剂的应用。

配位滴定法是以配位反应为基础的滴定分析方法。配位反应很多，但只有满足以下条件的配位反应才能用于配位滴定：

① 配位反应定量进行完全。即配位比恒定，生成的配合物稳定性高。

② 配位反应速率要快，并有适当的方法确定滴定终点。

③ 生成的配合物要易溶于水。

第一节　EDTA 及其金属配合物

一、EDTA 的结构与性质

配位剂粗略分为无机配位剂和有机配位剂两大类。无机配位剂因为生成的无机配合物多数不够稳定，且存在分级配位现象而很难确定化学计量关系，有些反应没有适当的指示剂确定滴定终点，所以在实际中应用极少。

有机配位剂特别是氨羧配位剂，能与金属离子形成稳定且组成恒定的配合物，在分析化学中的应用日益广泛，使配位滴定法获得了迅速的发展。

氨羧配位剂是一类既含有氨基（$—N\langle$）又含有羧基（$—C(=O)OH$）的有机物，是以氨基二乙酸（$—N(CH_2COOH)_2$）为主体的一系列衍生物，属于多基配位剂。其中以乙二胺四乙酸（ethylene diamine tetracetic acid，简称 EDTA）应用最普遍。用 EDTA 标准溶液可直接或间接滴定 70 余种元素，通常所谓的配位滴定法主要是指 EDTA 法。

EDTA 的结构式为

$$\begin{array}{ccc} ^{-}OOCH_2C & & CH_2COO^{-} \\ \diagdown\ H^{+} & & H^{+}\diagup \\ N—CH_2—CH_2—N & & \\ \diagup & & \diagdown \\ HOOCH_2C & & CH_2COOH \end{array}$$

两个羧基上的 H^+ 转移到 N 原子上，形成双极离子。

EDTA 有四个可离解的氢，常用 H_4Y 表示。其中两个羧基上的氢易离解，两个氮原子上的氢离解较困难，所以具有二元中强酸的性质。

EDTA 是白色无水结晶粉末，不吸水，在水中溶解度很小，22℃时 100mL 水仅能溶解 0.02g。难溶于酸和一般的有机溶剂，易溶于氨水和氢氧化钠溶液中形成相应的盐。

由于 EDTA 较难溶于水，分析化学中使用的 EDTA 通常是其二钠盐 $Na_2H_2Y \cdot 2H_2O$，习惯上也称 EDTA。它是白色结晶粉末，水中溶解度较大，22℃时 100mL 水中可溶解 11.1g，其饱和水溶液浓度约为 $0.3mol \cdot L^{-1}$，pH 约为 4.4。

在酸性较强的溶液中，H_4Y 的两个羧基可再接受两个 H^+ 形成 H_6Y^{2+}，它相当于六元酸，有六级离解平衡，其离解常数分别为：$K_{a_1}^{\ominus}=10^{-0.90}$，$K_{a_2}^{\ominus}=10^{-1.60}$，$K_{a_3}^{\ominus}=10^{-2.00}$，$K_{a_4}^{\ominus}=10^{-2.67}$，$K_{a_5}^{\ominus}=10^{-6.16}$，$K_{a_6}^{\ominus}=10^{-10.26}$。

由于分级离解，在水溶液中以 H_6Y^{2+}、H_5Y^+、H_4Y、H_3Y^-、H_2Y^{2-}、HY^{3-}、Y^{4-} 七种型体存在，其中只有 Y^{4-} 能与金属离子直接配位。

EDTA 各存在型体的浓度决定于溶液的酸度。酸度增高，不利于 EDTA 离解，Y^{4-} 浓度越小。所以酸度降低，EDTA 配位能力增强。酸度是影响 EDTA 配位能力的主要因素。在不同 pH 时各种存在型体的分布如图 6-1 所示。图中纵轴为分布系数 α。

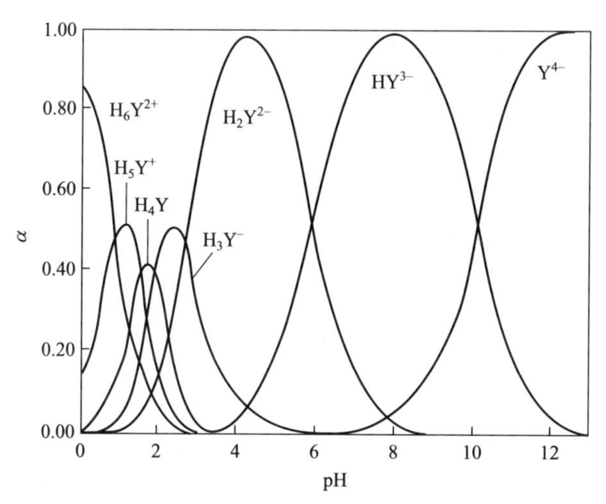

图 6-1　EDTA 各种型体在不同 pH 时的分布图

看出，不同 pH，EDTA 的主要存在型体为

pH	<1.0	1.0～1.6	1.6～2.0	2.0～2.7	2.7～6.2	6.2～10.2	>10.2
主要存在形式	H_6Y^{2+}	H_5Y^+	H_4Y	H_3Y^-	HY^{2-}	HY^{3-}	Y^{4-}

pH 增大，EDTA 配位能力增强，当 pH＞12 时，EDTA 几乎完全以 Y^{4-} 型体存在，配位能力最强。

二、EDTA 的金属配合物

EDTA 与金属离子配位时有以下几个特点：

1. 普遍性，且一般情况下配位反应迅速

EDTA 分子中有六个配位原子（两个氨基氮和四个羧基氧），配位能力强，几乎能与所有的金属离子形成稳定的含有多个五元环的螯合物，这为配位滴定的广泛应用提供了可能。配位反应为

$$M^{n+} + H_2Y^{2-} \rightleftharpoons MY^{n-4} + 2H^+$$

严格地说，在书写反应式时，应根据溶液的 pH，写出 EDTA 的主要存在形式，但因使用的是 EDTA 的二钠盐，为简便起见，用 H_2Y^{2-} 来代替。

EDTA 配位作用的普遍性，使其广泛地应用于测定各种元素，这是酸碱、沉淀、氧化还原滴定所不及的。但在实际分析对象往往复杂的条件下，相互干扰现象严重。因此提高配位滴定选择性是研究配位滴定的一个重要课题。

2. 配位比简单，没有分级配位现象

EDTA 的六个配位原子的空间位置均能与同一金属离子配位，而绝大多数金属离子（除 Mo^{VI}、Zr^{IV} 等一些高价离子外）的配位数不超过 6，因此一个 EDTA 分子能满足配位数的要求，形成配位比为 1∶1 的配合物。这为分析结果的定量计算带来方便。

极少数金属离子与 EDTA 形成 2∶1 或 1∶2 型配合物，本章不讨论。

3. 配位反应完全，配合物稳定

EDTA 与金属离子形成多个五元环的螯合物，稳定性非常高。如 EDTA 与 Ca^{2+}、Fe^{3+} 形成的螯合物结构如图 6-2 所示。看出有 4 个 O—M—N（C—C）五元环和 1 个

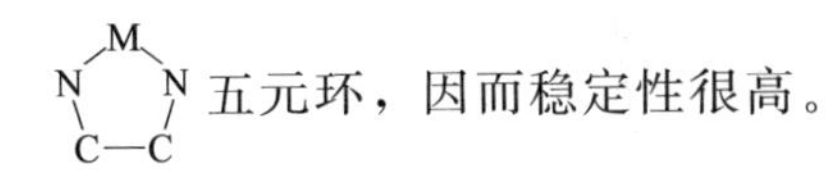

五元环，因而稳定性很高。

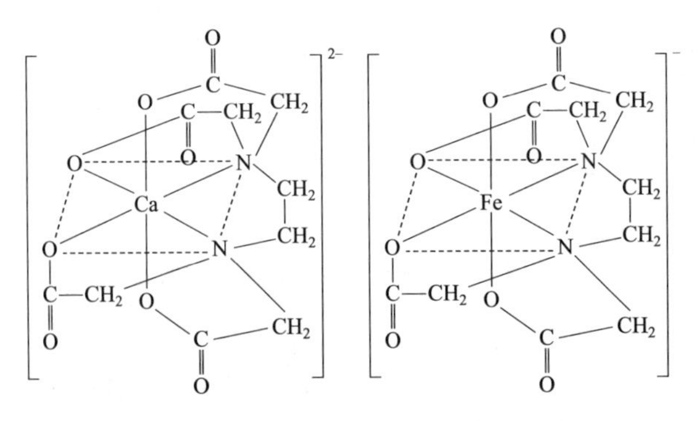

图 6-2 EDTA 与 Ca^{2+}、Fe^{3+} 配合物结构示意图

为简便略去电荷，EDTA 与金属离子的配位反应表示为

$$M+Y \rightleftharpoons MY$$

平衡时，其稳定常数为

$$K_f^{\ominus}(MY)=\frac{[MY]}{[M][Y]} \tag{6-1}$$

EDTA 与一些常见金属离子配合物的稳定常数列于附表 4 和附表 5 中。

由附表中数据可见，三、四价金属离子及 Hg^{2+}、Sn^{2+} 所形成的螯合物最稳定，$\lg K_f^{\ominus}(MY)>20$；过渡元素、稀土元素及 Al^{3+} 所形成的螯合物也很稳定，$\lg K_f^{\ominus}(MY)$ 在 14～20 间；一般情况下，碱土金属离子不易形成配合物，但它们与 EDTA 所形成的螯合物较稳定，$\lg K_f^{\ominus}(MY)$ 在 8～11 之间；碱金属离子与 EDTA 所形成的螯合物稳定性不高。配合物稳定性的差异，主要决定于金属离子的电荷、半径和电子层结构，这是影响配合物稳定性的本质因素。

4. 配合物易溶于水

EDTA 与金属离子形成的配合物 MY^{n-4} 一般带有电荷，具有亲水性，所以易溶于水，使配位滴定能在水溶液中进行。

由于 EDTA 能与绝大多数金属离子形成稳定、易溶于水的配合物，且无分级配位现象、反应快。符合滴定分析的基本要求，所以配位滴定用 EDTA 作滴定剂。

5. EDTA 金属配合物的颜色

EDTA 与无色的金属离子形成无色配合物，与有色金属离子形成颜色更深的配合物。例如，NiY^{2-}（蓝绿）、CuY^{2-}（深蓝）、CoY^{-}（紫红）、MnY^{2-}（紫红）、CrY^{-}（深紫）、FeY^{-}（黄色）。

EDTA 与金属离子配位的颜色特点，可用来进行金属离子的定性分析。

第二节　副反应对配位滴定的影响

配位平衡较复杂，除了被测金属离子 M 与滴定剂 Y（略去电荷）之间的主反应外，还存在 M 与 OH^-、M 与其他配位剂 L、Y 与 H^+、Y 与干扰金属离子 N 之间的副反应。其平衡关系可表示为

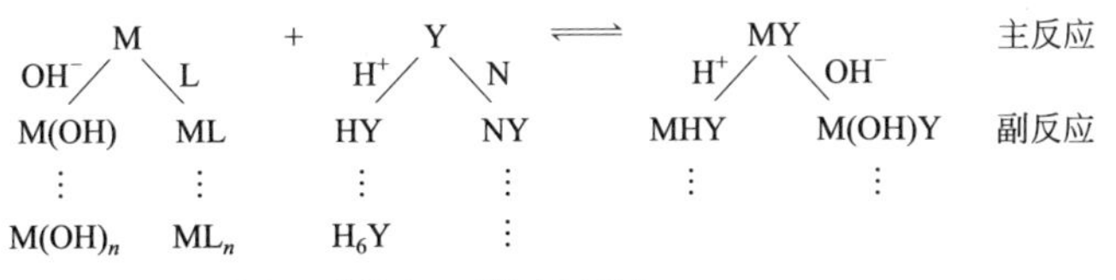

这些副反应的发生都将影响主反应进行的程度，从而影响配位滴定的准确性。在以上副反应中，滴定剂 EDTA 的酸效应和金属离子 M 的配位效应对配位

滴定主反应的影响具有普遍重要的意义，这里仅讨论这两种副反应。

一、酸效应及酸效应系数

前已述及，溶液酸度越大，EDTA 配位能力越弱，对 MY 的形成越不利，对配位主反应的影响越严重。这种由于 H^+ 存在使配位体参加主反应能力降低的现象称为酸效应。酸效应大小用酸效应系数 $\alpha[Y(H)]$ 表示。酸效应系数越大，酸效应越严重。

以 $[Y]'$ 表示平衡时溶液中游离的 EDTA 总（相对）浓度：

$$[Y]'=[Y]+[HY]+[H_2Y]+[H_3Y]+[H_4Y]+[H_5Y]+[H_6Y]$$

则酸效应系数为

$$\alpha[Y(H)]=\frac{[Y]'}{[Y]} \tag{6-2}$$

$\alpha[Y(H)]$ 表示未参加主反应的 EDTA 总浓度与游离 Y 平衡浓度（有效浓度）的比值。若没有酸效应，即 $[Y]'=[Y]$，$\alpha[Y(H)]=1$。

$\alpha[Y(H)]$ 可以从 EDTA 的各级离解常数和溶液中的 H^+ 浓度计算出来。

$$\begin{aligned}\alpha[Y(H)]&=\frac{[Y]'}{[Y]}=\frac{[Y]+[HY]+[H_2Y]+\cdots+[H_6Y]}{[Y]}\\&=1+\frac{[H^+]}{K_6^{\ominus}}+\frac{[H^+]^2}{K_6^{\ominus}K_5^{\ominus}}+\frac{[H^+]^3}{K_6^{\ominus}K_5^{\ominus}K_4^{\ominus}}+\frac{[H^+]^4}{K_6^{\ominus}K_5^{\ominus}K_4^{\ominus}K_3^{\ominus}}\\&\quad+\frac{[H^+]^5}{K_6^{\ominus}K_5^{\ominus}K_4^{\ominus}K_3^{\ominus}K_2^{\ominus}}+\frac{[H^+]^6}{K_6^{\ominus}K_5^{\ominus}K_4^{\ominus}K_3^{\ominus}K_2^{\ominus}K_1^{\ominus}}\end{aligned}$$

显然酸效应系数是 pH 的函数。溶液的酸度越高，$\alpha[Y(H)]$ 越大，酸效应越强。不同酸度下，$\alpha[Y(H)]$ 变化很大，用 $\lg\alpha[Y(H)]$ 表示较为方便。见表 6-1。

表 6-1　EDTA 在不同 pH 时的 $\lg\alpha[Y(H)]$

pH	$\lg\alpha[Y(H)]$	pH	$\lg\alpha[Y(H)]$	pH	$\lg\alpha[Y(H)]$
0.0	23.64	4.2	8.04	8.4	1.87
0.2	22.47	4.4	7.64	8.6	1.67
0.4	21.32	4.6	7.24	8.8	1.48
0.6	20.18	4.8	6.84	9.0	1.28
0.8	19.08	5.0	6.45	9.2	1.10
1.0	18.01	5.2	6.07	9.4	0.92
1.2	16.98	5.4	5.69	9.6	0.75
1.4	16.02	5.6	5.33	9.8	0.59
1.6	15.11	5.8	4.98	10.0	0.45

续表

pH	lgα[Y(H)]	pH	lgα[Y(H)]	pH	lgα[Y(H)]
1.8	14.27	6.0	4.65	10.2	0.33
2.0	13.51	6.2	4.34	10.4	0.24
2.2	12.82	6.4	4.06	10.6	0.16
2.4	12.19	6.6	3.79	10.8	0.11
2.6	11.62	6.8	3.55	11.0	0.07
2.8	11.09	7.0	3.32	11.2	0.05
3.0	10.60	7.2	3.10	11.4	0.04
3.2	10.14	7.4	2.88	11.6	0.03
3.4	9.70	7.6	2.68	11.8	0.02
3.6	9.27	7.8	2.47	12.0	0.01
3.8	8.85	8.0	2.27	13.0	0.00
4.0	8.44	8.2	2.07	14.0	0.00

看出，随着 pH 的增大，lgα[Y(H)] 降低，EDTA 的配位能力增强。当 pH>12 时，lgα[Y(H)] 接近于 0，所以 pH>12 时，即 α[Y(H)]=1，此时 [Y]′=[Y]，可忽略 EDTA 酸效应的影响。

在研究配位平衡时，配位剂的酸效应系数是很重要的数据，分析人员常根据α[Y(H)] 来控制溶液的最高酸度，以提高配位滴定的准确性和选择性。

二、配位效应及配位效应系数

当溶液中存在其他能与被测金属离子配位的配位剂 L 时，由于生成一系列配合物 ML，ML_2，ML_3，…，ML_n，这时溶液中金属离子浓度会降低，使配位滴定主反应受到影响。这种由于其他配位剂的存在，使金属离子参加主反应能力降低的现象称为配位效应。配位效应大小用配位效应系数 α[M(L)] 表示。配位效应系数越大，配位效应越强。

与配位剂的酸效应类似，设 [M]′为平衡时金属离子总（相对）浓度，则

$$[M]'=[M]+[ML]+[ML_2]+\cdots+[ML_n]$$

其中，[M] 表示游离金属离子的相对平衡浓度。则

$$\alpha[M(L)]=\frac{[M]'}{[M]} \tag{6-3}$$

由配位反应的平衡关系和配合物的逐级稳定常数可知：

$$\alpha[M(L)]=\frac{[M]+[ML]+[ML_2]+\cdots+[ML_n]}{[M]}$$
$$=1+K_1^{\ominus}[L]+K_1^{\ominus}K_2^{\ominus}[L]^2+\cdots+K_1^{\ominus}K_2^{\ominus}K_3^{\ominus}\cdots K_n^{\ominus}[L]^n$$
$$=1+\beta_1[L]++\beta_2[L]^2+\cdots++\beta_n[L]^n$$

式中，$K_1^{\ominus}$，$K_2^{\ominus}$，…，$K_n^{\ominus}$ 为配合物 ML_n 的逐级稳定常数；β_1，β_2，…，β_n 为配合物 ML_n 的逐级累积稳定常数，其值可从本书附表 5 中查得。

显然，$\alpha[M(L)]$ 是配位剂 L 平衡浓度的函数。$\alpha[M(L)]$ 越大，副反应越严重。$\alpha[M(L)]=1$ 时，表示不存在配位效应。

三、条件稳定常数

式(6-1) 中的稳定常数是当 $[Y]=[Y]'$、$[M]=[M]'$时的稳定常数，也叫绝对稳定常数。实际中如考虑酸效应和配位效应的影响，该式应写为

$$K_f'(MY)=\frac{[MY]}{[M]'[Y]'} \tag{6-4}$$

由式(6-2) 和式(6-3) 知：

$$[Y]'=[Y]\cdot\alpha[Y(H)]$$
$$[M]'=[M]\cdot\alpha[M(L)]$$

所以，

$$K_f'(MY)=\frac{[MY]}{[M]\times\alpha[M(L)]\times[Y]\times\alpha[Y(H)]}$$
$$=\frac{K_f^{\ominus}(MY)}{\alpha[M(L)]\times\alpha[Y(H)]} \tag{6-5}$$

$K_f'(MY)$ 是考虑了酸效应和配位效应后 MY 稳定常数，称为条件稳定常数，表示配合物在一定条件下的实际稳定程度，在实际分析中尤为重要。

对上式两边取对数，得

$$\lg K_f'(MY)=\lg K_f^{\ominus}(MY)-\lg\alpha[M(L)]-\lg\alpha[Y(H)] \tag{6-6}$$

当溶液中只有酸效应时，上式简化为

$$\lg K_f'(MY)=\lg K_f^{\ominus}(MY)-\lg\alpha[Y(H)] \tag{6-7}$$

式(6-7) 是处理配位平衡的重要关系式，当溶液酸度变化时，条件稳定常数也随之变化。酸度增大，配合物稳定常数变小。

第三节　配位滴定法原理

一、单一金属离子准确滴定条件

在配位滴定中，欲使反应定量进行完全，必须要求所生成的配合物 $K_f'(MY)$ 足够大，这样在计量点前后金属离子浓度变化才能有明显的突跃，从而得到可靠的分析结果。

设金属离子和 EDTA 的起始浓度均为 $2c$，根据定量分析相对误差小于 0.1%，则平衡时 $[MY]\geqslant c/c^{\ominus}\times 99.9\%\approx c/c^{\ominus}$，$[M]'=[Y]'\leqslant(c/c^{\ominus})\times 0.1\%$。将这些代入式(6-4) 中得

$$K_f'(MY)=\frac{[MY]}{[M]'[Y]'}\geqslant\frac{c/c^{\ominus}}{(c/c^{\ominus})\times 0.1\%\times(c/c^{\ominus})\times 0.1\%}$$

$$=\frac{1}{(c/c^{\ominus})\times 10^{-6}}$$

即 $(c/c^{\ominus})K'_f(MY)\geqslant 10^6$，取对数得

$$\lg[c(MY)/c^{\ominus}]K'_f(MY)\geqslant 6 \tag{6-8}$$

实际中，被测金属离子和 EDTA 的原始浓度一般约为 $0.02mol\cdot L^{-1}$，此时上式变为

$$K'_f(MY)\geqslant 10^8$$

即

$$\lg K'_f(MY)\geqslant 8 \tag{6-9}$$

把式(6-7) 代入式(6-9) 中，得

$$\lg K^{\ominus}_f(MY)-\lg\alpha[Y(H)]\geqslant 8 \tag{6-10}$$

通常将以上三式作为判别单一金属离子能否被准确配位滴定的依据。即用 $0.02mol\cdot L^{-1}$ EDTA 滴定相同浓度金属离子时，若能满足 $\lg K'_f(MY)\geqslant 8$ 的条件，则金属离子能被准确滴定，误差在 0.1%以内。

【例 6-1】 Mg^{2+} 浓度为 $0.02mol\cdot L^{-1}$，分别判断在 pH=6 和 pH=10 时，用 EDTA 能否准确滴定 Mg^{2+}？

解　查表得 $\lg K^{\ominus}_f(MgY)=8.69$

(1) pH=6 时，查表 6-1 得 $\lg\alpha[Y(H)]=4.65$，则

$$\lg K'_f(MgY)=\lg K^{\ominus}_f(MgY)-\lg\alpha[Y(H)]=8.69-4.65=4.04<8$$

不能准确滴定。

(2) pH=10 时，查表 6-1 得 $\lg\alpha[Y(H)]=0.45$，则

$$\lg K'_f(MgY)=8.69-0.45=8.24>8$$

能准确滴定。

二、配位滴定中酸度的控制

从上例看出，pH 增大，有利于配位滴定。即滴定每一金属离子有最低 pH 的限制。

式(6-10) 可变换为

$$\lg\alpha[Y(H)]\leqslant\lg K^{\ominus}_f(MY)-8 \tag{6-11}$$

用上式可计算在无配位效应下，用 EDTA 滴定单一金属离子所允许的最低 pH 或最高酸度。

【例 6-2】 计算上例中用 EDTA 滴定 Mg^{2+} 时的最低 pH。

解　根据式(6-11) 得

$$\lg\alpha[Y(H)]\leqslant 8.69-8=0.69$$

查表 6-1 知，当 $\lg\alpha[Y(H)]=0.69$ 时，pH≈9.8，即用 EDTA 滴定 Mg^{2+} 溶液的 pH 应大于 9.8。

同理可以计算出用 EDTA 滴定各种单一金属离子的最低 pH。以 pH 为横坐

标，以金属离子的 $\lg K_f^\ominus$(MY) 为纵坐标作图（见图 6-3），得到的曲线称为 EDTA 的酸效应曲线，或称林邦（Ringbom）曲线。

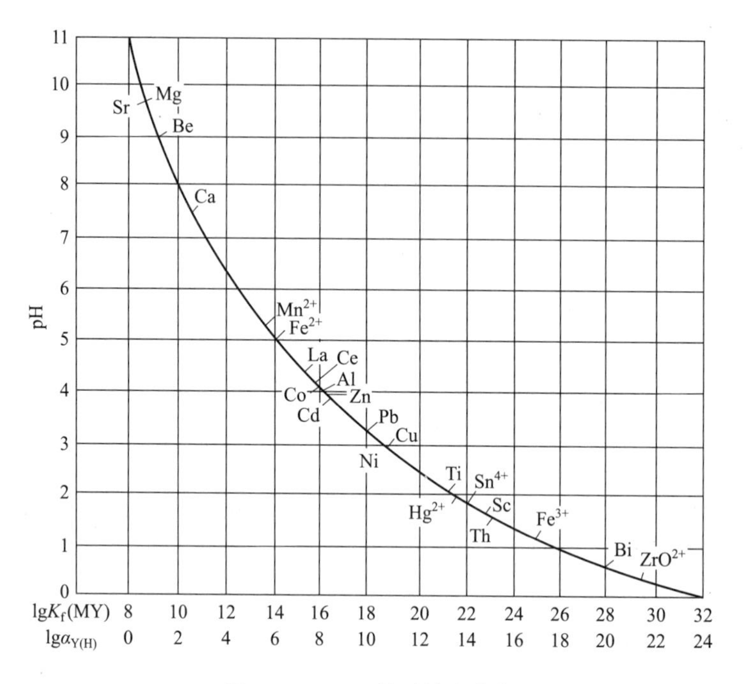

图 6-3　EDTA 的酸效应曲线

由酸效应曲线可以看出：

① 滴定各单一金属离子的最低 pH 或最高酸度。如滴定 Zn^{2+}，pH 须大于 4。在实际操作中，采用的 pH 往往稍高于最低 pH，以使配位反应更完全。但注意 pH 不能太高，否则易引起金属离子水解甚至生成氢氧化物而不能进行滴定。

② 滴定某一金属离子时的干扰离子。如在 pH＝3 时滴定 Cu^{2+}，曲线上所有位于 Cu^{2+} 右面的离子都有干扰，因为均满足它们被滴定的酸度条件，可同时被滴定。

③ 通过控制酸度进行离子的分别滴定。一般而言，在曲线上相隔越远的离子越容易利用控制溶液酸度的办法进行选择滴定或连续滴定。

④ MY 的稳定常数越大，对应的最低 pH 越小，反之亦然。如，$\lg K_f^\ominus$(MY)＞20，一般在强酸性（pH＝1～3）溶液中滴定；$\lg K_f^\ominus$(MY)＝15～19，在弱酸性（pH＝3～7）溶液中滴定；$\lg K_f^\ominus$(MY)＝8～11，则必须在弱碱性（pH＝7～11）溶液中滴定。

最后指出，实际分析中，若无配位效应，一般以酸效应曲线决定的最高酸度和待测金属离子水解效应决定的最低酸度来选择滴定的适宜 pH 范围。此外还应考虑指示剂的颜色变化对溶液酸度的要求，以及滴定过程中 H^+ 释放（因为滴定反应 $M^{n+} + H_2Y^{2-} \rightleftharpoons MY^{n-4} + 2H^+$）的影响等因素。所以，配位滴定中常用缓冲溶液来控制溶液的酸度。

三、配位滴定曲线

配位滴定中，随着滴定剂 EDTA 的加入，溶液中金属离子浓度不断减少，在计量点附近，金属离子浓度发生突变。据此选择合适的指示剂确定终点。由 EDTA 的加入量或滴定的百分数对相应的 pM 作图，可绘出滴定曲线。

以 $c(\text{EDTA}) = 0.01000\text{mol} \cdot \text{L}^{-1}$ EDTA 标准溶液在 pH＝12 时滴定 20.00mL $c(Ca^{2+}) = 0.01000\text{mol} \cdot \text{L}^{-1}$ 的 Ca^{2+} 溶液为例，绘制滴定曲线。

pH＝12 时查表 6-1 知 $\lg\alpha[\text{Y(H)}] = 0.01$，近似认为 $\alpha[\text{Y(H)}] = 1$，则

$$K_f'(\text{CaY}) = K_f^{\ominus}(\text{CaY}) = 10^{10.7}$$

所以，

$$[\text{Y}] = [\text{Y}]' = 0.01000$$

（1）滴定前　溶液组成为 Ca^{2+}，$[Ca^{2+}] = 0.01000$，pCa＝2.0。

（2）滴定开始至计量点前　溶液组成为 CaY 和未被滴定的 Ca^{2+}。因 CaY 很稳定，可忽略 CaY 的离解。

设加入 19.98mL EDTA 溶液，此时 99.9%的 Ca^{2+} 被配位，所以

$$c(Ca^{2+}) = 0.01000\text{mol} \cdot \text{L}^{-1} \times \frac{20.00\text{mL} - 19.98\text{mL}}{20.00\text{mL} + 19.98\text{mL}} = 5.0 \times 10^{-6}\text{mol} \cdot \text{L}^{-1}$$

$$\text{pCa} = 5.3$$

（3）计量点　加入 EDTA 20.00mL，溶液组成为 CaY。Ca^{2+} 浓度由 CaY 离解计算。

$$c(\text{CaY}) = 0.01000\text{mol} \cdot \text{L}^{-1} \times \frac{20.00\text{mL}}{20.00\text{mL} + 20.00\text{mL}} = 5.0 \times 10^{-3}\text{mol} \cdot \text{L}^{-1}$$

$$[Ca^{2+}] = [\text{Y}], K_f^{\ominus}(\text{CaY}) = \frac{[\text{CaY}]}{[Ca^{2+}][\text{Y}]} = \frac{[\text{CaY}]}{[Ca^{2+}]^2}$$

$$[Ca^{2+}] = \sqrt{\frac{[\text{CaY}]}{K_f^{\ominus}(\text{CaY})}} = 10^{-6.5}$$

$$\text{pCa} = 6.5$$

（4）计量点后　溶液组成为 CaY＋Y。设加入 20.02mL EDTA 溶液，过量 0.02mL。

$$c(\text{Y}) = 0.01000\text{mol} \cdot \text{L}^{-1} \times \frac{0.02\text{mL}}{20.00\text{mL} + 20.02\text{mL}} = 5.0 \times 10^{-6}\text{mol} \cdot \text{L}^{-1}$$

$$[Ca^{2+}] = \frac{[\text{CaY}]}{K_f^{\ominus}(\text{CaY})[\text{Y}]} = \frac{5.0 \times 10^{-3}}{10^{10.7} \times 5.0 \times 10^{-6}} = 10^{-7.7}$$

$$\text{pCa} = 7.7$$

如此逐一计算，结果列于表 6-2 中。

表 6-2　0.01000mol・L^{-1} EDTA 滴定 20.00mL 0.01000mol・L^{-1} Ca^{2+} 溶液过程中 pCa 的变化（pH＝12）

加入 EDTA 溶液		pCa	加入 EDTA 溶液		pCa
mL	%		mL	%	
0.00	0.0	2.0	20.00	100.0	6.5
18.00	90.0	3.3	20.02	100.1	7.7
19.80	99.0	4.3	20.20	101.0	8.7
19.98	99.9	5.3	40.00	200.0	10.7

根据表中数据绘制滴定曲线如图 6-4 所示。计量点 pCa＝6.5，滴定突跃 pCa 5.3～7.7，突跃范围较大，可以准确滴定。

其他 pH 条件下的滴定曲线，按与此类似的方法计算绘制。

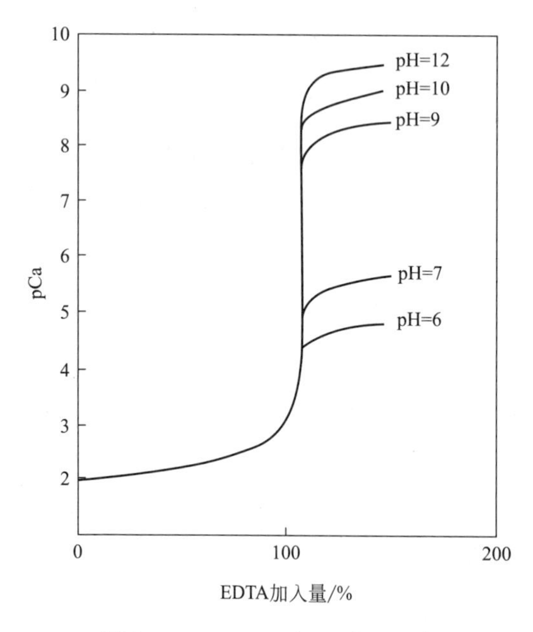

图 6-4　0.01000mol・L^{-1} EDTA 滴定 0.01000mol・L^{-1} Ca^{2+} 滴定曲线

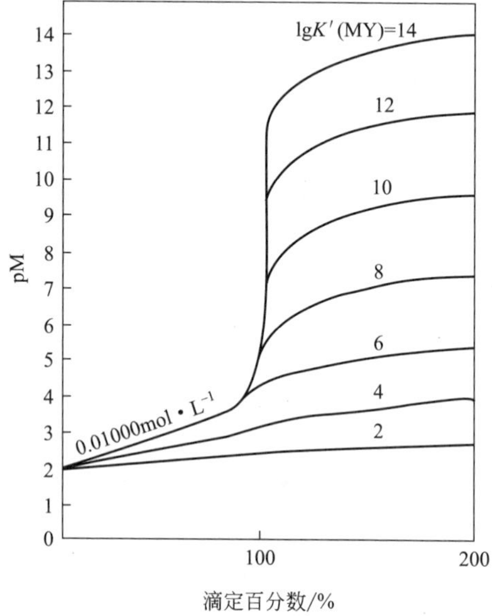

图 6-5　不同 lgK'_f(MY) 的滴定曲线

四、影响配位滴定突跃范围的因素

（1）K'_f(MY)　条件一定时，用 0.01000mol・L^{-1} EDTA 滴定 0.01000mol・L^{-1} 不同金属离子时的滴定曲线见图 6-5。看出，K'_f(MY) 愈大，滴定突跃范围愈长。当 lgK'_f(MY)＜8 时，就无明显的突跃。K'_f(MY) 的大小，主要决定于配合物的绝对稳定常数和酸度，即金属离子本性和酸度。

从图 6-4 看出，当金属离子及浓度一定时，滴定突跃的大小随溶液 pH 的改变而变化，pH 愈大，突跃范围愈长，反之亦然。当 pH＝7 时，曲线已无突跃。因为 pH 愈小，酸效应愈严重，配合物稳定性愈差。所以为增大突跃范围，在金属离子不水解前提下，pH 大些为宜。

（2）金属离子的起始浓度　当 K_f'（MY）一定时，金属离子的起始浓度越小，滴定曲线的起点越高，突跃范围越短。如图 6-6 所示。

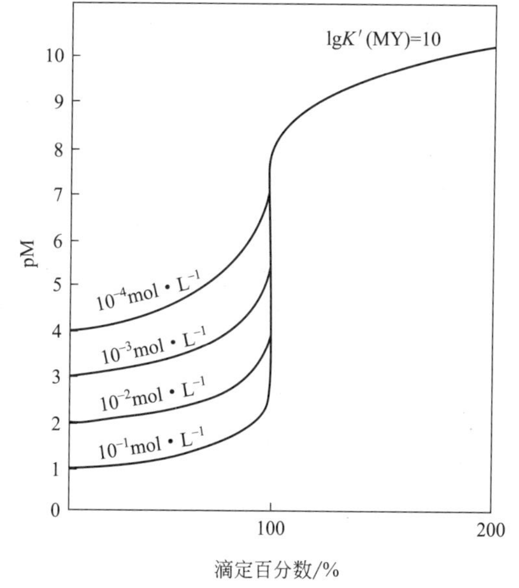

图 6-6　EDTA 滴定不同浓度 Ca^{2+} 的滴定曲线

配位滴定法较酸碱滴定法复杂，选择合适的配位滴定条件至关重要，讨论配位滴定曲线，主要是选择合适的滴定条件，同时为选择适当的指示剂提供大概的范围。

第四节　金属指示剂

配位滴定法常用一种能与金属离子生成有色配合物的显色剂来指示滴定过程中金属离子浓度的变化而指示终点，这种显色剂称为金属离子指示剂，简称金属指示剂。

一、金属指示剂的作用原理和条件

金属指示剂本身是配位剂，在一定条件下能与金属离子形成一种与其自身的颜色不同的有色配合物。如用 In 表示金属指示剂的阴离子（略去电荷），In 与金属离子的反应为

$$\underset{\text{甲色}}{M+In} \rightleftharpoons \underset{\text{乙色}}{MIn}$$

滴定前，加入的少量指示剂与金属离子生成配合物 MIn，溶液中绝大部分金属离子仍为游离状态。当用 EDTA 标准溶液滴定时，游离的金属离子与 EDTA 配位。到计量点时，由于 K_f'（MY）＞K_f'（MIn），稍过量的 EDTA 夺取 MIn 中的金属离子，使指示剂游离出来，颜色发生变化，从而指示终点。

$$\underset{\text{乙色}}{MIn}+Y \rightleftharpoons MY+\underset{\text{甲色}}{In}$$

从金属指示剂的作用原理可以看出，金属指示剂必须具备以下的条件。

① 在滴定的 pH 范围内，In 与 MIn 颜色明显不同。金属指示剂本身一般是

多元弱酸或弱碱，随溶液 pH 的变化呈现出不同的颜色，应根据实际需要选择合适的指示剂及 pH 条件。

② MIn 的稳定性要适当。既要足够稳定，避免在计量点前指示剂游离出来，使终点提前。稳定性又不能高于 MY，否则 EDTA 不能夺取 MIn 中的金属离子，得不到滴定终点，这种现象叫指示剂的封闭。有时共存的干扰离子能使指示剂封闭，对此，可加入适当的配位剂来掩蔽干扰离子。但干扰离子的量很大，则要事先分离除去。所以在配位滴定中，要用高纯度的试剂和蒸馏水，避免杂质使指示剂封闭。

例如，Fe^{3+}、Al^{3+}、Cu^{2+}、Ni^{2+} 等与指示剂铬黑 T 能形成稳定的配合物，在滴定 Ca^{2+}、Mg^{2+} 时，指示剂被封闭，滴定时加入三乙醇胺来掩蔽 Fe^{3+}、Al^{3+}，加入 KCN 来掩蔽 Cu^{2+}、Ni^{2+}。

③ MIn 应易溶于水，显色反应要灵敏、迅速，并具有一定的选择性。如果 MIn 在水中溶解度太小，终点时 EDTA 与 MIn 的置换作用慢，终点拖长，这种现象叫指示剂的僵化。解决的方法是加入有机溶剂增大溶解度，或加热以加快反应速率。在可能发生僵化的情况下，临近终点时要缓慢滴定，剧烈振荡。

例如，PAN 指示剂在较低温度时易发生僵化现象，可加入少量乙醇或适当加热来消除。

④ 金属指示剂性质要稳定，不易氧化变质。金属指示剂多是含双键的有色有机物，易被日光、氧化剂、空气等氧化分解，在水溶液中不稳定，有些日久会变质，称为指示剂的氧化变质现象。为避免此现象发生，指示剂常配成固体粉末使用，也可加入合适的还原剂（如盐酸羟胺）或稳定剂。一般金属指示剂都不宜久放，最好现用现配。

二、金属指示剂的选择原则

由金属离子 M 与指示剂 In 配位反应，并考虑到指示剂的酸效应，则有

$$K_f'(\mathrm{MIn})=\frac{[\mathrm{MIn}]}{[\mathrm{M}][\mathrm{In}]'}$$

即

$$\lg K_f'(\mathrm{MIn})=\mathrm{pM}+\lg\frac{[\mathrm{MIn}]}{[\mathrm{In}]'}$$

当 $[\mathrm{MIn}]=[\mathrm{In}]'$ 时，为指示剂的变色点 pM_t。所以

$$\mathrm{pM_t}=\lg K_f'(\mathrm{MIn})$$

可见，金属指示剂的变色点 pM_t 等于有色配合物的条件稳定常数，其值与溶液 pH 有关。

金属指示剂的选择原则是指示剂变色点 pM_t 与计量点 pM 相接近。保证在滴定突跃范围内指示剂颜色改变。

由于金属指示剂配合物的有关常数目前不全，所以实际上金属指示剂大多采

用试验方法选择。即试验终点时金属指示剂变色是否敏锐和滴定结果是否准确，择优选取。

三、常用金属指示剂简介

迄今为止，金属指示剂已合成数百种之多，且不断有新产品问世。这里介绍常用的几种。

1. 铬黑 T（简称 EBT 或 BT）

化学名称是 1-(1-羟基-2-萘偶氮基)-6-硝基-2-萘酚-4-磺酸钠。结构式为

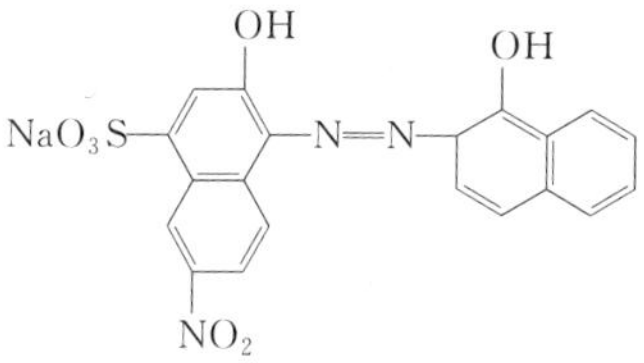

可用 NaH_2In 表示，在水溶液中存在下列平衡：

$$\underset{\text{紫红色}}{H_2In^-} \xrightleftharpoons{pK_{a2}^{\ominus}=6.3} \underset{\text{蓝色}}{HIn^{2-}} \xrightleftharpoons{pK_{a3}^{\ominus}=11.6} \underset{\text{橙色}}{In^{3-}}$$

在 pH<6 时呈紫红色，pH 在 8～11 时呈蓝色，pH>12 时呈橙色。铬黑 T 与多种金属离子形成红色配合物，所以选铬黑 T 作指示剂的适宜 pH 范围是 8～11。如在 pH＝10 的缓冲溶液中，用 EDTA 直接滴定 Ca^{2+}、Mg^{2+}、Zn^{2+}、Pb^{2+}、Mn^{2+}、Hg^{2+} 等离子时使用。Al^{3+}、Fe^{3+}、Co^{2+}、Ni^{2+}、Cu^{2+} 等对铬黑 T 有封闭作用，需加以掩蔽。

铬黑 T 对 Mg^{2+} 较 Ca^{2+} 灵敏，所以在有 MgY 或 ZnY 存在时，才能使终点敏锐。一般滴定 Ca^{2+}、Mg^{2+} 总量时，用铬黑 T 作指示剂。

铬黑 T 水溶液不稳定，在酸性溶液中易聚合而变质。在碱性溶液中易被氧化而褪色。固体铬黑 T 稳定易保存，但用量不易控制。因此常将铬黑 T 与干燥的纯 NaCl 按 1∶100 混合研磨使用。混合物为黑褐色粉末，有金属光泽。

2. 钙指示剂（简称 NN 或钙红）

化学名称是 1-(2-羟基-4-磺酸基-1-萘偶氮)-2-羟基-3-萘甲酸。结构式为

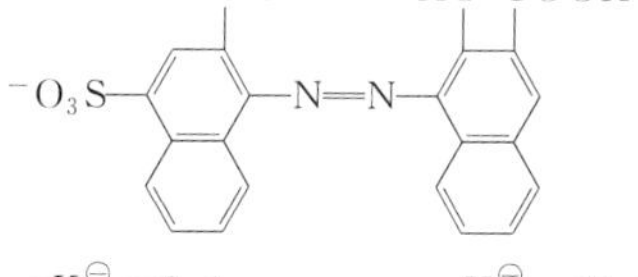

$$\underset{\text{粉红色}}{H_2In^-} \xrightleftharpoons{pK_{a2}^{\ominus}=9.4} \underset{\text{蓝色}}{HIn^{2-}} \xrightleftharpoons{pK_{a3}^{\ominus}=13.5} \underset{\text{粉红色}}{In^{3-}}$$

钙指示剂在 pH＝12～13 时呈蓝色，在 pH<8 或 pH>13 时呈红色。它与 Ca^{2+} 形成稳定的红色配合物，与 Mg^{2+} 形成更稳定的红色配合物，所以使用钙指

示剂适宜的 pH 范围为 12～13。可用于在 pH＝12，Ca^{2+}、Mg^{2+} 共存时测定 Ca^{2+}，终点变色明显。此时 Mg^{2+} 生成 $Mg(OH)_2$ 沉淀而掩蔽。实际操作中，应在 $Mg(OH)_2$ 沉淀后再加入钙指示剂，以减少沉淀对指示剂的吸附。

纯的钙指示剂是紫黑色粉末，其水溶液和乙醇溶液都不稳定，通常将钙指示剂与干燥的纯 NaCl 以 1∶100 混合研细后使用。

Fe^{3+}、Al^{3+}、Cu^{2+}、Co^{2+} 等离子对钙指示剂有封闭作用，前两种离子用三乙醇胺掩蔽，后两种离子用 KCN 掩蔽。

3. PAN

化学名称是 1-(2-吡啶偶氮)-2-萘酚。结构式为

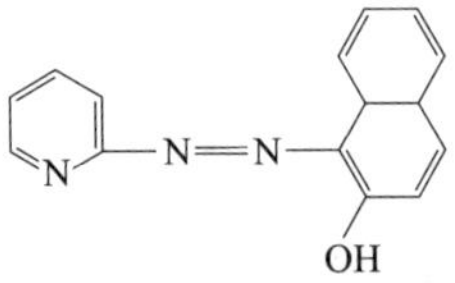

N═N
OH

PAN 的杂环氮原子得到一个质子，表现为二元酸，在溶液中存在下列平衡：

$$\underset{\text{黄绿色}}{H_2In^+} \underset{}{\overset{pK_{a1}^{\ominus}=1.9}{\rightleftharpoons}} \underset{\text{黄色}}{HIn} \overset{pK_{a2}^{\ominus}=12.2}{\rightleftharpoons} \underset{\text{淡红色}}{In^-}$$

PAN 在 pH＝1.9～12.2 范围内呈黄色，而 PAN 与多种金属离子形成紫红色配合物，因此 PAN 可在上述 pH 范围内使用。

纯 PAN 为橙红色针状结晶，难溶于水，可溶于乙醇溶剂或碱性溶液中，常配成质量分数约 0.002 的乙醇溶液使用。

PAN 与 Cu^{2+} 形成的紫红色配合物稳定且颜色显著，在间接测定某些离子（如 Al^{3+}）时，可以用 PAN 作指示剂，用 Cu^{2+} 标准溶液返滴定。

利用 Cu-PAN 的配位显色，可以将 CuY 与少量 PAN 混合制成 Cu-PAN 指示剂，用于滴定许多金属离子，包括一些与 PAN 配位不够稳定或不显色的离子等。

例如，在 pH＝10 时，用 EDTA 滴定 Ca^{2+}，以 Cu-PAN 为指示剂，反应过程为

滴定前 $\underset{\text{蓝色}}{CuY} + \underset{\text{黄色}}{PAN} + Ca \rightleftharpoons CaY + \underset{\text{紫红色}}{Cu\text{-}PAN}$

（CuY + PAN：黄绿色）

滴定开始至计量点前 $Ca + Y \rightleftharpoons CaY$

计量点 $Cu\text{-}PAN + Y \rightleftharpoons CuY + PAN$

（CuY + PAN：黄绿色）

溶液由紫红色突变为黄绿色即为终点。

4. 磺基水杨酸（简写为 SSA）

结构式为：

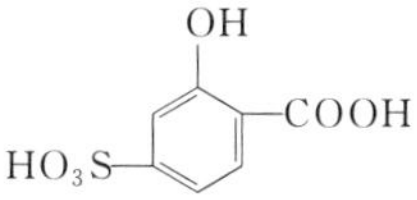

磺基水杨酸为无色结晶，易溶于水，常配成质量分数为0.10的水溶液作指示剂测定Fe^{3+}。在不同pH下，磺基水杨酸与Fe^{3+}形成配合物的组成和颜色不同。在pH=1.8～2.5时，形成紫红色$Fe(SSA)^{+}$配离子；pH=4～8时，形成橙红色$Fe(SSA)^{+}$配离子；pH=8～11时，形成黄色$Fe(SSA)_3^{3-}$配离子。常用于在pH=2～2.5时用EDTA滴定Fe^{3+}时的指示剂，溶液由红色变为黄色（FeY）为终点。

磺基水杨酸也常用于在pH=8～11时作为比色法测定微量Fe^{3+}的显色剂。

第五节　提高配位滴定选择性的方法

前面讨论的是用EDTA滴定单一金属离子的情况，实际分析对象常是几种金属离子共存的混合物，由于EDTA配位的普遍性。所以，提高选择性避免干扰是配位滴定中的重要问题。

一、共存离子准确滴定条件

若溶液中有共存金属离子M、N（或两种以上），在只考虑酸效应的前提下，能准确滴定M离子，而N离子不干扰的条件是

$$\lg[c(MY)/c^{\ominus}]K_f'(MY)\geqslant 6$$

和

$$\lg[c(MY)/c^{\ominus}]K_f'(MY)-\lg[c(NY)/c^{\ominus}]K_f'(NY)\geqslant 5$$

即

$$\Delta\lg(c/c^{\ominus})K_f'\geqslant 5 \tag{6-12}$$

若$c(MY)=c(NY)$，则上式则为

$$\Delta\lg K_f'\geqslant 5 \tag{6-13}$$

因此，提高配位滴定选择性的途径，主要是设法降低干扰离子与EDTA形成的配合物的稳定性和降低干扰离子的浓度。

将$\lg[c(MY)/c^{\ominus}]K_f'(MY)\geqslant 6$代入式(6-12)，则准确滴定M离子而N离子不干扰的条件是

$$[\lg c(NY)/c^{\ominus}]K_f'(NY)\leqslant 1 \tag{6-14}$$

当溶液中N离子浓度为$0.01mol \cdot L^{-1}$时，上式为

$$\lg K_f'(NY)\leqslant 3 \tag{6-15}$$

二、提高配位滴定选择性的方法

1. 控制溶液酸度

假设溶液中有M和N两种金属离子，当稳定性MY远大于NY时，可通过

控制溶液酸度的办法进行分别滴定，按以上公式选择适宜的酸度条件。

【例 6-3】 溶液中含 Bi^{3+}、Pb^{2+} 浓度皆为 $0.02mol \cdot L^{-1}$，计算用 EDTA 准确滴定 Bi^{3+} 而 Pb^{2+} 不干扰的适宜 pH 范围。

解 查表 $\lg K_f^{\ominus}(BiY)$ 和 $\lg K_f^{\ominus}(PbY)$ 分别为 27.94、18.04，相差很大，可通过控制酸度来选择滴定 Bi^{3+}。

当 $\lg[c(BiY)/c^{\ominus}]K_f'(BiY) \geqslant 6$ 时，$\lg K_f'(BiY) \geqslant 8$，$\lg\alpha[Y(H)] \leqslant 27.94 - 8 = 19.94$

查表 6-1 知，滴定 Bi^{3+} 最低 pH 为 0.7。

要使 Pb^{2+} 完全不配位，应满足 $\lg[c(PbY)/c^{\ominus}]K_f'(PbY) \leqslant 1$

因为 $c(PbY)/c^{\ominus} = 0.01$，所以，$\lg K_f'(PbY) \leqslant 3$

$\lg\alpha[Y(H)] \geqslant \lg K_f'(PbY) - 3 = 18.04 - 3 = 15.04$

查表 6-1 知，滴定 Pb^{2+} 最低 pH=1.6。

所以，在 Pb^{2+} 存在下，滴定 Bi^{3+} 的适宜 pH 范围为 0.7～1.6，实际分析时，常选用 pH 近似为 1。

2. 掩蔽和解蔽

若溶液中两离子 M、N 与 EDTA 形成的配合物稳定性较接近，则不能用控制酸度的办法实现选择性滴定。这时，常向被测试液中加入某种试剂，使之与干扰离子作用，降低干扰离子的浓度及其与 EDTA 配合物的条件稳定常数，从而消除干扰。这种方法称为掩蔽法，所加的试剂为掩蔽剂，常用的掩蔽法有：

(1) 配位掩蔽法　利用配位反应降低干扰离子浓度以消除干扰的方法，是分析工作中最常用的掩蔽法。常用的掩蔽剂见表 6-3。

表 6-3　常用的掩蔽剂

名称	pH 范围	被掩蔽的离子	备注
KCN	大于 8	Co^{2+}、Ni^{2+}、Cu^{2+}、Zn^{2+}、Hg^{2+}、Cd^{2+}、Ag^{+}、Tl^{+} 及铂族元素	
NH_4F	4～6	Al^{3+}、Ti^{IV}、Sn^{4+}、Zr^{4+}、W^{VI} 等	用 NH_4F 比 NaF 好，加入后溶液 pH 变化不大
	10	Al^{3+}、Mg^{2+}、Ca^{2+}、Sr^{2+}、Ba^{2+} 及稀土元素	
三乙醇胺（TEA）	10	Al^{3+}、Sn^{4+}、Ti^{IV}、Fe^{3+}	与 KCN 并用可提高掩蔽效果
	11～12	Fe^{3+}、Al^{3+} 及少量 Mn^{2+}	
酒石酸	1.2	Sb^{3+}、Sn^{4+}、Fe^{3+} 及 5mg 以下的 Cu^{2+}	
	2	Mn^{2+}、Fe^{3+}、Sn^{4+}	
	5.5	Ca^{2+}、Fe^{3+}、Al^{3+}、Sn^{4+}	在抗坏血酸存在下
	6～7.5	Mg^{2+}、Cu^{2+}、Fe^{3+}、Al^{3+}、Mo^{4+}、Sb^{3+}、W^{VI}	
	10	Al^{3+}、Sn^{4+}	

(2) 沉淀掩蔽法 利用沉淀反应降低干扰离子浓度，以消除干扰的方法。

例如，在 Ca^{2+}、Mg^{2+} 共存的试液中滴定 Ca^{2+} 时，加入 NaOH 溶液使 pH>12，此时 Mg^{2+} 生成 $Mg(OH)_2$ 沉淀而消除干扰。

应该指出，沉淀掩蔽法由于沉淀反应不完全及产生共沉淀等原因，不是理想的掩蔽方法。在实际应用中要注意：

① 沉淀反应要完全，即沉淀的溶解度要小，否则掩蔽效果不好。

② 生成的沉淀应是无色或浅色致密的，最好是晶形沉淀，否则由于颜色深，体积大，吸附被测离子或指示剂而影响终点观察。

(3) 氧化还原掩蔽法 利用氧化还原反应改变干扰离子的氧化态，以降低其与 EDTA 形成的配合物稳定性，而消除干扰的方法。

例如，因为 $K_f^{\ominus}(FeY^-)=10^{25.1}>K_f^{\ominus}(FeY^{2-})=10^{14.3}$，所以实际中消除 Fe^{3+} 干扰时，常把 Fe^{3+} 还原为 Fe^{2+}。

(4) 解蔽法 将一些离子掩蔽，对某种离子进行滴定后，用解蔽剂释放出被掩蔽的离子再进行滴定的方法称为解蔽法。

例如，Zn^{2+}、Pb^{2+} 共存时，先用 KCN 掩蔽 Zn^{2+}，用 EDTA 滴定 Pb^{2+} 后，再加入甲醛，使 $Zn(CN)_4^{2-}$ 解蔽，再用 EDTA 滴定释放出的 Zn^{2+}。

3. 分离干扰离子

当用上述方法不能消除干扰时，则要采用分离的方法去除干扰离子。分离法很多，常用的有沉淀分离法、萃取分离法、离子交换分离法和色谱分离法等。详见第十二章。

当用上述方法难以达到预期效果时，应考虑选用其他滴定剂。

第六节 配位滴定方式和应用

一、配位滴定方式

配位滴定法采用灵活的滴定方式，既能扩大应用范围，又可以提高选择性。常用的滴定方式有下述四种。

1. 直接滴定法

凡是配位反应能定量进行完全、$\lg K_f'(MY)\geqslant 8$ 的金属离子，只要反应速率快、生成的配合物易溶于水并有合适的指示剂确定终点都可直接滴定。这是配位滴定的基本方式，简便快速，引入误差较少，故在可能范围内尽可能采用这种方法。

如在强酸性溶液（pH=1～3）中能直接滴定的离子有 Fe^{3+}、Bi^{3+}、Th^{4+}、Ti^{4+}、Hg^{2+} 等；在弱酸性溶液（pH=4～6）中有 Zn^{2+}、Pb^{2+}、Cd^{2+}、Cu^{2+} 及稀土元素；在碱性溶液（pH≈10）中有 Mg^{2+}、Co^{2+}、Ni^{2+} 等及 Ca^{2+}（pH=12）。

2. 返滴定法

当配位反应慢或无合适的指示剂时采用。即先加入过量的 EDTA 标准溶液，使待测离子完全配位，过量的 EDTA 再用适当的金属离子标准溶液返滴定至终点。一般返滴定 EDTA 的金属离子标准溶液常用 Cu^{2+} 或 Zn^{2+}。因为 CuY 和 ZnY 稳定性适中，既稳定保证滴定的准确度，在返滴定中又不易将被测离子从其 EDTA 配合物中置换出来。

例如，Al^{3+} 与 EDTA 因配位反应慢而用返滴定法测定。实际中常加热以加快反应速率。

3. 置换滴定法

置换滴定法又叫取代滴定法，是利用置换反应置换出等物质的量的另一金属离子或 EDTA，然后进行滴定的方法。

置换滴定法的方式灵活多样，不但能提高配位滴定的选择性，还可以提高指示剂终点变色的敏锐性。

例如，铬黑 T 对 Ca^{2+} 显色不灵敏，但对 Mg^{2+} 较灵敏。在 pH＝10 测定 Ca^{2+} 时，可加入少量 MgY，因稳定性 CaY＞MgY，所以 Ca^{2+} 把 Mg^{2+} 置换出来，Mg^{2+} 与 EBT 形成红色配合物，EDTA 将溶液中的 Ca^{2+} 滴定完后，再夺取 Mg-EBT 中的 Mg^{2+}，使 EBT 游离出来，从而指示终点。反应过程为

$$Ca^{2+} + MgY \rightleftharpoons CaY + Mg^{2+}$$

$$Mg^{2+} + EBT \rightleftharpoons Mg\text{-}EBT(\text{红色})$$

$$Mg\text{-}EBT + Y \rightleftharpoons MgY + EBT(\text{蓝色})$$

滴定前加入的 MgY 与最后生成的 MgY 等量，不影响滴定结果。

用 Cu-PAN 作指示剂，也是利用置换滴定法的原理。

4. 间接滴定法

加入一种合适的沉淀剂将被测离子完全沉淀，再用 EDTA 滴定沉淀剂或沉淀中的某种离子，而间接计算被测离子含量的方法。适合于与 EDTA 形成的配合物不稳定的离子，如 Li^{+}、Na^{+}、K^{+} 等；或者是不与 EDTA 配位的离子，如 SO_4^{2-}、PO_4^{3-} 等。

测定 K^{+} 的方法是先将 K^{+} 沉淀为 $K_2Na[Co(NO_2)_6]$，沉淀经过滤、洗涤并溶解后，用 EDTA 滴定生成的 Co^{3+}，而间接计算出 K^{+} 的量。

又如测定 PO_4^{3-}，加入 Mg^{2+} 和 NH_4^{+}，将 PO_4^{3-} 沉淀为 $MgNH_4PO_4$，然后过滤、洗涤，溶解后，调节溶液 pH＝10，用铬黑 T 作指示剂，用 EDTA 滴定 Mg^{2+}，间接计算出 PO_4^{3-} 的含量。

间接滴定法手续较繁，引入的误差机会较多，不是理想的方法。

二、EDTA 标准溶液的配制和标定

EDTA 标准溶液，可用分析纯 EDTA 直接法配制，但一般多用间接法配制。

标定 EDTA 的基准物质常用纯金属锌或 $CaCO_3$、$MgSO_4 \cdot 7H_2O$ 等。用 Zn 标定时，在 pH=10 时用铬黑 T 作指示剂。也可用六亚甲基四胺作缓冲溶液，用二甲酚橙作指示剂，在 pH=5～6 时标定，溶液由红色变为亮黄色示为终点。通常最好用被测金属或其盐的纯物质作基准物质来进行标定，使误差相互抵消。

EDTA 标准溶液较稳定，可长期贮存在聚乙烯瓶中。不宜用玻璃容器长期存放，因玻璃中含有钙镁等金属而使其浓度稍有改变。

三、配位滴定结果计算

EDTA 与各种价态的金属离子反应时，一般是 1∶1 配位，结果计算简单。根据采用的滴定方式，找出相应的化学计量关系进行计算。

$$\omega(\text{被测物质})=\frac{c(\text{EDTA})V(\text{EDTA})M}{1000m}$$

式中，M 为被测物的摩尔质量；m 为试样的质量。

知识拓展　**关键词链接：配位滴定的终点误差，新型螯合剂，EDTA 的其他应用**

化学视野

你所不知道的 EDTA

EDTA 的发现比较早，是迄今为止使用最广泛的螯合剂。它是抗氧化剂之一，具有螯合金属离子的特质，除了应用于定量分析外，EDTA 自 20 世纪 30 年代起被广泛应用于其他各个领域，概括起来有以下几个方面。

1. 工业方面

EDTA 常用来清理锅炉；腈纶生产中用作聚合反应的终止剂；在低温乳液聚合法合成丁苯橡胶生产中使用 EDTA 用作引发的活化剂，促进引发剂的氧化还原反应；精制胱氨酸中，用 EDTA 除去金属杂质；电镀业中 EDTA 用作镀锌光亮剂，提高镀层覆盖力和质量，在无氰电镀和化学镀中也有使用；EDTA 还应用在皮革加工中的皂化、熟化、脱灰、鞣制、染色等过程中。

造纸业中在纤维蒸煮时用 EDTA 作处理剂，能提高纸张白度，减少蒸锅中的结垢。在纺织印染业中，EDTA 能提高染料上色率和印染纺织品的色调和白度。

2. 日用化工

把 EDTA 添加到洗涤剂、护肤品、烫发护发剂中，通过调节水的硬度，增加洗涤品泡沫、提高去污能力。在化妆品生产中，EDTA 除能调节产品酸碱度外，还能螯合使化妆品变色、变味、变浑浊、加速腐败的重金属离子，提高化妆品的抗菌性。如除去引起恶臭味的铜和铁，延缓香皂中脂肪酸的酸败等；染发剂中加入 EDTA，能使亚硫酸盐等还原剂稳定，使染色时氧化更均匀，并防止由杂质金属离子的氧化而引起的“败色”。

3. 医药方面

治疗银屑病的药物——乙亚胺是由 EDTA 与甲酰胺环合而成；抽血样本加入 EDTA 后，能避免在送验过程中血液凝集。一些疫苗用 EDTA 作稳定剂及血液抗凝剂及药品的螯合剂，维持药品品质的稳定；利用 EDTA 具有润滑和乳化作用，能溶解牙本质的特性，在根管治疗术中用来清除一些有机或无机的物质；利用 EDTA 与重金属生成稳定而可溶性的盐，能随尿液排出的性质，治疗重金属中毒。

4. 生化方面

EDTA 可作防腐剂，能增强杀菌剂的活性以抵抗革兰氏阴性菌，如大肠杆菌、痢疾杆菌、肺炎菌、霍乱弧菌等。还常用作核酸酶、蛋白酶的抑制剂，消除重金属离子对酶的抑制作用；能与微生物细胞壁中的金属离子结合，提高微生物细胞壁的渗透性，有利于抗菌剂的渗透和发挥作用。EDTA 最突出的抗菌作用是对绿脓假单胞菌的杀灭和抑制，这是一种抗药性很强、广泛存在于自然界，特别是水中的杆菌，一旦进入人的眼角膜上皮，会对眼睛造成严重的、永久性伤害。EDTA 在不加其他化学防腐剂，单独使用下，能杀死 99.99%绿脓杆菌。EDTA 还能稳定在金属离子存在条件下易于氧化的维生素制剂。

5. 食品行业

食品级的 EDTA 纯度须在 99%以上，是广泛被核准的食品添加物（如美国 FDA），属抗氧化剂与品质改良剂，能除去引起植物油和食用油氧化变质的金属离子，有防止油脂氧化、食品褐变及乳化食品等功能。如罐头加工等食品行业用 EDTA 作螯合剂，消除金属离子的干扰；抑制饮料中维生素 C 和苯甲酸钠产生致癌物质苯；EDTA 还可用于食品营养强化剂中，如 EDTA 铁强化剂。

6. 农业方面

肥料中加入 EDTA，因其能与微量元素配位而提高微量元素的植物吸收率，且土壤施肥时不易被土壤固定而失效；EDTA 作萃取剂，用化学萃取修复技术能消除被重金属污染的土壤，在浅层土壤中，EDTA 对酸可提态的金属的萃取效果尤为显著。

除此以外，EDTA 在照相业中在冲洗胶片的漂白液和定影液配方中也有应用，如在摄影中以 Fe(Ⅲ) EDTA 作为氧化剂等。

本章小结

配位滴定法通常指的是用 EDTA 标准溶液直接或间接滴定金属离子的方法。

EDTA 能与绝大多数金属离子以 1∶1 配位，反应迅速。生成的配合物稳定且易溶于水。EDTA 的配位能力随溶液 pH 增大而增强。

影响金属离子与 EDTA 配位平衡的主要因素是酸效应和配位效应，影响程度用酸效应系数 $\alpha[Y(H)]$和配位效应系数 $\alpha[M(L)]$表示，其值越大，影响越严重。综合这些因素，配合物的实际稳定性用条件稳定常数 K'_f表示，一般条件稳定常数比绝对稳定常数小。

单一金属离子能被 EDTA 准确滴定的条件是 $\lg[c(MY)/c^{\ominus}]K'_f(MY) \geqslant 6$。据此可推算出滴定各金属离子的最低 pH，绘出酸效应曲线，帮助分析工作者确定滴定条件。

配位滴定曲线受 MY 的稳定性及金属离子起始浓度的影响。配位滴定终点一般用金属指示剂来确定。

共存离子准确滴定条件是 $\Delta \lg K'_f \geqslant 5$。据此可利用控制溶液的酸度、掩蔽与分离干扰离子等手段来提高配位滴定选择性。并在实际分析中根据分析对象采用不同的滴定方式来扩大配位滴定范围。

思考与练习

1. 配合物的绝对稳定常数与条件稳定常数有何不同？二者关系如何？为什么要引入条件稳定常数？

2. 何谓酸效应？酸效应曲线在配位滴定中有什么用途？为什么配位滴定必须在一定的 pH 范围内进行？实际应用时如何选择滴定时的 pH？

3. 举例说明金属指示剂的作用原理。什么是指示剂的“封闭”和“僵化”现象？这些现象对配位滴定有何影响？如何消除？

4. 举例说明如何提高配位滴定的选择性。

5. 金属指示剂 HIn 在水溶液中为黄色，In^- 为红色，它与金属离子 M 形成橙红色配合物，已知 HIn 的 $pK_a^{\ominus}=8.1$，则使用该金属指示剂的适宜 pH 条件为（　　）。

A. 小于 8　　B. 大于 8　　C. 没限制　　D. 无法判断

6. 用含有少量 Mn^{2+} 的蒸馏水配制 EDTA 溶液，并在 pH＝4.0 时用锌标准溶液标定，再用该 EDTA 溶液在 pH＝10 时测定 Ca^{2+}。问对测定结果的影响是（　　）。若将 Mn^{2+} 换成 Fe^{2+}，对测定结果的影响是（　　）。

7. 假设 Ni^{2+} 和 EDTA 的浓度皆为 $0.02\text{mol}\cdot\text{L}^{-1}$，不考虑水解等副反应，计算 pH＝2 时能否用 EDTA 准确滴定？如不能滴定求其允许的最低 pH。

8. 将 0.2000g 含钙试样溶解后移入 100mL 容量瓶中定容。吸取 25.00mL 溶液，用 $c(\text{EDTA})=0.02000\text{mol}\cdot\text{L}^{-1}$的 EDTA 标准溶液滴定到终点，消耗 EDTA 标准溶液 19.86mL，问此试样中氧化钙的含量是多少？

9. 试计算用 $0.02000\text{mol}\cdot\text{L}^{-1}$ EDTA 标准溶液滴定 $0.020\text{mol}\cdot\text{L}^{-1}$ Pb^{2+} 溶液的最低 pH 和最高 pH。已知：$\lg K_f^{\ominus}(\text{PbY})=18.04$，$\lg K_{sp}^{\ominus}[\text{Pb(OH)}_2]=1.43\times10^{-20}$

10. 灼烧0.5000g煤试样，使其中的硫完全氧化为SO_4^{2-}。处理成溶液并除去重金属离子后，加入$c(BaCl_2)=0.05000mol \cdot L^{-1}$ $BaCl_2$ 20.00mL，过量的Ba^{2+}用$c(EDTA)=0.02500mol \cdot L^{-1}$ EDTA滴定，用去20.00mL。计算煤中硫的含量。

*11. 称取黏土样品0.5000g，用碱熔后分离除去SiO_2，加水定容至250.00mL。取100.00mL，在pH=2～2.5的热溶液中用磺基水杨酸作指示剂，用$c(EDTA)=0.02000mol \cdot L^{-1}$ EDTA滴定Fe^{3+}用去7.20mL。滴定Fe^{3+}后的溶液，在pH=3时，加入过量的EDTA溶液，再调至pH=4～5，煮沸，用PAN作指示剂，以$CuSO_4$标准溶液（每毫升含纯$CuSO_4 \cdot 5H_2O$ 0.005000g）滴定至溶液呈紫红色。再加入NH_4F煮沸后，又用$CuSO_4$标准溶液25.20mL滴定到终点，计算黏土中Fe_2O_3和Al_2O_3的含量。

12. 将0.1000g含磷试样中的磷沉淀为$MgNH_4PO_4$，将沉淀过滤洗涤再溶解后，用$c(EDTA)=0.01000mol \cdot L^{-1}$ EDTA标准溶液滴定释放出来的Mg^{2+}，用去20.00mL，求试样中P_2O_5的含量。

13. 称取某含铝试样0.2000g，溶解后加入$c(EDTA)=0.05010mol \cdot L^{-1}$ EDTA标准溶液25.00mL，控制条件，使Al^{3+}与EDTA完全配位。然后以$c(Zn^{2+})=0.05005mol \cdot L^{-1}$锌标准溶液返滴定过量的EDTA，消耗5.50mL，计算试样中铝的含量（以Al和Al_2O_3表示）。

14. 吸取10.00mL含Ni^{2+}试液，用蒸馏水稀释，在pH=10的氨性缓冲溶液中，加入15.00mL $c(EDTA)=0.01000mol \cdot L^{-1}$ EDTA溶液，多余的EDTA用$c(MgCl_2)=0.01500mol \cdot L^{-1}$ $MgCl_2$溶液滴定，用去4.37mL。计算原试液中Ni^{2+}的浓度。

15. Calculate $\lg K'(ZnY)$ at stoichiometric point for titration of Zn^{2+} using EDTA at pH=9.0 and $c(NH_3)=0.1mol \cdot L^{-1}$.

16. Calculate $(pMg)_t$ when using EBT at pH=10.

第七章　氧化还原滴定法

教学目标

1. 理解氧化还原滴定法特点、反应速率影响因素及条件电极电势的概念。

2. 理解氧化还原滴定曲线特点，掌握影响突跃范围的因素和计量点电势计算方法。

3. 理解氧化还原滴定指示剂变色原理和选择原则，能正确地选择合适的指示剂。

4. 掌握高锰酸钾法、重铬酸钾法、碘量法的原理、特点及应用。

氧化还原滴定法以氧化还原反应为基础，不仅可以测定具有氧化性或还原性的物质，还可以间接测定某些没有氧化性或还原性的物质。氧化还原反应机理较复杂，有些反应速率较慢，且常不能定量进行。所以利用该法分析时，要注意滴定速率与反应速率相适应，同时还要严格控制反应条件，使反应定量发生。

氧化还原滴定法根据标准溶液不同分为多种方法。常用的有高锰酸钾法、重铬酸钾法和碘量法，此外还有铈量法、溴酸盐法、钒酸盐法等。

第一节　氧化还原反应基本知识

一、条件电极电势

对于电极反应：

$$\mathrm{Ox}+z\mathrm{e}^- \rightleftharpoons \mathrm{Red}$$

其电极电势 φ 为

$$\varphi(\mathrm{Ox/Red})=\varphi^{\ominus}(\mathrm{Ox/Red})+\frac{0.0592\mathrm{V}}{z}\lg\frac{[\mathrm{Ox}]}{[\mathrm{Red}]} \tag{7-1}$$

式中，[Ox] 和 [Red] 分别为氧化态和还原态物质的相对浓度；$\varphi^{\ominus}$(Ox/Red) 为 Ox/Red 电对的标准电极电势；z 为电子转移数。常见电对的 $\varphi^{\ominus}$ 列于书后附表 6 中。

氧化还原电对通常粗略地分为可逆与不可逆两大类。可逆电对（如 Fe^{3+}/Fe^{2+}、I_2/I^-、Ce^{4+}/Ce^{3+}、Sn^{4+}/Sn^{2+} 等）在反应中氧化态和还原态物质能很快建立起平衡，其电极电势严格遵从能斯特方程；不可逆电对（如 MnO_4^-/Mn^{2+}、$Cr_2O_7^{2-}/Cr^{3+}$、$S_4O_6^{2-}/S_2O_3^{2-}$、H_2O_2/H_2O 等）在氧化还原反应的任一瞬间，不能真正建立起按氧化还原半反应所示的平衡，实际电势与理论计算数值相差较大。但尽管如此，对于不可逆电对来说，用能斯特方程计算结果作为初步判断，仍具有一定的实际意义。

实际中若考虑溶液中离子间相互作用，式(7-1) 中物质的浓度应以有效浓度（即活度）代替。根据活度＝活度系数×浓度，引入活度系数 γ，则式(7-1) 应为

$$\varphi(\mathrm{Ox/Red})=\varphi^{\ominus}(\mathrm{Ox/Red})+\frac{0.0592\mathrm{V}}{z}\lg\frac{\gamma(\mathrm{Ox})[\mathrm{Ox}]}{\gamma(\mathrm{Red})[\mathrm{Red}]}$$

若同时考虑溶液中可能发生的各种副反应的影响，还应引入副反应系数 α，有

$$\alpha(\mathrm{Ox})=\frac{c(\mathrm{Ox})/c^{\ominus}}{[\mathrm{Ox}]}\qquad \alpha(\mathrm{Red})=\frac{c(\mathrm{Red})/c^{\ominus}}{[\mathrm{Red}]}$$

式中，$c(\mathrm{Ox})$ 和 $c(\mathrm{Red})$ 分别表示氧化态和还原态物质的分析浓度（总浓度）。代入上式，整理得

$$\varphi(\mathrm{Ox/Red})=\varphi^{\ominus}(\mathrm{Ox/Red})+\frac{0.0592\mathrm{V}}{z}\lg\frac{\gamma(\mathrm{Ox})\cdot\alpha(\mathrm{Red})}{\gamma(\mathrm{Red})\cdot\alpha(\mathrm{Ox})}+\frac{0.0592\mathrm{V}}{z}\lg\frac{c(\mathrm{Ox})/c^{\ominus}}{c(\mathrm{Red})/c^{\ominus}}$$

当 $c(\mathrm{Ox})=c(\mathrm{Red})=1\mathrm{mol}\cdot\mathrm{L}^{-1}$时，有

$$\varphi(\mathrm{Ox/Red})=\varphi^{\ominus}(\mathrm{Ox/Red})+\frac{0.0592\mathrm{V}}{z}\lg\frac{\gamma(\mathrm{Ox})\cdot\alpha(\mathrm{Red})}{\gamma(\mathrm{Red})\cdot\alpha(\mathrm{Ox})}$$

在一定条件下，γ 和 α 为定值，因而上式为一常数，以 $\varphi'(\mathrm{Ox/Red})$ 表示，即

$$\varphi'(\mathrm{Ox/Red})=\varphi^{\ominus}(\mathrm{Ox/Red})+\frac{0.0592\mathrm{V}}{z}\lg\frac{\gamma(\mathrm{Ox})\cdot\alpha(\mathrm{Red})}{\gamma(\mathrm{Red})\cdot\alpha(\mathrm{Ox})}\qquad(7\text{-}2)$$

式中，$\varphi'(\mathrm{Ox/Red})$ 称为条件电极电势或条件电势。它表示在一定的介质条件下，氧化态和还原态的分析浓度都是 $1\mathrm{mol}\cdot\mathrm{L}^{-1}$时的实际电极电势。当条件改变，如介质的种类或浓度改变时，条件电势也随之改变。

条件电势反映了离子强度和各种副反应对电极电势的影响，理论上可按式(7-2) 计算，但实际中活度系数和副反应系数计算较困难，所以，条件电势大多由实验测定，目前所得数据较少。常见电对的 φ'列于附表 7 中。通常若找不到相同条件下的 φ'时，可采用条件相近的 φ'甚至用 $\varphi^{\ominus}$（见附表 6）来代替。

引入条件电势后，能斯特方程式表示为

$$\varphi(\mathrm{Ox/Red})=\varphi'(\mathrm{Ox/Red})+\frac{0.0592\mathrm{V}}{z}\lg\frac{c(\mathrm{Ox})/c^{\ominus}}{c(\mathrm{Red})/c^{\ominus}}\qquad(7\text{-}3)$$

二、氧化还原反应进行的程度

对于水溶液中进行的氧化还原反应：

$$z_2 Ox_1 + z_1 Red_2 \rightleftharpoons z_2 Red_1 + z_1 Ox_2$$

已知标准平衡常数为

$$\lg K^{\ominus} = \frac{z(\varphi_1^{\ominus} - \varphi_2^{\ominus})}{0.0592V} \tag{7-4}$$

式中，z 为两个电对得失电子数 z_1 和 z_2 的最小公倍数，即氧化还原反应的电子转移数。

若考虑溶液中离子强度和副反应的影响，标准电极电势需用条件电极电势代替，此时反应的标准平衡常数虽不变，但反应的完全程度受影响。所以用条件平衡常数能更好地说明一定条件下氧化还原反应实际的完全程度。有

$$\lg K' = \frac{z(\varphi_1' - \varphi_2')}{0.0592V} \tag{7-5}$$

按滴定分析的要求，反应的完全程度应大于 99.9%，代入平衡常数表达式中，整理得

$$K' \geqslant \left(\frac{99.9\%}{0.1\%}\right)^{z_2} \cdot \left(\frac{99.9\%}{0.1\%}\right)^{z_1} \approx (10^3)^{z_2}(10^3)^{z_1}$$

当 $z_1 = z_2 = 1$ 时 $K' \geqslant 10^6$，代入式(7-5) 中得

$$\varphi_1' - \varphi_2' \geqslant 0.355V$$

同理

当 $z_1 = 1$，$z_2 = 2$ 时，则 $K' \geqslant 10^9$，$\varphi_1' - \varphi_2' \geqslant 0.266V$

当 $z_1 = 1$，$z_2 = 3$ 时，则 $K' \geqslant 10^{12}$，$\varphi_1' - \varphi_2' \geqslant 0.237V$

当 $z_1 = 2$，$z_2 = 3$ 时，则 $K' \geqslant 10^{15}$，$\varphi_1' - \varphi_2' \geqslant 0.148V$

看出，一个氧化还原反应若两电对的条件电势差大于 0.4V，理论上就可以用于滴定分析，这是氧化还原准确滴定的条件。但有些氧化还原反应虽然满足这一要求，但由于副反应的发生，使反应不能定量进行，这样的氧化还原反应也不能用于滴定分析。

三、氧化还原反应的速率及影响因素

考虑氧化还原反应较复杂的反应机理及有些反应速率慢的问题，在进行氧化还原滴定分析中，不仅要从平衡观点考虑滴定的可能性，还要从反应速率角度考虑滴定的现实性。影响反应速率的主要因素有：

1. 反应物浓度

大多数情况下，反应物浓度增加，氧化还原反应速率加快。例如，在酸性溶液中反应

$$Cr_2O_7^{2-} + 6I^- + 14H^+ = 2Cr^{3+} + 3I_2 + 7H_2O$$

增大酸度，反应速率加快，但酸度不能太高，否则空气中的 O_2 氧化 I^- 的速率

也会加快，从而给测定结果带来误差。

2. 反应温度

一般温度每升高 10K，大多数反应的反应速率增大 2～4 倍。但注意有些反应不能通过升温来加快化学反应速率。如含 I_2 溶液，加热会使 I_2 挥发而引起损失，产生误差。

3. 催化剂和诱导反应

加入催化剂可加快反应速率。但有些反应生成物本身有催化作用，这样的反应叫自动催化反应。如 MnO_4^- 与 $C_2O_4^{2-}$ 反应生成的 Mn^{2+} 有催化作用，能加快反应进行。自动催化反应的特点是开始时反应速率较慢，随着反应的进行，生成物（催化剂）的浓度逐渐增大，反应速率逐渐加快，随后，由于反应物的浓度越来越小，反应速率也随之降低。

不仅一些外界条件能影响氧化还原反应速率，有时一个氧化还原反应的发生也能促进另一个氧化还原反应的进行，这种现象叫诱导作用。这两个反应分别称为诱导反应和受诱反应。

例如，酸性溶液中，MnO_4^- 氧化 Cl^- 的反应速率很慢，但溶液中若存在 Fe^{2+}，MnO_4^- 与 Fe^{2+} 的反应能加快 MnO_4^- 与 Cl^- 之间的反应速率。

$$MnO_4^- + 5Fe^{2+} + 8H^+ = Mn^{2+} + 5Fe^{3+} + 4H_2O$$

$$2MnO_4^- + 10Cl^- + 16H^+ = 2Mn^{2+} + 5Cl_2 + 8H_2O$$

MnO_4^- 为作用体，Fe^{2+} 为诱导体，Cl^- 为受诱体。诱导作用与催化作用本质不同。催化剂参加反应后转变成原来的组成，而诱导体参加反应后变成了其他物质。另外，诱导反应会增加滴定剂的消耗量而产生误差。所以用 $KMnO_4$ 法测定 Fe^{2+} 含量时，不能在 HCl 介质中进行，要在 H_2SO_4 介质中，否则结果偏高。

第二节　氧化还原滴定法基本原理

在氧化还原滴定中，随着标准溶液的加入，溶液的组成发生变化，溶液的电极电势也随之而变。电极电势改变的情况可用滴定曲线表示。

一、氧化还原滴定曲线

以 $c(Ce^{4+}) = 0.1000 mol \cdot L^{-1}$ 的 Ce^{4+} 标准溶液，滴定 20.00mL $c(Fe^{2+}) = 0.1000 mol \cdot L^{-1}$ Fe^{2+} 溶液为例，说明滴定曲线的绘制。

滴定反应为

$$Ce^{4+} + Fe^{2+} \rightleftharpoons Ce^{3+} + Fe^{3+}$$（反应为可逆电对间的反应）

在 $c(H_2SO_4) = 1 mol \cdot L^{-1}$ 的 H_2SO_4 溶液中，$\varphi'(Ce^{4+}/Ce^{3+}) = 1.44V$，$\varphi'(Fe^{3+}/Fe^{2+}) = 0.68V$。

（1）滴定前　溶液为 $0.1000 mol \cdot L^{-1}$ 的 $FeSO_4$ 溶液。由于空气中氧气作用

或试剂不纯等原因，溶液中会有极少量的 Fe^{3+} 存在，组成 Fe^{3+}/Fe^{2+} 电对，但由于 Fe^{3+} 的浓度不知道，所以溶液的电势无从求得。这对滴定曲线的绘制无关紧要。

（2）滴定开始至计量点前　滴定开始后每加入一滴 Ce^{4+} 溶液，反应总是进行到平衡状态为止，此时两电对的电势相等，可用其中任一个电对来计算溶液的电极电势。由于滴入的 Ce^{4+} 几乎全部被还原为 Ce^{3+}，所以 Ce^{4+} 的浓度不易求得，这时由 $\varphi(Fe^{3+}/Fe^{2+})$ 电对计算溶液的电极电势较方便。为简便起见，用 Fe^{3+} 与 Fe^{2+} 的质量分数比代替浓度比。

如，加入 10.00mL 0.1000mol·L^{-1} Ce^{4+} 标准溶液时，即有 50%Fe^{2+} 被氧化为 Fe^{3+}，溶液的电极电势为

$$\varphi(Fe^{3+}/Fe^{2+})=0.68V+0.0592V\ \lg\frac{0.50}{0.50}=0.68V$$

（3）计量点　此时加入 20.00mL Ce^{4+} 标准溶液。溶液的电势应由两个电对来计算。

$$\varphi_{sp}(Fe^{3+}/Fe^{2+})=\varphi'(Fe^{3+}/Re^{2+})+0.0592V\ \lg\frac{c(Fe^{3+})}{c(Fe^{2+})}$$

$$\varphi_{sp}(Ce^{4+}/Ce^{3+})=\varphi'(Ce^{4+}/Ce^{3+})+0.0592\ \lg\frac{c(Ce^{4+})}{c(Ce^{3+})}$$

两式相加，整理得

$$2\varphi_{sp}=\varphi'(Fe^{3+}/Fe^{2+})+\varphi'(Ce^{4+}/Ce^{3+})+0.0592V\ \lg\frac{c(Fe^{3+})\cdot c(Ce^{4+})}{c(Fe^{2+})\cdot c(Ce^{3+})}$$

因为计量点时，$c(Fe^{3+})=c(Ce^{3+})$，$c(Fe^{2+})=c(Ce^{4+})$，所以，

$$2\varphi_{sp}=\varphi'(Fe^{3+}/Fe^{2+})+\varphi'(Ce^{4+}/Ce^{3+})=0.68V+1.44V$$

$$\varphi_{sp}=1.06V$$

在这类反应中，两电对转移电子数相等，计量点时的电势恰好是两电对条件电势的算术平均值。对于对称型（电对中氧化型和还原型前的系数相等）氧化还原反应而言，计量点电势由下式计算：

$$\varphi_{sp}=\frac{z_1\varphi_1'+z_2\varphi_2'}{z_1+z_2}\tag{7-6}$$

式中，φ_1' 和 φ_2' 分别为两电对的条件电势；z_1、z_2 分别为两电对的得失电子数。

若有不对称电对参加的氧化还原反应，计量点的电势还与反应中的物质浓度有关。如：

$$Cr_2O_7^{2-}+6Fe^{2+}+14H^+=\!=\!=2Cr^{3+}+6Fe^{3+}+7H_2O$$

$Cr_2O_7^{2-}$ 和 Cr^{3+} 前的系数不等。$Cr_2O_7^{2-}/Cr^{3+}$ 为不对称电对，此时计量点

电势经推导为

$$\varphi_{sp}=\frac{1}{1+6}\left[6\varphi'(Cr_2O_7^{2-}/Cr^{3+})+\varphi'(Fe^{3+}/Fe^{2+})+0.0592V\lg\frac{1}{2c(Cr^{3+})/c^{\ominus}}\right]$$

可见，φ_{sp}不仅与φ'及z有关，还与Cr^{3+}的相对浓度有关。但最后一项影响不大，计量点近似计算仍可按式(7-6)进行。

(4) 计量点后　由于Fe^{2+}几乎全被氧化为Fe^{3+}，$c(Fe^{3+})$不易求得，所以由Ce^{4+}/Ce^{3+}电对计算溶液的电势较为方便。

例如，当Ce^{4+}有0.1%过量（即加入20.02mL）时，则

$$\varphi(Ce^{4+}/Ce^{3+})=1.44V+0.0592V\lg\frac{0.1}{100}=1.26V$$

其余各点的计算结果列于表7-1中。以Ce^{4+}的加入量或滴定的百分数为横坐标，以溶液电极电势为纵坐标作图，绘制滴定曲线如图7-1所示。

表7-1　$c(Ce^{4+})=0.1000mol\cdot L^{-1}$ $Ce(SO_4)_2$滴定20.000mL $c(Fe^{2+})=0.1000mol\cdot L^{-1}$ Fe^{2+}溶液的电势变化（$1mol\cdot L^{-1}$ H_2SO_4溶液中）

加入Ce^{4+}溶液		电势φ/V	加入Ce^{4+}溶液		电势φ/V
mL	%		mL	%	
2.00	10.0	0.62	20.00	100.0	1.06
18.00	90.0	0.74	20.02	100.1	1.26
19.80	99.0	0.80	22.00	110.0	1.38
19.98	99.9	0.86	40.00	200.0	1.44

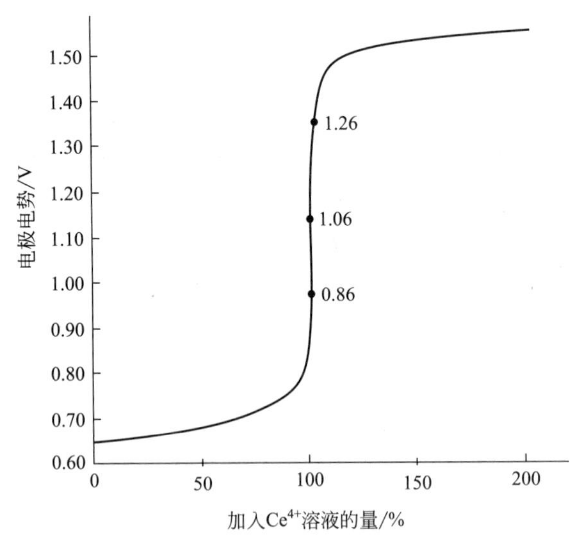

图7-1　$c(Ce^{4+})=0.1000mol\cdot L^{-1}$的$Ce^{4+}$滴定$c(Fe^{2+})=0.1000mol\cdot L^{-1}$ Fe^{2+}滴定曲线

从表 7-1 和图 7-1 看出，突跃范围较大：0.86～1.26V。考察突跃范围的大小，主要为选择氧化还原指示剂提供依据。

计量点电势在突跃范围内的位置取决于氧化还原反应中 z_1 和 z_2 的相对大小。

当 $z_1=z_2$ 时，计量点电势在滴定突跃范围的中间；

当 $z_1 \neq z_2$ 时，计量点电势偏向电子转移数较多（即 z 值较大）的电对一方。

在选择指示剂时，要注意计量点在滴定突跃中的位置。

二、影响氧化还原滴定突跃范围的因素

氧化还原滴定曲线突跃范围的大小与氧化剂与还原剂两电对的条件电势（或标准电极电势）差有关。差值越大，滴定突跃越长。一般来说，两个电对的条件电势（或标准电势）之差大于 0.20V，突跃范围才明显，才有可能进行滴定；若两电对电势差在 0.20～0.40V 之间，用电势法确定终点；若两电对电势差大于 0.40V，用氧化还原指示剂（也可以用电势法）确定终点。

另外，氧化还原滴定曲线，常因介质不同而改变曲线的位置和突跃范围的大小，如图 7-2 所示。图中计量点后曲线形状理论与实测不同，因为 MnO_4^-/Mn^{2+} 是不可逆电对，用能斯特方程计算与实际电势数值相差较大，但作为初步研究仍有实际意义。

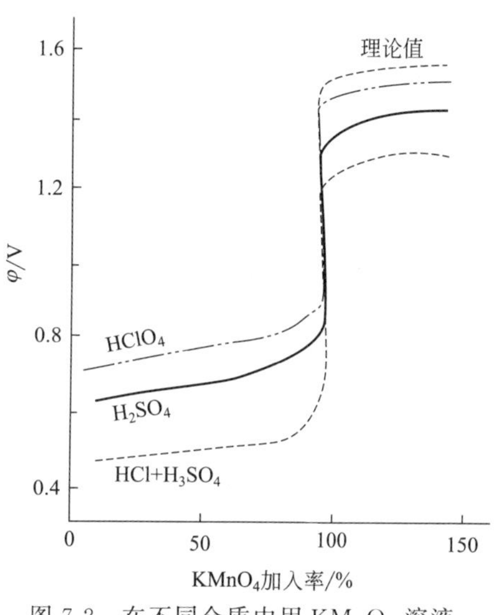

图 7-2　在不同介质中用 $KMnO_4$ 溶液滴定四种还原剂的滴定曲线

第三节　氧化还原滴定中的指示剂

前已述及，氧化还原滴定终点可用电势法和指示剂来确定。氧化还原滴定中常用的指示剂有以下三类。

一、自身指示剂

有些滴定剂本身颜色深，而滴定产物颜色很浅或无色，则滴定时无需另加指示剂。利用标准溶液本身的颜色变化指示滴定终点的物质叫自身指示剂。例如，MnO_4^- 本身紫红色，还原产物 Mn^{2+} 几乎无色。故用 $KMnO_4$ 作标准溶液滴定无色或颜色很浅的物质时，不必另加指示剂，滴定达计量点后，稍过量的 MnO_4^-

就可使溶液呈粉红色。实践证明，在 100mL 溶液中，有半滴 $c\left(\frac{1}{5}KMnO_4\right)=0.1000mol\cdot L^{-1}$ $KMnO_4$ 溶液就可以观察到明显的粉红色。终点颜色越浅，滴定误差越小。

二、特殊指示剂

本身没有氧化还原性，但能与氧化剂或还原剂作用产生特殊的颜色，从而指示滴定终点的物质叫特殊指示剂。例如，淀粉。可溶性淀粉与单质碘生成深蓝色配合物，反应灵敏特效，以蓝色出现或消失可判断终点的到达。

三、氧化还原指示剂

本身是氧化剂或还原剂，且氧化态与还原态颜色不同，在滴定过程中，因被氧化或还原而发生颜色变化而指示终点的物质叫氧化还原指示剂。这类指示剂较前两类应用广泛。

以 In(Ox) 和 In(Red) 分别表示指示剂的氧化态和还原态，滴定中指示剂的半反应为

$$\underset{\text{氧化态色}}{In(Ox)}+ze^{-}\rightleftharpoons\underset{\text{还原态色}}{In(Red)}$$

根据能斯特方程

$$\varphi[In(OX)/In(Red)]=\varphi'[In(Ox)/In(Red)]+\frac{0.0592V}{z}\lg\frac{c[In(Ox)]/c^{\ominus}}{c[In(Red)]/c^{\ominus}}$$

该氧化还原指示剂加入被滴定溶液中时，随着溶液电极电势的变化，指示剂的电势也随之改变，溶液的颜色也在变化。

当 $c[In(Ox)]/c[In(Red)]\geqslant10$ 时，溶液呈指示剂氧化态颜色，此时

$$\varphi[In(Ox)/In(Red)]\geqslant\varphi'[In(Ox)/In(Red)]+\frac{0.0592V}{z}$$

当 $c[In(Ox)]/c[In(Red)]\leqslant\frac{1}{10}$时，溶液呈指示剂还原态颜色，此时

$$\varphi[In(Ox)/In(Red)]\leqslant\varphi'[In(Ox)/In(Red)]-\frac{0.0592V}{z}$$

所以，指示剂变色的电势范围为

$$\varphi'[In(Ox)/In(Red)]\pm\frac{0.0592V}{z}$$

当 $c[In(Ox)]/c[In(Red)]=1$ 时，溶液呈中间色，这时

$$\varphi[In(Ox)/In(Red)]=\varphi'[In(Ox)/In(Red)]$$

此时，溶液的电极电势称为该指示剂的变色点，它等于指示剂的条件电势。

氧化还原指示剂的选择原则是：指示剂的变色点与滴定的计量点尽量接近，或氧化还原指示剂的变色范围全部或部分落在滴定突跃范围之内。

因氧化还原滴定的突跃范围较宽（一般要求大于0.2V），而指示剂的变色范围较窄（最大为0.12V），所以粗略地可用指示剂的条件电势和滴定的突跃范围来选用氧化还原指示剂。

几种常用的氧化还原指示剂列于表7-2中。

表7-2　几种常用的氧化还原指示剂

指示剂	颜色变化		φ'_{In}/V
	氧化态	还原态	
酚藏花红	红	无色	0.28
四磺酸基靛蓝	蓝	无色	0.36
亚甲基蓝	蓝	无色	0.53
二苯胺	紫	无色	0.75
乙氧基苯胺	黄	红	0.76
二苯胺磺酸钠	紫红	无色	0.85
磺酸二苯基联苯胺	紫	无色	0.87
嘧啶合铁	浅蓝	红	1.147
1,10-邻二氮菲亚铁	浅蓝	红	1.06
硝基邻二氮菲亚铁	浅蓝	紫红	1.25
嘧啶合钌	浅蓝	黄	1.29

二苯胺磺酸钠是测定Fe^{2+}时常用的指示剂，在$c(H^+)=1mol \cdot L^{-1}$介质中，变色范围为0.82～0.88V。当用Ce^{4+}标准溶液滴定Fe^{2+}时，突跃范围为0.86～1.26V，若用二苯胺磺酸钠作指示剂，变色范围与突跃范围重合少，滴定误差大。此时加入H_3PO_4使之与Fe^{3+}生成稳定无色的$Fe(HPO_4)_2^-$，降低Fe^{3+}/Fe^{2+}电对的电势，使滴定的突跃范围加大。若Fe^{3+}浓度降低1000倍，其电极电势为

$$\begin{aligned}\varphi(Fe^{3+}/Fe^{2+}) &= 0.68V + 0.0592V\lg\frac{c(Fe^{3+})}{c(Fe^{2+})}\\ &= 0.68V + 0.0592V\lg\frac{99.9}{0.1}\times\frac{1}{1000}\\ &= 0.68V\end{aligned}$$

突跃范围则为0.68～1.26V，这时，二苯胺磺酸钠的变色范围全部落在突跃范围之内。此外，加H_3PO_4由于生成无色离子还消除了Fe^{3+}的黄色干扰。

第四节　常用氧化还原滴定法及应用

一、高锰酸钾法

1. 方法简介

以$KMnO_4$为滴定剂。$KMnO_4$是强氧化剂，氧化能力和还原产物与溶液的

酸度有关。

强酸性溶液：

$$MnO_4^- + 8H^+ + 5e^- \rightleftharpoons Mn^{2+}(近于无色) + 4H_2O \quad \varphi^\ominus(MnO_4^-/Mn^{2+}) = 1.507V$$

弱酸性、中性或弱碱性溶液：

$$MnO_4^- + 2H_2O + 3e^- \rightleftharpoons MnO_2(褐色沉淀) + 4OH^- \quad \varphi^\ominus(MnO_4^-/MnO_2) = 0.588V$$

强碱性溶液：

$$MnO_4^- + e^- \rightleftharpoons MnO_4^{2-}(绿色) \quad \varphi^\ominus(MnO_4^-/MnO_4^{2-}) = 0.564V$$

看出，在强酸性溶液中 MnO_4^- 的氧化能力最强，且产物 Mn^{2+} 近于无色，便于终点观察。因此，高锰酸钾法一般在强酸性溶液中进行，一般是 $c(H_2SO_4)=1mol \cdot L^{-1}$ 的 H_2SO_4 溶液。

高锰酸钾法应用广泛，可直接滴定许多还原性物质，如 Fe^{2+}、$C_2O_4^{2-}$、H_2O_2、NO_2^-、Sn^{2+} 等；也可以用返滴定法测定一些氧化性物质，如 MnO_2、PbO_2、CrO_4^{2-}、$Cr_2O_7^{2-}$、ClO_3^-、BrO_3^- 等；还可以用间接滴定法测定某些非氧化还原性物质，如 Ca^{2+}、Ba^{2+}、Zn^{2+} 等。

高锰酸钾法具有氧化能力强、应用范围广，一般不需另加指示剂的优点。但在浓度很稀时，也可选用某些氧化还原指示剂，如二苯胺磺酸钠。

高锰酸钾法的不足是标准溶液不稳定，且不能用直接法配制，需定期标定。同时因能氧化 Cl^- 而不能在 HCl 介质中进行。另外 $KMnO_4$ 的氧化能力强，所以滴定时干扰比较严重。

2. $KMnO_4$ 标准溶液的标定

标定 $KMnO_4$ 溶液基准物质常用 $Na_2C_2O_4$、$H_2C_2O_4 \cdot 2H_2O$、As_2O_3、$FeSO_4 \cdot (NH_4)_2SO_4 \cdot 6H_2O$ 等。其中 $Na_2C_2O_4$ 最为常用，为保证标定结果准确，实际中要注意“三度”：

(1) 酸度　酸度过高 $H_2C_2O_4$ 会分解，酸度太低会使 $KMnO_4$ 部分还原为 MnO_2。所以开始滴定时溶液 $c(H^+)$ 在 0.5～1mol·L^{-1} 间，滴定终点时 $c(H^+)$ 在 0.2～0.5mol·L^{-1}间。

(2) 温度　室温下反应慢，一般需加热至 70～85℃时进行滴定，温度过高 $H_2C_2O_4$ 分解。

$$H_2C_2O_4 = H_2O + CO + CO_2$$

也可以在滴定前加入几滴 $MnSO_4$ 作催化剂。

(3) 滴定速度　即便加热，MnO_4^- 与 $C_2O_4^{2-}$ 在无催化剂存在时反应速率仍很慢。滴定开始时，第一滴高锰酸钾溶液滴入后，红色很难褪去，这时需待红色消失后再滴加第二滴。由于反应中产生的 Mn^{2+} 能催化反应进行，所以几滴 $KMnO_4$ 加入后，反应速率明显加快，这时再适当加快滴定速度。否则加入的 $KMnO_4$ 在热溶液中来不及与 $C_2O_4^{2-}$ 反应，便分解生成 Mn^{2+}、O_2 和 H_2O。若

在滴定前加几滴 $MnSO_4$ 溶液，滴定一开始反应速率就较快。

$KMnO_4$ 溶液的浓度按下式计算：

$$c\left(\frac{1}{5}KMnO_4\right)=\frac{m(Na_2C_2O_4)}{M\left(\frac{1}{2}Na_2C_2O_4\right)V(KMnO_4)\times10^{-3}}$$

3. 应用实例与计算

（1）软锰矿中 MnO_2 含量的测定　软锰矿主要成分是 MnO_2，测定方法是将矿样在过量 $Na_2C_2O_4$ 的硫酸溶液中溶解、还原、加热。待反应完全后，用 $KMnO_4$ 标准溶液滴定剩余的 $Na_2C_2O_4$。此法也可用于测定 PbO_2 的含量。

【例 7-1】 称取软锰矿 0.5000g，加入稀 H_2SO_4 及 0.7500g $H_2C_2O_4\cdot2H_2O$，加热至反应完全。过量的草酸用 30.00mL $c\left(\frac{1}{5}KMnO_4\right)=0.1000mol\cdot L^{-1}$ $KMnO_4$ 溶液滴定，计算软锰矿中 MnO_2 的含量。

解　反应过程为

$$MnO_2+C_2O_4^{2-}+4H^+ = Mn^{2+}+2CO_2+2H_2O$$

$$2MnO_4^-+5C_2O_4^{2-}+16H^+ = 2Mn^{2+}+10CO_2+8H_2O$$

以$\frac{1}{2}MnO_2$、$\frac{1}{5}KMnO_4$、$\frac{1}{2}H_2C_2O_4\cdot2H_2O$ 为基本单元，则

$$\omega(MnO_2)=\frac{\left[\frac{0.7500g}{M\left(\frac{1}{2}H_2C_2O_4\cdot2H_2O\right)}-c\left(\frac{1}{5}KMnO_4\right)V(KMnO_4)\times10^{-3}\right]\times M\left(\frac{1}{2}MnO_2\right)}{0.5000g}$$

$$=\frac{(0.01190mol-0.003000mol)\times43.47g\cdot mol^{-1}}{0.5000g}$$

$$=0.7738$$

（2）Ca^{2+} 的测定　先将 Ca^{2+} 沉淀为 CaC_2O_4。沉淀经过滤和洗涤后，溶于热的稀 H_2SO_4 溶液中，再用 $KMnO_4$ 标准溶液滴定试液中的 $C_2O_4^{2-}$。

Ca 的质量分数为

$$\omega(Ca)=\frac{c\left(\frac{1}{5}KMnO_4\right)V(KMnO_4)M\left(\frac{1}{2}Ca\right)\times10^{-3}}{m}$$

二、重铬酸钾法

1. 方法简介

重铬酸钾法以 $K_2Cr_2O_7$ 标准溶液为滴定剂。$K_2Cr_2O_7$ 在酸性溶液中被还原成绿色 Cr^{3+}：

$$Cr_2O_7^{2-}+14H^++6e^- \rightleftharpoons 2Cr^{3+}+7H_2O,\quad \varphi^{\ominus}(Cr_2O_7^{2-}/Cr^{3+})=1.33V$$

重铬酸钾法的优点是 $K_2Cr_2O_7$ 易提纯，在 140～150℃干燥 2h 后，即可用

直接法配制标准溶液，且 $K_2Cr_2O_7$ 标准溶液非常稳定，可长期保存；另外 $K_2Cr_2O_7$ 氧化性较 $KMnO_4$ 弱，选择性较好；在 $c(HCl)<2mol\cdot L^{-1}$ HCl 介质中，$Cr_2O_7^{2-}$ 不能氧化 Cl^-，因此 $K_2Cr_2O_7$ 法可在 HCl 介质中进行。

重铬酸钾法的缺点是 $K_2Cr_2O_7$ 氧化性没有 $KMnO_4$ 强，应用范围相对窄，另外 $K_2Cr_2O_7$ 的颜色不是很深，滴定时需外加指示剂。

2. 应用实例与计算

（1）铁矿石中全铁含量的测定　试样一般用浓 HCl 加热分解，在此介质中用 $SnCl_2$ 将 Fe^{3+} 还原为 Fe^{2+}，过量的 $SnCl_2$ 用 $HgCl_2$ 氧化。然后在稀 H_2SO_4-H_3PO_4 混合酸中，以二苯胺磺酸钠为指示剂，用 $K_2Cr_2O_7$ 标准溶液滴定 Fe^{2+}。

（2）土壤中有机质的测定　土壤中有机质的含量是评价土壤肥力的重要指标。有机质的含量通过测定土壤中碳的含量换算。即在浓 H_2SO_4 存在下，加入过量 $K_2Cr_2O_7$ 标准溶液，将土壤中的碳在 170～180℃下氧化成 CO_2，剩余的 $K_2Cr_2O_7$ 以二苯胺磺酸钠为指示剂，用 $FeSO_4$ 标准溶液滴定，终点时溶液呈亮绿色。反应为

$$2K_2Cr_2O_7(\text{过量})+8H_2SO_4+3C = 2K_2SO_4+2Cr_2(SO_4)_3+3CO_2\uparrow+8H_2O$$

$$K_2Cr_2O_7(\text{剩余量})+6FeSO_4+7H_2SO_4 = Cr_2(SO_4)_3+K_2SO_4+3Fe_2(SO_4)_3+7H_2O$$

【例 7-2】 计算 $c\left(\frac{1}{6}K_2Cr_2O_7\right)=0.1010mol\cdot L^{-1}$ $K_2Cr_2O_7$ 标准溶液 $T(Fe/K_2Cr_2O_7)$ 和 $T(Fe_2O_3/K_2Cr_2O_7)$ 各为多少？称取铁试样 0.2801g，溶解后将 Fe^{3+} 还原为 Fe^{2+}，然后用该 $K_2Cr_2O_7$ 标准溶液滴定，用去 25.60mL，求试样含铁量，分别以 $\omega(Fe)$ 和 $\omega(Fe_2O_3)$ 表示。

解

$$T(Fe/K_2Cr_2O_7)=c\left(\frac{1}{6}K_2Cr_2O_7\right)\times M(Fe)\times 10^{-3}$$
$$=0.1010mol\cdot L^{-1}\times 55.85g\cdot mol^{-1}\times 10^{-3}$$
$$=0.005641g\cdot mL^{-1}$$

$$T(Fe_2O_3/K_2Cr_2O_7)=c\left(\frac{1}{6}K_2Cr_2O_7\right)\times M\left(\frac{1}{2}Fe_2O_3\right)\times 10^{-3}$$
$$=0.1010mol\cdot L^{-1}\times 79.84g\cdot mol^{-1}\times 10^{-3}$$
$$=0.008064g\cdot mL^{-1}$$

$$\omega(Fe)=\frac{T(Fe/K_2Cr_2O_7)V(K_2Cr_2O_7)}{m}=\frac{0.005641g\cdot mL^{-1}\times 25.60mL}{0.2801g}$$
$$=0.5156$$

$$\omega(Fe_2O_3)=\frac{T(Fe_2O_3/K_2Cr_2O_7)V(K_2Cr_2O_7)}{0.2801g}$$
$$=\frac{0.008064g\cdot mL^{-1}\times 25.60mL}{0.2801g}=0.7370$$

（3）水中化学耗氧量（COD）的测定　COD是环境监测中评价水质的重要指标，指水体中能被酸性$K_2Cr_2O_7$标准溶液氧化的还原性物质的总量。表示水体被有机物、亚硝酸盐、亚铁盐等的污染程度。测定方法是：取一定体积的水样在硫酸介质中，以Ag_2SO_4为催化剂，加入一定过量的$K_2Cr_2O_7$标准溶液，加热消解。反应后，以邻菲罗啉为指示剂，用$FeSO_4$标准溶液回滴剩余的$K_2Cr_2O_7$。分析结果以$\rho(COD)$，即$\rho(O_2)$表示，单位为$mg \cdot L^{-1}$。

除$K_2Cr_2O_7$法外，COD还可由$KMnO_4$法测定。由于$K_2Cr_2O_7$法氧化分解有机物的种类多、氧化率高、测定误差小、再现性好，因此，近年来被广泛应用。

三、碘量法

1. 方法简介

碘量法是利用I_2的氧化性和I^-的还原性进行滴定的分析方法。$\varphi^{\ominus}(I_2/I^-)=0.535V$，显然，$I_2$是较弱的氧化剂，$I^-$是中等强度的还原剂，能与许多氧化剂作用。因此，碘量法可以用直接和间接两种方式进行滴定，以淀粉为指示剂，利用蓝色的出现或消失来判断终点。

（1）直接碘量法（碘滴定法）　利用I_2的氧化性来测定还原性物质。指示剂为淀粉，蓝色生成示为终点。由于I_2的氧化性弱，所以该法只能测定较强的还原剂。如S^{2-}、$S_2O_3^{2-}$、SO_3^{2-}、AsO_3^{3-}、Sn^{2+}等。反应不能在碱性溶液中进行，否则I_2会发生歧化反应：

$$3I_2+6OH^- = IO_3^- +5I^- +3H_2O$$

（2）间接碘量法（滴定碘法）　利用I^-的还原性测定氧化性物质。首先加I^-还原氧化性物质，定量生成的I_2用$Na_2S_2O_3$标准溶液滴定，间接测定氧化性物质的含量。用淀粉作指示剂，蓝色消失为终点。

$$I_2+2S_2O_3^{2-} = S_4O_6^{2-}+2I^-$$

间接碘量法较直接碘量法应用范围广。可测定很多氧化性物质，如Cu^{2+}、CrO_4^{2-}、$Cr_2O_7^{2-}$、IO_3^-、BrO_3^-、AsO_4^{3-}、NO_3^-、H_2O_2等。

实际中注意要严格控制滴定条件。主要有：

① 溶液的酸度　$S_2O_3^{2-}$与I_2间的反应，必须在中性或弱酸性溶液中进行。碱性溶液中，除I_2发生歧化反应外，I_2与$S_2O_3^{2-}$还会发生副反应：

$$S_2O_3^{2-}+4I_2+10OH^- = 2SO_4^{2-}+8I^-+5H_2O$$

在强酸性溶液中，$Na_2S_2O_3$溶液会发生分解，同时I^-容易被空气中的O_2氧化：

$$S_2O_3^{2-}+2H^+ = SO_2\uparrow+S\downarrow+H_2O$$

$$4I^-+4H^++O_2 = 2I_2+2H_2O$$

② 防止I_2的挥发和I^-的氧化　碘量法误差的主要来源是I_2的挥发和I^-被

氧化。

防止 I_2 挥发：在 I_2 标准溶液或间接碘量法析出 I_2 的反应中，加入过量 KI 以与 I^- 形成 I_3^- 增大 I_2 的溶解度，并在室温下滴定，同时不要剧烈摇动，最好使用碘瓶（带有玻璃塞的锥形瓶）。

防止 I^- 被氧化：首先溶液的酸度不宜太高，否则会加快 O_2 氧化 I^- 的速率；其次去除 Cu^{2+}、NO_2^- 等能催化 O_2 对 I^- 氧化的物质；还要避光，因光照能促进 I^- 被空气中 O_2 氧化的速率；此外滴定速率亦应适当地加快。

碘量法中用淀粉作指示剂。在有少量 I^- 存在时，痕量的 I_2 与淀粉生成明显的蓝色吸附配合物，反应灵敏。实际中要注意溶液的酸度，显色反应在弱酸性溶液中最灵敏。淀粉在 $pH<2$ 的溶液中易水解成糊精，遇 I_2 显红色；在 $pH>9$ 的溶液中，I_2 因歧化生成 IO_3^- 而不显蓝色。另外淀粉溶液要现用现配，否则变色不敏锐。还要特别注意，间接碘量法中，在临近滴定终点时加入淀粉，否则大量的 I_2 与淀粉结合，会妨碍 $Na_2S_2O_3$ 对 I_2 的还原，增加滴定误差。

2. $Na_2S_2O_3$ 和 I_2 标准溶液的配制和标定

固体 $Na_2S_2O_3 \cdot 5H_2O$ 不纯并易风化，只能用间接法配制标准溶液。由于受水中的 CO_2、空气中的 O_2 及水中微生物的作用，$Na_2S_2O_3$ 溶液不稳定，易分解。因此，必须用新煮沸并冷却的蒸馏水配制，并加入少量 Na_2CO_3，贮于棕色瓶中，放置暗处。

标定 $Na_2S_2O_3$ 溶液的常用基准物质有 KIO_3、$KBrO_3$ 及 $K_2Cr_2O_7$ 等，其中用 $K_2Cr_2O_7$ 最为方便和准确。方法是在酸性溶液中，使一定量的 $K_2Cr_2O_7$ 与过量 KI 作用，定量析出 I_2，以淀粉为指示剂，用 $Na_2S_2O_3$ 溶液滴定 I_2。

$$c(Na_2S_2O_3)=\frac{m(K_2Cr_2O_7)}{M\left(\frac{1}{6}K_2Cr_2O_7\right)V(Na_2S_2O_3)\times 10^{-3}}$$

由升华法得到的纯碘，可以直接法配制标准溶液，但通常先配制一个近似浓度的溶液，然后再标定。标定 I_2 标准溶液常用 As_2O_3，也可用已标定好的 $Na_2S_2O_3$ 标准溶液来标定。

3. 应用实例与计算

（1）胆矾中铜的测定　胆矾（$CuSO_4 \cdot 5H_2O$）是农药波尔多液的主要原料，含铜量常用间接碘量法测定。试样在酸性溶液中，加入过量的 KI 与 Cu^{2+} 反应，析出的 I_2 用 $Na_2S_2O_3$ 标准溶液滴定。

$$2Cu^{2+}+4I^- = 2CuI\downarrow + I_2$$

由于 CuI 沉淀表面强烈地吸附 I_2，使测定结果偏低。为减少 CuI 对 I_2 的吸附，在大部分 I_2 被滴定后，加入 NH_4SCN，使 CuI 转化为溶解度更小的 CuSCN 沉淀：

$$CuI + SCN^- \xlongequal{} CuSCN\downarrow + I^-$$

CuSCN 沉淀吸附 I_2 的倾向小，能提高分析结果的准确度。注意 NH_4SCN 只能在接近终点时加入，否则 NH_4SCN 能直接还原 Cu^{2+} 使测定结果偏低：

$$6Cu^{2+} + 7SCN^- + 4H_2O \xlongequal{} 6CuSCN\downarrow + SO_4^{2-} + HCN + 7H^+$$

另外，反应要在酸性溶液中进行，以防止 Cu^{2+} 水解。常用的酸是 H_2SO_4 或 HAc，不宜用 HCl，因为 Cu^{2+} 与 Cl^- 易形成配离子。Fe^{3+} 容易氧化 I^- 生成 I_2 而使结果偏高，所以试样中若含有 Fe^{3+} 时，应分离除去或加入 NaF 使 Fe^{3+} 形成无色稳定 FeF_6^{3-} 配离子而被掩蔽。

$$\omega(Cu) = \frac{c(Na_2S_2O_3)V(Na_2S_2O_3)M(Cu)\times 10^{-3}}{m}$$

（2）漂白粉中有效氯的测定　漂白粉除主成分 Ca(OCl) Cl 外，还有 $CaCl_2$、$Ca(ClO_3)_2$ 及 CaO 等。漂白粉的质量以能释放出来的氯量作标准，称为有效氯，以 ω(Cl) 表示。

漂白粉中有效氯的测定是将试样在稀 H_2SO_4 介质中，加过量 KI，反应生成的 I_2 用 $Na_2S_2O_3$ 标准溶液滴定。

【例 7-3】 称软锰矿试样 1.0250g 溶于浓盐酸中，产生的氯气通入浓 KI 溶液后，将其稀释到 250.00mL。然后取 25.00mL，用 $c(Na_2S_2O_3)=0.1000mol\cdot L^{-1}$ $Na_2S_2O_3$ 标准溶液滴定，用去 20.02mL。计算软锰矿中 MnO_2 的含量。

解　有关反应如下：

$$MnO_2 + 4H^+ + 2Cl^- \xlongequal{} Mn^{2+} + Cl_2\uparrow + 2H_2O$$

$$Cl_2 + 2I^- \xlongequal{} I_2 + 2Cl^-$$

$$I_2 + 2S_2O_3^{2-} \xlongequal{} 2I^- + S_4O_6^{2-}$$

根据题意得

$$\omega(MnO_2) = \frac{c(Na_2S_2O_3)V(Na_2S_2O_3)M\left(\frac{1}{2}MnO_2\right)\times 10^{-3}}{1.0250g\times\frac{25.00mL}{250.00mL}}$$

$$= \frac{0.1000mol\cdot L^{-1}\times 20.02\times 10^{-3}L\times\frac{86.94}{2}g\cdot mol^{-1}}{\frac{1.0250g\times 25.00mL}{250.00mL}} = 0.8490$$

（3）维生素 C 的测定　维生素 C 又称抗坏血酸，是衡量蔬菜、水果食用部分品质的常用指标之一，维生素 C 分子中的烯醇基具有较强的还原性，能被定量氧化成二酮基。

```
 ┌──O────┐   H  OH            ┌──O──────┐   H  OH
 │       │   |  |             │         │   |  |
 C─C═C─C─C─CH  + I₂ ══ C─C─C─C─C─CH  + 2HI
 ‖ |  |  |  |  |              ‖ ‖ ‖ |  |  |
 O HO OH H OH H               O O O H OH H
```

用直接碘量法可直接滴定抗坏血酸量，一般在弱酸性（HAc）介质、避光等条件下滴定。酸度太强不利于反应进行，碱性条件除 I_2 会歧化外，会使抗坏血酸被空气中氧所氧化。

（4）葡萄糖含量的测定　I_2 与 NaOH 作用生成 NaIO，NaIO 能将葡萄糖定量地氧化成葡萄糖酸。剩余的 NaIO 在碱性条件下发生歧化反应，生成 $NaIO_3$ 和 NaI，酸化后相互作用析出 I_2，以 $Na_2S_2O_3$ 标准溶液回滴至终点。反应式及结果计算如下：

$$I_2+2OH^- = IO^- + I^- + H_2O$$

$$C_6H_{12}O_6+IO^- = C_6H_{12}O_7+I^-$$

$$3IO^- = IO_3^- + 2I^-$$

$$IO_3^- + 5I^- + 6H^+ = 3I_2 + 3H_2O$$

$$I_2 + 2S_2O_3^{2-} = S_4O_6^{2-} + 2I^-$$

$$\omega(C_6H_{12}O_6)=\frac{\left[c\left(\frac{1}{2}I_2\right)V(I_2)-c(Na_2S_2O_3)V(Na_2S_2O_3)\right]M\left(\frac{1}{2}C_6H_{12}O_6\right)\times10^{-3}}{m}$$

本法可用于测定医用葡萄糖注射液的浓度，测定前应将试液适量稀释。

氧化还原滴定法除上述方法外，还有铈量法、溴酸钾法和钒酸盐法等，在此不予讨论。

知识拓展　**关键词链接：氧化还原滴定误差，铈量法，溴酸钾法，钒酸盐法，亚硝酸钠法**

化学视野

滴定分析之父——盖·吕萨克

盖·吕萨克（Gay-Lussac J. L.），法国物理学家、化学家。1778 年 12 月生于圣莱奥纳尔，父亲是一位检察官。1797 年进入巴黎工艺学院，在著名化学家贝托雷（Berthollet. C. L.）等教授的指导下学习，1800 年毕业，在贝托雷的私人实验室当助手。1802 年任巴黎综合工科学校的辅导教师，后任化学教授。1802 年他证明，各种不同的气体随温度的升高都以相同的数量膨胀。1804 年同比奥（Jean-Baptiste Biot）一起进行了一次气球升空试验，后来他自己又做了一次。1805 年研究空气的成分，证实氧气和氢气按 1：2 的体积比可制取水。他和泰纳洋利用钾来处理氧化硼时首次得到了硼。1809 年他发现，几种气体形成化合物时，体积是按很小的整数比化合的，这就是著名的气体化合体积定律即盖·吕萨克定律，在化学原子分子学说的发展历史上起到重要作用。1802年他发现了气体热膨胀定律。1813年为碘命名。1815年发现氰基，并弄清它作为一个有机基团的性质。1827年提出建造硫酸废气吸收塔，但直至1842年才被应用，被称为盖·吕萨克塔。1806年盖·吕萨克当选为法国科学院院士。1826年被选为彼得堡科学院的名誉院士。1831年被选为法国下院议员，1832年任法国自然历史博物馆化学教授。1839年他又进入上院，作为一名立法委员度过了他的晚年。1850年5月卒于巴黎。

滴定分析法的建立也应归功于盖·吕萨克。1824年他发表漂白粉中有效氯的测定，用磺化靛青作指示剂。随后他用硫酸滴定草木灰（主要成分是碳酸钾），又用氯化钠滴定硝酸银。这3项工作分别代表氧化还原滴定法、酸碱滴定法和沉淀滴定法。配位滴定法创自李比希，他用银（Ⅰ）滴定氰根离子。鉴于盖·吕萨克在滴定分析法方面所做的系统工作，被后人尊称为滴定分析之父。

盖·吕萨克具有敏捷的思维、高超的实验技巧和强烈的事业心，善于运用经验性规律的科学方法，尤其难得的是他尊重事实，不迷信权威，甚至当他的导师与别人争论学术问题时，也能如实汇报与导师意见相左的实验结果。

本章小结

氧化还原滴定法以氧化剂或还原剂为标准溶液，能直接测定具有氧化还原性的物质，间接测定能与氧化剂或还原剂发生定量反应的物质。在实际应用中要注意滴定速率与反应速率相适应。影响反应速率的主要因素有反应物的浓度、温度、催化剂和诱导作用等。

条件电势是校正了各种外界因素后得到的电极电势，它随着活度系数和副反应系数而变化，与介质的种类有关。

一般来说，当两电对的条件电势之差大于0.4V时，该氧化还原反应可用于滴定分析。

氧化还原滴定曲线一般通过实验方法测得，也可以由能斯特公式从理论上计算。其突跃范围与两电对的条件电势之差有关。差值越大，突跃越长。一般地两个电对的条件电势之差大于0.2V时，突跃范围才明显。另外，介质不同，曲线的形状和滴定突跃的长短也将改变。

氧化还原滴定法终点的确定，除了用电势法外，还可以用自身指示剂、特殊指示剂及氧化还原指示剂来确定。

常见氧化还原滴定法主要有高锰酸钾法、重铬酸钾法及碘量法等。

思考与练习

1. 氧化还原滴定法的特点是什么？举例说明如何创造条件，使反应符合滴定分析要求。

2. 条件电势与标准电势有何不同？影响条件电势的外界因素有哪些？

3. 氧化还原滴定法准确滴定的条件是什么？影响突跃范围的因素有哪些？计量点电势如何计算并怎样判断计量点电势在突跃范围中的位置？

4. 选择题

(1) 氧化还原滴定法中计量点电势在滴定突跃范围的位置在（　　）。

A. 中间　　B. 偏向于氧化剂电势的一端

C. 偏向于还原剂电势的一端　　D. 以上都可能

(2) 碘量法测定 Cu^{2+} 的实验中，加入过量 KI 的作用是（　　）。

A. 还原剂、沉淀剂、配位剂　　B. 氧化剂、配位剂、掩蔽剂

C. 沉淀剂、指示剂、催化剂　　D. 缓冲剂、配位剂、预处理剂

5. 氧化还原滴定法计量点电势的位置可能在突跃范围的（　　）或（　　）。

6. 对比 $KMnO_4$ 法和 $K_2Cr_2O_7$ 法的优点和不足。

7. 对比直接碘量法和间接碘量法的异同点，为什么直接碘量法指示剂淀粉在临近终点时加入？

8. 确定下列反应氧化剂和还原剂的基本单元。

(1) $FeSO_4 + K_2Cr_2O_7 + H_2SO_4 \longrightarrow Fe_2(SO_4)_3 + Cr_2(SO_4)_3 + K_2SO_4 + H_2O$

(2) $I_2 + Na_2S_2O_3 \longrightarrow NaI + Na_2S_4O_6$

(3) $MnO_4^- + C_2O_4^{2-} + H^+ \longrightarrow Mn^{2+} + CO_2 + H_2O$

(4) $AsO_3^{3-} + I_2 + H_2O \longrightarrow AsO_4^{3-} + I^- + H^+$

(5) $KBrO_3 + KI + H_2SO_4 \longrightarrow I_2 + KBr + H_2O$

9. 用 20.00mL $KMnO_4$ 溶液，恰能氧化 0.1500g 的 $Na_2C_2O_4$，计算 $KMnO_4$ 溶液的浓度 $c\left(\frac{1}{5}KMnO_4\right)$。

10. 将 0.1602g 石灰石试样溶解在 HCl 溶液中，然后将钙沉淀为 CaC_2O_4，沉淀在稀 H_2SO_4 溶液中，用 $KMnO_4$ 标准溶液滴定，用去 20.70mL。已知 $KMnO_4$ 溶液对$CaCO_3$ 滴定度为 $0.006020g \cdot mL^{-1}$，求石灰石中 $CaCO_3$ 的含量。

11. 在 0.1275g 纯 $K_2Cr_2O_7$ 的溶液中，加入过量 KI 溶液，析出的 I_2 用 $Na_2S_2O_3$ 标准溶液滴定，用去 22.85mL，求 $c(Na_2S_2O_3)$ 为多少？

12. 含 KI 试样 0.3500g，在 H_2SO_4 溶液中加入纯 K_2CrO_4 0.1940g 处理，煮沸除去生成的 I_2。然后加入过量的 KI，使之与剩余的 K_2CrO_4 作用，析出的 I_2 用 $c(Na_2S_2O_3) = 0.1000mol \cdot L^{-1}$ $Na_2S_2O_3$ 溶液滴定，用去 10.00mL，求 KI 的含量。

13. 30.00mL $KMnO_4$ 溶液恰能氧化一定质量的 $KHC_2O_4 \cdot H_2O$，同样质量的 $KHC_2O_4 \cdot H_2O$ 又恰能被 25.20mL $c(KOH) = 0.2000mol \cdot L^{-1}$ KOH 溶液中和，计算 $c\left(\frac{1}{5}KMnO_4\right)$是多少。

14. 土壤试样 1.300g，用重量法得 Al_2O_3 及 Fe_2O_3 共 0.1200g，将此氧化物用酸

溶解并使铁还原后，用 $c\left(\frac{1}{5}KMnO_4\right)=0.01600mol \cdot L^{-1}$ 的 $KMnO_4$ 溶液滴定，用去25.00mL。计算土壤中 Al_2O_3 和 Fe_2O_3 的含量。

15. The amount of Fe in a 0.4891g sample of an ore was determined by a redox titration with $K_2Cr_2O_7$. The sample was dissolved in HCl and the iron brought into the +2 oxidation state using a Jones reductor. Titration to the diphenylamine sulfonic acid end point required 36.92mL of $0.02153mol \cdot L^{-1}$ $K_2Cr_2O_7$. Report the iron content of the ore as $\%w/w$ Fe_2O_3.

16. A 25.00mL sample of a liquid bleach was diluted to 1000mL in a volumetric flask. A 25.00mL portion of the diluted sample was transferred by pipet into an Erlenmeyer flask and treated with excess KI, oxidizing the OCl^- to Cl^-, and producing I_3^-. The liberated I_3^- was determined by titrating with $0.09892mol \cdot L^{-1}$ $Na_2S_2O_3$, requiring 8.96mL to reach the starch indicator end point. Report the $\%w/v$ NaOCl in the sample of bleach.

第八章　沉淀重量分析法

教学目标

1. 了解重量分析法原理及特点，理解沉淀类型和影响沉淀溶解度的因素。

2. 掌握提高沉淀纯度的方法及不同类型沉淀的沉淀条件选择。

第一节　概　　述

一、重量分析法的分类和特点

重量分析法是通过称量物质的质量进行分析测定的方法。通常先使被测组分与试样中其他组分分离，转化为一定的称量形式并称重，由称得的质量计算该组分的含量。该法包括分离和称量两个过程，根据被测组分的分离方法不同分为以下几种方法。

1. 挥发法（汽化法）

通过加热等方法使试样中的被测组分汽化逸出，根据试样重量的减轻计算该组分的含量。例如，测定试样的含水量，将试样在105～110℃烘干至恒重，根据加热后减少的重量，算出样品的含水量。或者将逸出的水汽用已知重量的干燥剂吸收，干燥剂增加的重量，即为水分重量，得知样品含水量。该法适用于挥发性组分的测定。

2. 沉淀法

使被测组分生成沉淀，将沉淀过滤、洗涤、烘干或灼烧，最后称重，计算其含量。例如，测定试样中的钡，可在制备好的溶液中加入过量稀 H_2SO_4，根据生成 $BaSO_4$ 沉淀的质量，求出试样中含钡量。

3. 提取法

利用被测组分与其他组分在互不相溶的两种溶剂中分配比的不同，加入某种提取剂使被测组分定量转移到提取剂中而与其他组分分离，然后逐去提取剂，根据干燥提取物的质量，计算被测组分的含量。

4. 电解法

通过电解使被测金属离子以单质或氧化物的形式析出，然后称量以求得被测物的含量。

上述方法中以沉淀法应用较多，其理论和基本操作，是分析化学中分离提纯的重要基础，也是本章讨论的重点。

重量分析法用分析天平称量直接获得分析结果，不用基准物质或标准试样比较，准确度高，相对误差一般为0.1%～0.2%。实际中常以重量分析法的测定结果为标准，校对其他分析方法的准确度。常量元素硅、硫、磷、镍及各种稀有元素的精确测定仍采用此法。但该法操作烦琐、费时，不适于微量或痕量组分的测定，已逐渐被其他快速分析方法取代。

二、重量分析法对沉淀的要求

1. 沉淀形式和称量形式

利用沉淀反应进行重量分析时，首先将试样分解制成溶液，然后加沉淀剂，使被测组分沉淀析出，这时的沉淀称为沉淀形式。沉淀形式经过滤、洗涤、烘干或灼烧，转化成有固定组成、不含水分的称量形式，最后称量，从而计算被测组分含量。

沉淀形式与称量形式可能相同，也可能不同。如 SO_4^{2-} 和 Ca^{2+} 的测定：

$$SO_4^{2-} + BaCl_2 \longrightarrow BaSO_4 \xrightarrow[\text{洗涤}]{\text{过滤}} \xrightarrow[\text{灼烧}]{800℃} BaSO_4$$

$$Ca^{2+} + H_2C_2O_4 \longrightarrow CaC_2O_4 \cdot H_2O \xrightarrow[\text{洗涤}]{\text{过滤}} \xrightarrow[\text{灼烧}]{1100℃} CaO$$

试液　　沉淀剂　　沉淀形式　　称量形式

前一测定中沉淀形式与称量形式相同，后一测定中则不同。

为保证结果准确且操作简便，沉淀形式和称量形式要满足一些要求。

2. 对沉淀形式和称量形式的要求

沉淀形式要溶解度小、纯度高，以保证被测组分沉淀完全和结果准确。最好是粗大的晶形沉淀，若是无定形沉淀，要通过控制沉淀条件，使沉淀易于过滤和洗涤。沉淀形式要易于转变为称量形式。

称量形式要组成恒定，性质稳定，不受空气中水分、CO_2 和 O_2 等的影响，否则无法计算分析结果，影响准确度。称量形式最好摩尔质量大，以减少称量误差，提高测定的准确度。

例如，用重量分析法测定 Al^{3+} 时，加氨水使之沉淀为 $Al(OH)_3$，后灼烧成 Al_2O_3 称重。也可以用8-羟基喹啉沉淀为8-羟基喹啉铝（$(C_9H_6NO)_3Al$）烘干后称重。分析天平称量的绝对误差一定，显然，用后一种方法测定的准确度更高。

第二节　沉淀的溶解度及其影响因素

重量分析法要求沉淀反应进行得完全，即沉淀的溶解度小。通常要求被测组分在溶液中的残留量小于分析天平的称量误差（±0.2mg）。但很多沉淀物不能满足这一要求。例如，在1000mL水中，$BaSO_4$ 和 $MgNH_4PO_4$ 的溶解度分别为0.0023g和0.0086g，假定溶液和洗涤液的总体积为500mL，则因溶解而使 $BaSO_4$ 和 $MgNH_4PO_4$ 损失掉0.0012g和0.0043g。可见，如何减少沉淀的溶解损失，保证分析结果的准确度是重量分析的重要问题。

一、沉淀的溶解度

难溶化合物 MA 在水中溶解并达到平衡状态时，除了有 M^+ 和 A^- 外，还有未离解的分子状态的 MA。根据 MA（固）和 MA（水）之间的沉淀平衡，得到

$$\frac{a[\mathrm{MA(水)}]}{a[\mathrm{MA(固)}]}=K_1$$

因纯固体物质的活度 $a[\mathrm{MA(固)}]$ 等于 1，故

$$a[\mathrm{MA(水)}]=K_1=s^0 \tag{8-1}$$

可见，溶液中分子状态 MA（水）的浓度为一常数。s^0 称为该物质的固有溶解度或分子溶解度。各种难溶化合物的固有溶解度相差很大，一般在 10^{-6}～$10^{-9}\mathrm{mol\cdot L^{-1}}$之间。根据 MA 在水中的溶解平衡，有如下关系：

$$K_2=\frac{a(\mathrm{M^+})a(\mathrm{A^-})}{a[\mathrm{MA(水)}]}$$

将式(8-1) 代入上式得

$$K_2s^0=a(\mathrm{M^+})a(\mathrm{A^-})=K_{ap} \tag{8-2}$$

K_{ap}称为该难溶化合物的活度积。活度与浓度之间的关系为

$$[a(\mathrm{M^+})]=[\mathrm{M^+}]f(\mathrm{M^+})$$

$$[a(\mathrm{A^-})]=[\mathrm{A^-}]f(\mathrm{A^-})$$

$f(\mathrm{M^+})$ 和 $f(\mathrm{A^-})$ 分别为 M^+ 和 A^- 的活度系数，代入式(8-2) 得

$$\begin{aligned}[a(\mathrm{M^+})][a(\mathrm{A^-})]&=f(\mathrm{M^+})[\mathrm{M^+}]f(\mathrm{A^-})[\mathrm{A^-}]\\&=f(\mathrm{M^+})f(\mathrm{A^-})K_{sp}^{\ominus}=K_{ap}\end{aligned}$$

$$K_{sp}^{\ominus}=[\mathrm{M^+}][\mathrm{A^-}]=\frac{K_{ap}}{f(\mathrm{M^+})f(\mathrm{A^-})} \tag{8-3}$$

式中，$K_{sp}^{\ominus}$为难溶化合物的溶度积。

严格说来，溶度积与离子强度有关。但由于难溶化合物的溶解度一般很小，溶液中的离子强度不大，所以可不考虑离子强度的影响，认为 $K_{sp}^{\ominus}=K_{ap}$。

二、影响沉淀溶解度的因素

1. 同离子效应和盐效应

同离子效应和盐效应对沉淀溶解度都有影响。考虑同离子效应的影响，沉淀剂过量为宜，但若过量太多，反而由于盐效应或其他副反应的发生使沉淀的溶解度增大。一般沉淀剂以过量 50%～100%为宜，对于非挥发性沉淀剂，一般以过量 20%～30%为宜。

盐效应的产生是由于离子浓度增大，使离子强度增大，使活度系数减小（小于 1）。从式(8-3) 知，一定温度下，$K_{sp}^{\ominus}$ 为常数，当活度系数减小时，必引起 $[\mathrm{M^+}]$ 和 $[\mathrm{A^-}]$ 增大，即沉淀的溶解度增大。强电解质盐的浓度越大，离子和沉淀的构晶离子电荷越高，影响越大。一般来说，若沉淀溶解度很小，盐效应的影响也很小，可不予考虑。只有当沉淀的溶解度较大，且溶液的离子强度很高

时，才考虑盐效应的影响。

2. 酸效应

溶液酸度对沉淀溶解度的影响称为酸效应。这方面的影响较复杂。例如，对于 M_mA_n 沉淀，金属离子 M^{n+} 和酸根离子 A^{m-} 都可发生酸碱反应。这些反应都影响沉淀反应进行的完全程度，并能增加沉淀的溶解度。定量处理这样的问题比较困难。

例如，以二元弱酸 H_2A 中 A^{2-} 形成的沉淀为例。计算时不考虑金属离子的水解。形成的沉淀 MA，在溶液中有下列平衡：

$$\mathrm{MA(固)} \rightleftharpoons M^{2+} + A^{2-}$$

$$A^{2-} \underset{K^{\ominus}_{a_2}}{\overset{H^+}{\rightleftharpoons}} HA^- \underset{K^{\ominus}_{a_1}}{\overset{H^+}{\rightleftharpoons}} H_2A$$

当溶液中 H^+ 浓度增大时，平衡向右移动生成 HA^-，H^+ 浓度再大，甚至生成 H_2A，破坏了 MA 的沉淀平衡，使 MA 进一步溶解，甚至全部溶解。

设 MA 的相对溶解度为 s，则

$[M^{2+}]=s$

$[A^{2-}]+[HA^-]+[H_2A]=c(A^{2-})/c^{\ominus}=s$

$[M^{2+}][A^{2-}]=s[c(A^{2-})/c^{\ominus}]\alpha(A^{2-})=s^2\alpha(A^{2-})=K^{\ominus}_{sp}$

$$s=\sqrt{\frac{K^{\ominus}_{sp}}{\alpha(A^{2-})}}=\sqrt{K^{\ominus}_{sp}\alpha[A^{2-}(H)]}$$

式中，$\alpha(A^{2-})$ 为 A^{2-} 的分布系数；$\alpha[A^{2-}(H)]$ 为酸效应系数，两者互为倒数。所以酸效应能增加沉淀的溶解度。

【例 8-1】 比较 CaC_2O_4 在 pH=4.0 和 pH=2.0 时的溶解度。已知：$K^{\ominus}_{sp}=2.32\times10^{-9}$，$H_2C_2O_4$ 的 $K^{\ominus}_{a_1}=5.9\times10^{-2}$，$K^{\ominus}_{a_2}=6.4\times10^{-5}$。

解　设 CaC_2O_4 在 pH=4.0 时的相对溶解度为 s_1，因为

$$\alpha(C_2O_4^{2-})=\frac{K^{\ominus}_{a_1}K^{\ominus}_{a_2}}{[H^+]^2+K^{\ominus}_{a_1}[H^+]+K^{\ominus}_{a_1}K^{\ominus}_{a_2}}=0.39$$

所以

$$s_1=\sqrt{\frac{K^{\ominus}_{sp}}{\alpha(C_2O_4^{2-})}}=\sqrt{\frac{2.32\times10^{-9}}{0.39}}=7.7\times10^{-5}$$

同理计算出，pH=2.0 时 $\alpha(C_2O_4^{2-})=0.0054$，$CaC_2O_4$ 的溶解度 $s_2=6.55\times10^{-4}$。显然

$$s_2/s_1=8.5(倍)$$

酸效应对不同类型沉淀的溶解度影响不同。通常，对强酸盐沉淀的溶解度影响较小，对弱酸盐沉淀的溶解度影响大，且组成盐的酸越弱，影响越大。因此，在进行沉淀时，应根据沉淀的性质控制适当的酸度。

3. 配位效应

若溶液中存在能与构晶离子生成可溶性配合物的配位剂，则会使沉淀的溶解度增大，这种影响称为配位效应。配位效应使沉淀溶解度增大的程度与配位剂的浓度、生成的配合物稳定性有关，配位剂的浓度越大，生成的配合物越稳定，沉淀的溶解度增加越大。

有时沉淀剂本身是配位剂，沉淀反应中既有同离子效应，降低沉淀的溶解度，又有配位效应，增大沉淀的溶解度。如果沉淀剂适当过量，同离子效应起主导作用。反之沉淀剂过量太多，则配位效应起主导作用，沉淀溶解度反而增大。

图 8-1 是 Cl^- 浓度的负对数（pCl^-）对 AgCl 溶解度的影响。显然，[Cl^-] 低时，AgCl 溶解度大；[Cl^-] 增大，AgCl 因同离子效应溶解度降低，[Cl^-] 再增大时，由于 $AgCl_2^-$、$AgCl_3^{2-}$、$AgCl_4^{3-}$ 等一系列配离子的形成，使 AgCl 的溶解度又明显增大。

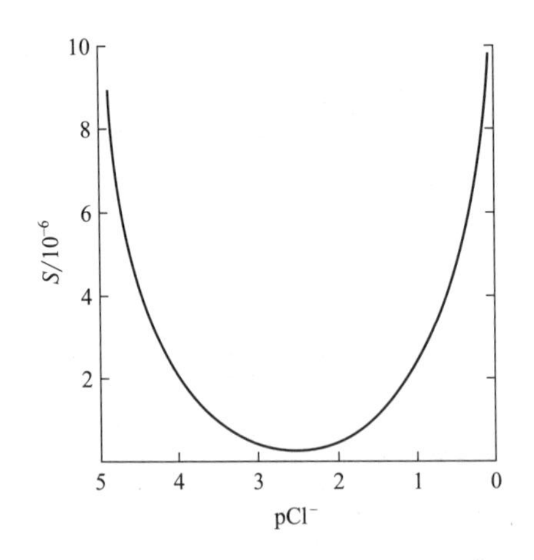

图 8-1 AgCl 沉淀的溶解度与 pCl^- 的关系

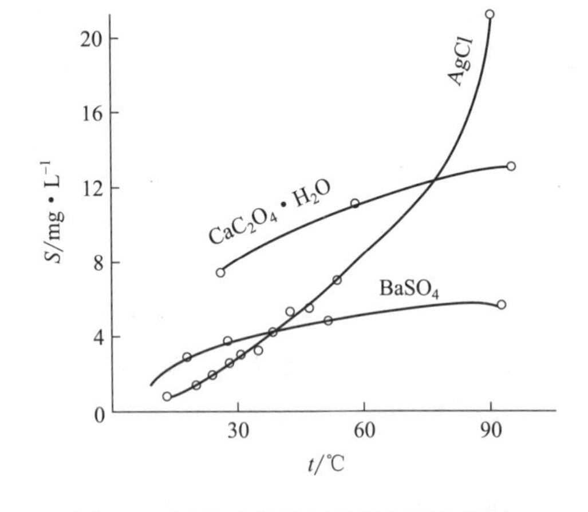

图 8-2 温度对几种沉淀溶解度的影响

4. 影响沉淀溶解度的其他因素

（1）温度　大多数无机盐沉淀的溶解度随温度升高而增大，如图 8-2 所示。通常沉淀反应在热溶液中进行，沉淀完成后要经过陈化。因此在热溶液中溶解度较大的沉淀，如 CaC_2O_4 和 $MgNH_4PO_4 \cdot 6H_2O$ 等，必须冷却到室温后再进行过滤等操作。

（2）溶剂　大多数无机盐在有机溶剂中的溶解度比在纯水中小，若水溶液中加入一些与水能混溶的有机溶剂，如乙醇，可显著降低沉淀的溶解度。例如钾盐一般在水中易溶，用重量法测定 K^+ 的 K_2PtCl_6 沉淀，在水中的溶解度仍较大，加入乙醇则可使其定量沉淀。

(3) 沉淀颗粒大小　对同种沉淀来说，颗粒越小溶解度越大。因为小晶体比大晶体有更多的角、边和表面，处于这些位置的离子受晶体内离子的吸引小，受溶剂分子的作用大，易进入溶液中，溶解度较大。因此在沉淀形成后，常将沉淀和母液一起放置一段时间，使小结晶逐渐转化为大结晶，这一过程叫沉淀的陈化，有利于沉淀的过滤与洗涤。

沉淀的性质不同，颗粒大小对溶解度的影响程度不同。如 $BaSO_4$ 沉淀，小颗粒比大颗粒溶解度大得多。而 AgCl 沉淀大小颗粒溶解度相差不大。

(4) 沉淀结构　有些沉淀在初生成时为亚稳定型结构，放置后逐渐转化为稳定型结构，由于两者结构不同，溶解度亦各异。一般亚稳定型的溶解度较大，所以沉淀能自发地转化为稳定型。例如，初生成的 CoS 沉淀为 α 型，放置后转化为溶解度更小的 β 型。

(5) 形成胶体　无定形沉淀很容易形成胶体溶液，在极端情况下，已经凝聚的沉淀还会因为再次形成胶体而重新分散在溶液中（这一过程称为“胶溶”）。胶体粒径小，很容易透过滤纸而引起损失，通常采取在溶液中加入大量电解质的措施，破坏胶体的形成。

第三节　沉淀的形成和沉淀的纯度

一、沉淀的类型和形成过程

沉淀根据颗粒大小，粗略地分为晶形沉淀（颗粒直径约为 0.1～1μm，如 $BaSO_4$）、无定形沉淀（颗粒直径约为 0.02μm，如 $Fe_2O_3 \cdot xH_2O$）两类。介于两者之间的是凝乳状沉淀，如 AgCl。

沉淀类型决定于沉淀的性质、形成条件及沉淀的处理过程。重量分析中希望得到颗粒较大的晶状沉淀，因为易于过滤和洗涤，减小溶解损失，同时沉淀的总表面积小，沾污亦小，纯度高。因此了解各种类型沉淀的生成过程及如何控制沉淀条件对于重量分析十分重要。

沉淀形成过程复杂，有关理论多是定性解释或经验描述，这里只简单介绍。

沉淀的形成过程大致为

$$\text{构晶离子} \xrightarrow{\text{成核作用}} \text{晶核} \xrightarrow{\text{长大过程}} \text{沉淀颗粒} \begin{cases} \xrightarrow{\text{凝聚}} \text{无定形沉淀} \\ \xrightarrow[\text{定向排列}]{\text{成长}} \text{晶体沉淀} \end{cases}$$

当溶液呈过饱和状态时，构晶离子因静电作用缔结成晶核。晶核一般有 4～8 个构晶离子或 2～4 个离子对。例如，$BaSO_4$ 的晶核有 8 个构晶离子即 4 个离子对。这种过饱和溶液从均匀液相中自发产生晶核的过程称为均相成核。与此同时，在溶液和容器中不可避免地存在大量肉眼看不见的固体微粒。例如，1g 化学试剂含有不少于 10^{10} 个不溶微粒。烧杯壁上也附有许多 5～10mm 长的“玻璃核”。这些外来杂质也起晶核作用，这个过程称为异相成核。

晶核形成后，过饱和溶液的溶质在晶核上沉积出来，晶核逐渐长大为沉淀颗粒。沉淀颗粒的大小由晶核形成速率和晶粒成长速率的相对大小决定。如果前者小于后者，构晶离子易定向排列而获得较大的沉淀颗粒；反之，如果晶核生成极快势必形成大量微晶，使过剩溶质消耗殆尽而难于长大，只能聚积得到细小的胶状沉淀。冯·韦曼提出了一个经验公式，即沉淀生成的初始速率（即晶核形成速率）与溶液的相对过饱和度成正比：

$$\text{沉淀初始速率}=K\frac{Q-s}{s}$$

式中，Q 为开始沉淀瞬间溶质的总浓度；s 为晶核的溶解度；$Q-s$ 为过饱和度；$(Q-s)/s$ 为相对饱和度；K 为常数，它与沉淀的性质、温度、介质等因素有关。

溶液的相对过饱和度越小，晶核形成速率越慢，越易得到大颗粒沉淀。

二、沉淀的纯度

当沉淀从溶液中析出时，不可避免地夹带溶液中其他组分。所以要了解沉淀形成过程中杂质混入的原因，找出解决问题的方法。

1. 沉淀不纯原因

（1）共沉淀　溶液中某些可溶性杂质随难溶物一起沉淀下来的现象称为共沉淀现象。其原因大致有以下几种。

① 表面吸附　沉淀表面，特别是棱角，存在自由力场，能选择性吸附溶液中某些离子而使沉淀微粒带电。带电微粒又吸引溶液中异号离子，使沉淀粒子的表面吸附一层杂质分子。例如，用 $BaCl_2$ 沉淀 SO_4^{2-} 时，溶液中除过量 $BaCl_2$ 外，若存在 Fe^{3+}、Na^+、NO_3^- 等离子，$BaSO_4$ 沉淀首先吸附组成相关的 Ba^{2+}，再吸引溶液中的阴离子，由于 $Ba(NO_3)_2$ 的溶解度比 $BaCl_2$ 小得多，因此这时吸附 NO_3^- 而不是 Cl^-，结果使 $BaSO_4$ 沉淀表面形成了 Ba^{2+} 和 NO_3^- 的吸附层，造成沉淀不纯。

吸附现象除与被吸附物质的溶解度有关外，还与杂质的性质、浓度和溶液的温度及沉淀表面积等有关。高价离子比低价离子易被吸附，杂质浓度大和沉淀表面积大易被吸附。因吸附过程放热，所以温度低吸附量也大。表面吸附现象可通过洗涤的办法抑制。

② 吸留　在沉淀过程中，如果沉淀生成太快，表面吸附的杂质尚未离开沉淀表面就被生成的沉淀所覆盖，使杂质留在沉淀内部。这种共沉淀现象称为吸留。吸留是造成晶形沉淀沾污的主要原因，不能用洗涤的方法除去，应当通过沉淀陈化或重结晶的方法予以减少。

③ 生成混晶 如果溶液中杂质离子与沉淀构晶离子的半径相近、带电荷相同、晶体结构相似，则形成混晶共沉淀。如 $BaSO_4$、$PbSO_4$、AgCl、AgBr 等。生成混晶的过程是化学平衡过程，所以改变沉淀条件和加强沉淀后的处理、洗涤和陈化，甚至再沉淀都没有很大的效果，减少或消除混晶生成的最好方法是将这些杂质事先分离除去。

（2）后沉淀 沉淀在放置过程中，溶液中的杂质离子慢慢沉淀到原沉淀表面的现象称为后沉淀。例如，在含有 Cu^{2+}、Zn^{2+} 等离子的酸性溶液中，通入 H_2S 时最初得到的 CuS 沉淀中并不夹杂 ZnS。但如果沉淀与溶液长时间接触，由于 CuS 沉淀表面吸附 S^{2-}，且浓度不断增加，使 ZnS 的离子积大于溶度积，则在 CuS 沉淀表面上析出了 ZnS 沉淀。后沉淀所引入的杂质的量较共沉淀多，且随沉淀放置时间的延长而增多，因此，防止后沉淀现象发生，对某些沉淀的陈化时间不宜过长。

2. 提高沉淀纯度的方法

（1）选择适当的分析步骤 例如，测定试样中某少量组分的含量时，不要首先沉淀大量组分，否则由于大量沉淀的析出，使部分少量组分混入沉淀中，引起测定误差。

（2）选择合适的沉淀剂 例如，选用有机沉淀剂常可减少共沉淀现象。

（3）改善沉淀条件 沉淀条件包括溶液浓度、温度、试剂的加入次序和速率及陈化情况等。它们对沉淀的影响情况见表 8-1。

表 8-1 沉淀条件对沉淀纯度的影响（+：提高纯度，－：降低纯度，0：影响不大）

沉淀条件	混晶	表面吸附	吸留或包夹	后沉淀
稀释溶液	0	+	+	0
搅拌	0	+	+	0
慢沉淀	不定	+	+	－
陈化	不定	+	+	+
加热	不定	+	+	－
洗涤沉淀	0	+	0	0
再沉淀	+①	+	+	+

① 有时再沉淀也无效果，则应选用其他沉淀剂。

（4）改变杂质的存在形式 例如，沉淀 $BaSO_4$ 时，将 Fe^{3+} 还原为 Fe^{2+}，或者用 EDTA 将其配位，减少 Fe^{3+} 的共沉淀。

（5）再沉淀 将已得到的沉淀过滤后溶解，再进行第二次沉淀，由于溶液中杂质量降低，共沉淀或后沉淀现象减少。

（6）洗涤和分离 选择适当的洗涤剂洗涤，或及时分离沉淀，防止后沉淀现象发生。

当上述措施均使沉淀的纯度提高不大时，可测定杂质含量，然后对分析结果进行校正。

第四节　沉淀条件的选择

为了得到纯净且易过滤和洗涤的沉淀，对不同类型的沉淀，应选择不同的沉淀条件。

一、晶形沉淀的沉淀条件

（1）在稀溶液中进行沉淀　因为稀溶液的相对过饱和度小，均相成核作用不显著，易得到晶形沉淀。

（2）在热溶液中进行沉淀　一般地说，沉淀的溶解度随温度升高而增大，沉淀吸附杂质的量随温度升高而减少。在热溶液中进行沉淀，使沉淀溶解度增大，溶液的相对过饱和度降低，有利于获得大的晶粒，同时能减少杂质的吸附量使沉淀纯净。但对于溶解度大的沉淀，在热溶液中析出沉淀后，宜冷却至室温后再过滤，以减小溶解损失。

（3）在不断搅拌下缓慢加入沉淀剂　通常，当一滴沉淀剂加入溶液中时，由于来不及扩散，在两溶液混合处沉淀剂浓度高。这种局部过浓现象，使该部分溶液的相对过饱和度大，产生严重的均相成核作用，形成大量晶核，使沉淀的颗粒小、纯度差。在不断搅拌下缓慢地加入沉淀剂，可以减小这一现象的发生。

（4）陈化　陈化可以使小晶粒转化为大晶粒，且能使晶粒转化得更完整，缩短陈化时间。因为加热和搅拌能增加沉淀的溶解速率和离子在溶液中的扩散速率。陈化作用还能使沉淀更纯净。因为晶粒变大后，吸附杂质减少，原来吸附、吸留的杂质，重新进入溶液。但陈化作用有时会使伴有混晶共沉淀的沉淀纯度降低。

二、无定形沉淀的沉淀条件

无定形沉淀大都溶解度低，颗粒微小，体积大，吸附杂质多，难于过滤和洗涤，甚至易形成溶胶而无法沉淀。对于这种类型的沉淀，要使其聚集紧密，防止胶体形成，同时尽量减少杂质的吸附，使沉淀纯净。

（1）一般在较浓的热溶液中进行沉淀　加入沉淀剂不能太慢。在浓、热溶液中离子的水化程度弱，得到的沉淀结构紧密、含水量低，易聚沉。热溶液还能防止溶胶的生成，减少杂质的吸附。但浓溶液同时也提高了杂质的浓度。为此，在沉淀完毕后迅速加入大量热水稀释并搅拌，降低溶液中杂质的浓度，破坏吸附平衡，使吸附的杂质易进入溶液。

（2）在大量电解质存在下进行沉淀　使带电荷的胶粒凝聚、沉降。电解质常用灼烧时易挥发的铵盐，如 NH_4Cl、NH_4NO_3 等，这样有利于减少其他杂质的吸附。已凝聚好的沉淀在过滤洗涤时，由于电解质浓度降低，沉淀易变成胶体而穿透滤纸，这种现象叫胶溶。为防止这一现象的发生，应当用稀的、易挥发的电解质热溶液来洗涤。

（3）无定形沉淀聚沉后应立即趁热过滤，不必陈化　因为陈化不仅不能改善沉淀的形状，反而使沉淀更趋黏结，杂质难于洗涤。同时趁热过滤能缩短过滤洗涤的时间。

（4）再沉淀　无定形沉淀吸附杂质严重，一次沉淀很难保证纯度，最好是将沉淀过滤后，溶解再沉淀。

三、均匀沉淀法的沉淀条件

均匀沉淀法就是通过缓慢的化学反应过程，逐步地、均匀地在溶液中产生沉淀剂，使沉淀在整个溶液中均匀缓慢地形成。避免沉淀剂的局部过浓现象，生成的沉淀颗粒较大。

如沉淀 CaC_2O_4 时在酸性含 Ca^{2+} 试液中加入过量草酸和尿素，加热，尿素水解生成 NH_3：

$$CO(NH_2)_2+H_2O=CO_2+2NH_3$$

生成的 NH_3 均匀地分布于整个系统，逐渐降低溶液的酸度，$C_2O_4^{2-}$ 的浓度逐渐增加，均匀而缓慢生成大颗粒和纯净的 CaC_2O_4 沉淀。尿素水解生成的 CO_2 起搅拌作用。

均匀沉淀法是一种改进方法，缺点是烦琐、费时，得到的沉淀纯度不理想，对生成混晶及后沉淀改善不大，有时且加重。另外，长时间的煮沸溶液，容易在容器上沉积一层致密的沉淀，不易取下，往往需要用溶剂溶解后再沉淀。

第五节　沉淀重量分析法的应用

一、重量分析法计算原理

重量分析中，若称量形式与被测形式相同，则结果的计算较简单。但多数情况下，称量形式与被测形式不同，这就需要由称量形式的质量换算出被测组分的质量，即

$$\text{被测组分的质量}=F\times\text{称量形式的质量}$$

式中，F 为换算因数，或称化学因数，是被测组分的摩尔质量与沉淀称量形式的摩尔质量之比。即

$$F=\frac{a\times\text{被测组分的摩尔质量}}{b\times\text{沉淀称量形式的摩尔质量}}$$

式中，a、b 是为使分子和分母中所含主体元素的原子个数相等，而需要乘以的系数。例如 $F=\frac{M(Na_2O)}{2M(NaCl)}$，这样保证 Na 的原子数相等。

利用换算因数可以方便地从称得的沉淀质量和样品质量，计算出被测组分的

质量分数。

【例 8-2】 称取磁铁矿样品 0.2500g，经重量分析最后得到 0.2490g Fe_2O_3，计算试样中 Fe 的质量分数。若以 Fe_3O_4 表示质量分数又为多少？

解 以 Fe 表示时，换算因数为

$$F=\frac{2M(Fe)}{M(Fe_2O_3)}=\frac{2\times 55.85g\cdot mol^{-1}}{159.7g\cdot mol^{-1}}=0.6994$$

$$\omega(Fe)=\frac{Fe_2O_3\text{ 沉淀的质量}\times F}{\text{试样的质量}}=\frac{0.2490g\times 0.6994}{0.2500g}=0.6966$$

以 Fe_3O_4 表示时

$$\omega(Fe_3O_4)=\frac{Fe_2O_3\text{ 沉淀的质量}\times\dfrac{2M(Fe_3O_4)}{3M(Fe_2O_3)}}{\text{试样的质量}}$$

$$=\frac{0.2490g\times\dfrac{2\times 231.5g\cdot mol^{-1}}{3\times 159.7g\cdot mol^{-1}}}{0.2500g}$$

$$=0.9625$$

【例 8-3】 称取长石试样 2.000g，经处理后将得到的 KCl 和 NaCl 混合物 0.2558g 溶于水，加入 0.1000mol·L^{-1} $AgNO_3$ 标准溶液 35.00mL，滤去 AgCl 沉淀，在滤液中加入铁铵矾指示剂，用 0.0200mol·L^{-1} KSCN 标准溶液回滴剩余的 $AgNO_3$，用去 0.92mL，计算试样中 K_2O 及 Na_2O 的质量分数。

解 设 KCl 的质量为 x，则 NaCl 的质量为 $0.2558-x$，则

$$\frac{x}{74.56g\cdot mol^{-1}}+\frac{0.2558g}{58.44g\cdot mol^{-1}}=(0.1000\times 35.00-0.0200\times 0.92)\times 10^{-3}mol$$

$$x=0.2421g$$

NaCl 的质量为

$$0.2558g-0.2421g=0.0137g$$

$$\omega(K_2O)=\frac{0.2421g\times\dfrac{M(K_2O)}{2M(KCl)}}{2.000g}=0.0765$$

$$\omega(Na_2O)=\frac{0.0137g\times\dfrac{M(Na_2O)}{2M(NaCl)}}{2.000g}=0.00363$$

二、重量分析法应用示例

重量分析法虽然手续烦琐，耗时费力，但结果准确可靠，仍有广泛应用。

1. 矿石的测定

例如，硅酸盐矿物中 SiO_2 含量的测定，是将其沉淀为硅酸分离出来称重。又如，我国丰产的“稀有元素”钨和钼的测定，是将钨酸盐在过量无机酸存在下

沉淀为 H_2WO_4，在 800℃灼烧为 WO_3 后称量；钼在醋酸缓冲溶液中沉淀为 $PbMoO_4$，在 600℃灼烧后称量。

2. 废水中 SO_4^{2-} 的测定

取 100～200mL 水样于烧杯中，加入 1∶1 HCl 至酸性，加热浓缩至 50mL，过滤，除去悬浮物和氧化物等杂质，用蒸馏水洗涤滤纸和沉淀，合并滤液和洗液，加热并缓慢加入 $BaCl_2$ 溶液，不断搅拌至沉淀完全，盖上表面皿，水浴加热 1～2h。冷却后过滤，再用热水洗涤沉淀和滤纸，至无 Cl^- 为止。取出带有沉淀的滤纸，包好，放进已灼烧到恒重的瓷坩埚中，先低温烘干并使滤纸炭化，再用大火灼烧至完全灰化，最后放在 800℃高温电炉中灼烧 30min，取出冷却，置干燥器中 30min 后称重。再重复灼烧，冷却和称重，直至恒重。坩埚增加的质量就是 $BaSO_4$ 的质量。样品中 SO_4^{2-} 的含量为

$$c(SO_4^{2-})=\frac{BaSO_4\text{ 的质量}\times\dfrac{M(SO_4^{2-})}{M(BaSO_4)}}{\text{水样体积}}(mg\cdot mL^{-1})$$

3. 几种常用的重量分析法

用重量分析法测定的离子和元素许多，现将常见几种离子列于表 8-2。

表 8-2　常见离子的重量分析法

离子	沉淀形式	称量形式	干燥或灼烧温度/℃
Na^+	醋酸双氧铀酰锌	$NaZn(UO_2)_3Ac_9\cdot 6H_2O$	105
K^+	$K_2Na[CO(NO_2)_6]H_2O$	$K_2Na[CO(NO_2)_6]\cdot H_2O$	100
Fe^{3+}	$Fe(OH)_3$	Fe_2O_3	灼烧
Cu^{2+}	$Cu(SCN)_2$	$Cu(SCN)_2$	110～120
PO_4^{3-}	$Mg(NH_4)PO_4\cdot 6H_2O$	$Mg_2P_2O_7$	1050～1100
SO_4^{2-}、S^{2-}	$BaSO_4$	$BaSO_4$	600～800
SiO_3^{2-}	$SiO_2\cdot xH_2O$	SiO_2	1050～1100
Cl^-、Br^-	AgCl，AgBr	AgCl，AgBr	130～150

知识拓展　**关键词链接：有机沉淀剂，新型加热技术**

化学视野

热重分析法

热分析是在程序控温下，测量物质的物理性质与温度的关系的一类技术。

即通过测定物质加热或冷却过程中物理性质（例如：重量和磁性）的变化来研究物质性质及其变化，或者对物质进行分析鉴定的一种技术。

热重法（thermegravimetry）是常用热分析方法之一，简称 TG。是在程序控温下，测量物质的质量与温度关系的一种技术。得到质量与温度的关系曲线称为热重曲线或 TG 曲线，从而获得一些重要信息。如物质的分解温度（对高分子材料、各种合金和建筑材料等是极其重要的安全指标）、燃料的热值、最佳燃烧温度等。目前热重分析主要用于无机物结晶水及高分子材料中易挥发溶剂、未聚合单体、引发剂等含量测定中。还可用在煤、重油等化工原料在空气、氧气及惰性气氛下失重过程的测量，从而获得样品中各种成分的信息。

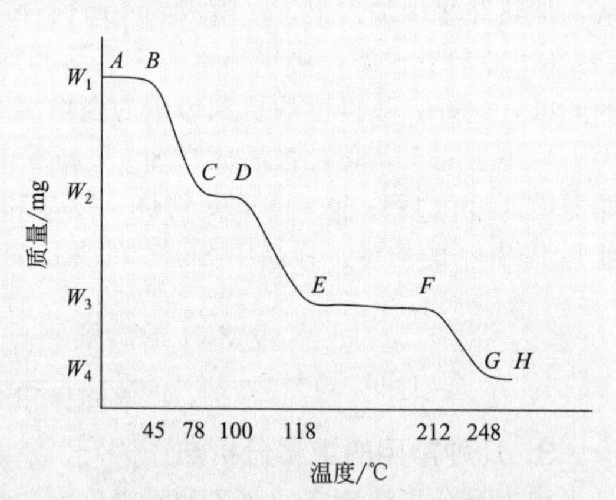

图 8-3　$CuSO_4 \cdot 5H_2O$ 的 TG 曲线

试样 10.8mg，升温速率 10℃/min，静止空气

以 $CuSO_4 \cdot 5H_2O$ 为例，说明在测定无机物结晶水方面的应用。作 TG 曲线见图 8-3 所示。纵坐标是质量，横坐标是温度。根据原始试样用量及各温度区间的失重量，计算各温度区间的失重百分率。

平台 *AB* 表示在此温度区间试样稳定，组成为 $CuSO_4 \cdot 5H_2O$，质量是 $W_1=10.8mg$；*BC* 表示第一次失重，失重量 $W_1-W_2=1.55mg$，失重率＝$[(W_1-W_2)/W_1]\times100\%=14.4\%$；平台 *CD* 代表另一个稳定组成，质量为 W_2。同理，*EF* 和 *GH* 分别代表两个稳定的组成，质量分别是 7.65mg 和 0.85mg，*DE* 和 *FG* 分别代表第二、第三次失重，失重率分别为 14.8% 和 7.4%。固体余重 $1-(14.4\%+14.8\%+7.4\%)=63.4\%$，总失重率为＝$[(W_1-W_4)/W_1]\times100\%=36.6\%$。由上可知，结晶硫酸铜分三个阶段脱水：

$$CuSO_4 \cdot 5H_2O = CuSO_4 \cdot 3H_2O + 2H_2O \quad (1)$$

$$CuSO_4 \cdot 3H_2O = CuSO_4 \cdot H_2O + 2H_2O \quad (2)$$

$$CuSO_4 \cdot H_2O = CuSO_4 + H_2O \quad (3)$$

理论固体余重（白色无水硫酸铜）：

$$[M(CuSO_4)/M(CuSO_4 \cdot 5H_2O)]\times100\%=63.9\%$$

总水量 36.1%，与 TG 测定值基本一致。说明 TG 曲线第一、二次失重分别失去 $2H_2O$，第三次失去 $1H_2O$。平台 *AB*、*CD*、*EF*、*GH* 分别代表相对稳定的组成 $CuSO_4 \cdot 5H_2O$、$CuSO_4 \cdot 3H_2O$、$CuSO_4 \cdot H_2O$、$CuSO_4$。

本章小结

重量分析法中应用最多的是沉淀法。沉淀法对沉淀形式的要求，首先是溶解度要小，影响沉淀溶解度的因素有同离子效应、盐效应、酸效应、配位效应及温度、溶剂和沉淀颗粒大小等；其次是创造条件使之生成晶形沉淀；再次要通过选择分析步骤和合适指示剂、改变沉淀条件和杂质存在形式及再沉淀等方法提高沉淀的纯度；最后沉淀应易于转化为称量形式。沉淀法虽然烦琐、费时，现已为更多更好的方法所代替，但因其结果准确可靠，且原理简单，实际中在很多方面还有应用。

思考与练习

1. 重量分析对沉淀有何要求？举例说明沉淀形式和称量形式的区别。

2. 重量分析中根据什么原则选择沉淀剂？为什么沉淀剂要过量但又不宜过量太多？

3. 沉淀中混有杂质的主要原因是什么？如何减少？

4. 计算下列换算因数 F。

称量形式	被测组分
（1）$PbSO_4$	Pb_3O_4
（2）$Mg_2P_2O_7$	P，$MgSO_4 \cdot 7H_2O$
（3）CaC_2O_4 灼烧成 CaO	$KHC_2O_4 \cdot H_2C_2O_4 \cdot 2H_2O$
（4）Fe_2O_3	Fe，$(NH_4)_2Fe(SO_4)_2 \cdot 6H_2O$

5. 称取含银试样 0.2500g，用重量法测定，得 AgCl 0.3010g，问：

（1）若沉淀为 AgI，可得沉淀多少克？

（2）试样中银的含量为多少？

6. 灼烧过的 $BaSO_4$ 沉淀重 0.5013g，其中含有少量 BaS，用 H_2SO_4 润湿，使 BaS 转变成 $BaSO_4$，蒸发除去过量的 H_2SO_4 后灼烧，称得沉淀 0.5024g，求原 $BaSO_4$ 中 BaS 含量。

7. 称取含吸湿水质量分数 0.0055 的磷矿石 0.5000g，最后得到 0.3050g $Mg_2P_2O_7$，计算试样中 P 及 P_2O_5 的含量，并计算试样干燥后 P 和 P_2O_5 的含量。

8. 测定某试样中钾和钠的含量，先将 0.4800g 试样用 HCl 处理得到 KCl 与 NaCl 混合物 0.1180g，再经 $AgNO_3$ 沉淀得到 AgCl 0.2451g，试计算试样中 Na_2O 和 K_2O 的含量。

第九章　吸光光度法

教学目标

1. 在了解吸光光度法的特点基础上，掌握物质对光的吸收特性，重点掌握光吸收定律的内容及应用。

2. 理解显色反应的要求，掌握显色条件和测量条件的选择。

第一节　吸光光度法的特点和基本原理

一、吸光光度法的特点

吸光光度法也叫吸收光谱法，是基于物质对光的选择吸收而建立起来的分析方法。它经历了目视比色法和光电比色法（统称为比色分析法，只适用于可见光区）到分光光度法（适用于可见光区、紫外及红外光区）的发展过程。是当一定波长的光通过被测物后，依物质对光的吸收程度而确定含量的方法。有比色法、可见及紫外分光光度法、红外分光光度法和原子吸收分光光度法等。该法不仅用于定量分析及测定一些化学常数，还能在物质结构方面提供信息与依据。本章仅讨论可见光区的吸光光度法。

吸光光度法同滴定分析法相比，有以下一些特点。

（1）灵敏度高　被测组分的最低浓度可达 10^{-5}～10^{-6} $mol \cdot L^{-1}$，相当于质量分数为 10^{-5}～10^{-6} 的微量组分。若将被测组分富集，灵敏度还能提高 1～2 个数量级。如此低的浓度用重量法或容量法很难测准或无法测出。

（2）准确度较高　相对误差为 2%～5%，对微量组分来说，完全满足准确度的要求。若采用更先进精密的仪器和方法，可使相对误差降至 1%～2%，有时可达 0.2%～0.5%。

（3）简便快速　吸光光度法简便省时。试样处理成溶液后，一般仅需显色和比色即可得到分析结果。随着灵敏度高、选择性好的显色剂和掩蔽剂的不断出现，一般不需分离即可直接测定。操作的简化有利于自动化分析和多种元素的同时测定，对大量样品的分析更能显示出该法的优越性。

（4）应用广泛　几乎所有的无机离子和有机化合物都能用吸光光度法测定。另外，该法所用仪器简单，费用低廉，方法易掌握，便于普及和推广。所以吸光光度法已成为生产和科研中应用广泛的分析方法。

吸光光度法也有一定的局限性。对超纯物质的分析，灵敏度达不到要求；对常量组分的测定，其准确度不及重量法和容量法高；对碱金属和碱土金属还缺乏特效的显色剂等。

二、光的基本性质

光是一种电磁波，按波长和频率排列可得如表 9-1 所示的电磁波谱。根据被测物质对不同波长的光的选择吸收，可采取不同的分析方法。

表 9-1　电磁波谱

光谱名称	波长范围	分析方法
X 射线	0.1～10nm	X 射线光谱法
远紫外光	10～200nm	真空紫外光度法（紫外光度法）
近紫外光	200～400nm	紫外光度法（紫外光度法）
可见光	400～750nm	比色及可见光度法
近红外光	0.75～2.5μm	近红外光谱法（红外光谱法）
中红外光	2.5～5.0μm	中红外光谱法（红外光谱法）
远红外光	5.0～100μm	远红外光谱法（红外光谱法）
微波	0.1～100cm	微波光谱法
无线电波	1～1000m	核磁共振光谱法

一束白光通过棱镜被色散成红、橙、黄、绿、青、蓝、紫七种颜色的光。所以，白光是由各种不同波长的光按照一定的强度比例混合而成的复合光，而只有一种波长的光叫单色光。在可见光的范围内，若两种颜色的光按适当的强度比例混合能够成为白光，则这两种光就称为互补色光。图 9-1 中，直线两端的单色光就是互补色光。

图 9-1　互补色光示意图

三、物质的颜色和光的选择性吸收

用光互补的原理，能解释为什么物质会呈现不同的颜色。对溶液来说，是由于溶液中的质点（分子或离子）选择性地吸收某种颜色的光所引起。在白光照射下，若溶液对各种颜色的光透过程度相同，则溶液呈无色透明；若溶液对可见光几乎全部吸收，则溶液不透光，呈黑色；若溶液只选择地吸收某波长的光，则溶液呈现透过光的颜色，即溶液呈现的颜色与它吸收的光成互补色。例如，$KMnO_4$ 溶液因吸收绿光而呈紫色。表 9-2 列出了物质的颜色与其吸收光颜色的关系。

表 9-2　物质的颜色和吸收光颜色的关系

物质的颜色	吸收光颜色	吸收光波长/nm	物质的颜色	吸收光颜色	吸收光波长/nm
黄绿	紫	400～450	紫	黄绿	560～580
黄	蓝	450～480	蓝	黄	580～600
橙	青蓝	480～490	青蓝	橙	600～650
红	青	490～500	青	红	650-750
紫红	绿	500～560			

事实上，任何溶液对不同波长的光吸收程度不同，将各种波长的光依次通过一定浓度的某溶液，保持溶液的厚度不变，测定该溶液对各种光的吸收程度（吸光度）。以波长为横坐标，吸光度为纵坐标作图，得吸收曲线。

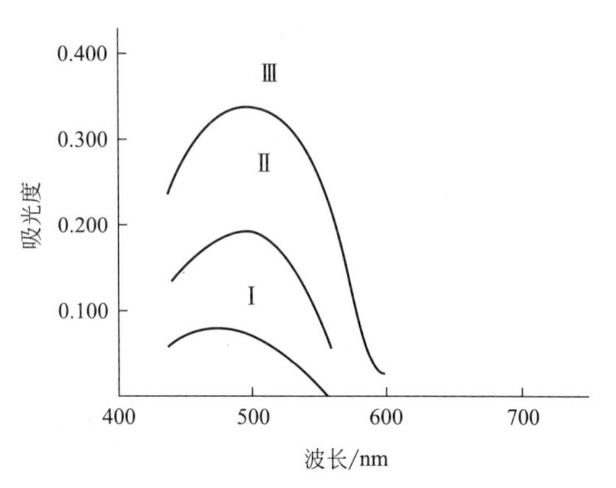

图 9-2　1,10-邻二氮菲亚铁溶液的吸收曲线

Ⅰ：0.0002 Fe^{2+} mg · mL^{-1}

Ⅱ：0.0004 Fe^{2+} mg · mL^{-1}

Ⅲ：0.0006 Fe^{2+} mg · mL^{-1}

图 9-2 是 1,10-邻二氮菲亚铁溶液的吸收曲线（溶液厚度不变）。看出：

① 物质呈现颜色的原因和物质对光的选择吸收。从图 9-2 可见，溶液对波长为 510nm 的绿光吸收程度最大，有一吸收峰（该峰对应的波长称为最大吸收波长，用 λ_{max} 表示），而波长为 630nm 左右的橙红色光几乎完全透过，所以该溶液呈橙红色。

② 同一物质，不同浓度的溶液，吸收曲线形状相似，λ_{max} 不变。即 λ_{max} 是物质的特征常数，可作为物质定性分析的依据。

③ 同一物质，不同浓度的溶液，在一定波长处，吸光度随浓度的增加而增大。若在最大吸收波长处测定吸光度，则灵敏度最高，这是物质定量分析的依据。

四、光吸收基本定律

1. 朗伯-比尔定律

1760 年，德国物理学家朗伯（Lamber，1728—1777）研究证实，当溶液的浓度一定时，溶液对光的吸收程度与液层的厚度成正比，此即朗伯定律。1852 年，德国物理学家比尔（Beer，1825—1863）进一步研究发现，当液层厚度固定后，溶液对光的吸收程度与溶液的浓度成正比，此即比尔定律。将这两个定律结合起来就是朗伯-比尔定律。

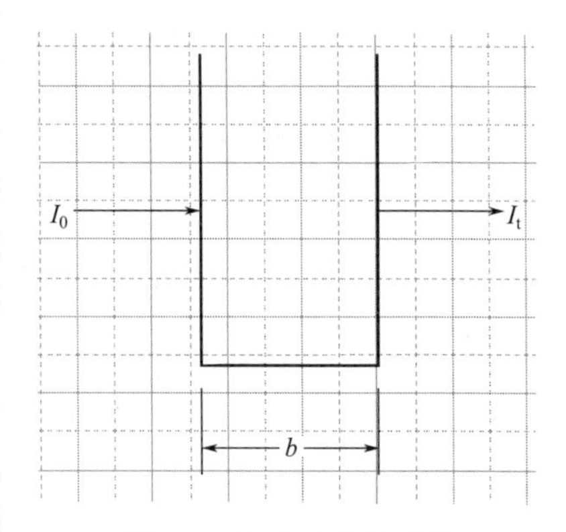

图 9-3　溶液对光的吸收

如图 9-3 所示，有一厚度为 b，浓度为 c 的均匀溶液，当一束强度为 I_0 的平行单色光垂直照射时，由于溶液的吸收，使光的强度减弱，设透光强度为 I_t，溶液的吸光度为

A，则朗伯-比尔定律的数学表达式为

$$A=abc \tag{9-1a}$$

或

$$A=\varepsilon bc \tag{9-1b}$$

式中，A 为吸光度，$A=\lg\dfrac{I_0}{I_t}$；T 为透光率，$T=\dfrac{I_t}{I_0}$。
显然，吸光度和透光率的关系为

$$A=-\lg T=\lg\frac{1}{T} \tag{9-2}$$

当光被完全吸收时，$I_t=0$，则 $T=0$，$A\rightarrow\infty$；当光完全透过时，$I_t=I_0$，则$T=1$，$A=0$。所以，A 的数值范围为（$0\sim\infty$），T 的数值范围为（$0\sim1$ 或 $0\sim100\%$）。

液层厚度 b 单位为 cm。如果溶液浓度 c 单位为 $g \cdot L^{-1}$，朗伯-比尔定律用式(9-1a) 表示，a 为吸光系数，单位是 $L \cdot g^{-1} \cdot cm^{-1}$；若溶液浓度 c 单位为 $mol \cdot L^{-1}$，朗伯-比尔定律用式(9-1b) 表示，ε 为摩尔吸光系数，单位是 $L \cdot mol^{-1} \cdot cm^{-1}$。显然，$a$ 和 ε 的关系为

$$aM=\varepsilon \tag{9-3}$$

式中，M 为待测物的摩尔质量。

吸光系数 a 和摩尔吸光系数 ε 是有色物质在一定波长下的特征常数，表示测定的灵敏度。与入射光的波长、物质的性质和温度有关，与吸光物质的浓度和厚度无关。a 或 ε 越大，表示待测物对光的吸收越强，即待测物的浓度很低时，也能引起吸光度的显著变化，显色越灵敏。

朗伯-比尔定律可叙述为：当一束平行的单色光通过一均匀的有色溶液时，溶液的吸光度与溶液的浓度和液层厚度的乘积成正比。这个定律也称为光吸收定律或比色定律。

朗伯-比尔定律适用于单色光（可见光、紫外光和红外光均可）；被测物可以是溶液、气体和固体，只要是均匀系统即可。

2. 影响朗伯-比尔定律偏离的因素

在吸光光度分析中，为测量方便，多采用固定厚度的比色皿（即 b 不变）。则当一定波长的入射光通过一有色溶液时，根据朗伯-比尔定律，吸光度与有色溶液的浓度成正比。以吸光度为纵坐标，浓度为横坐标作图，应得到一条通过原点的直线，如图 9-4 所示，称为标准曲线或工作曲线。但在实际中，特别是溶液浓度较高时，经常发生标准曲线弯曲的现象，这种现象叫偏离朗伯-比尔定律。造成这种偏离的主要因素有以下几个方面：

(1) 单色光不纯　朗伯-比尔定律适用于入射光为单色光的情况。但由于仪器条件所限，“纯”的单色光不可能得到，实际上使用的单色光是包含一定波长范围的复合光，改变了吸光系数 a，则吸光度与浓度并不完全成正比关系，导致了对朗伯-比尔定律的偏离。所以比色分析中，吸光系数不能作为普遍适用的常数，它随仪器而异。

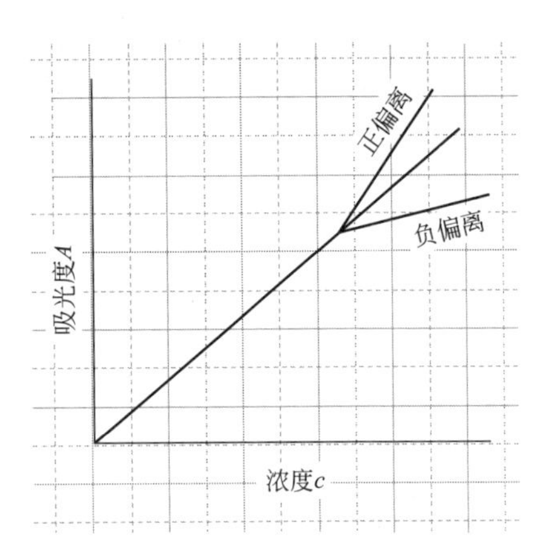

图 9-4　光度分析工作曲线

(2) 溶液的浓度　严格地说，只有在稀溶液（$c<0.01\mathrm{mol\cdot L^{-1}}$）时吸光系数才与溶液的浓度无关。因为吸光系数受溶液折射率的影响，当浓度大于 $0.01\mathrm{mol\cdot L^{-1}}$ 时，溶液的折射率不是常数，这时就会发生偏离朗伯-比尔定律的情况。

(3) 光学同类物质　实际分析中，参比液应与待测液的组成、性质一致或相接近，这样，它们的折射率相同，反射作用的影响可互相抵消，即消除了系统误差。

(4) 介质的均匀性　当待测液是胶体溶液、乳浊液和悬浊液时，入射光通过时，除被待测液吸收一部分外，还有一部分因散射现象而损失，使透光率减小，测得的吸光度比实际的吸光度大得多，导致偏离了朗伯-比尔定律。

(5) 化学因素　溶液中的吸光物质常因离解、缔合、溶剂化、形成新的化合物或互变异构等化学变化而改变其浓度，同时使吸光物质对光的吸收选择性和吸收强度发生改变，导致偏离了朗伯-比尔定律。这种变化常与环境条件密切相关，如溶剂、试剂、酸碱度、温度等。

第二节　吸光光度法分析条件的选择

将被测组分转变成有色化合物的反应叫显色反应，与待测组分形成有色化合物的试剂叫显色剂。同一被测组分往往有多个显色反应，要按照显色反应的要求进行选择，以获得理想的分析结果。

一、显色反应的要求

1. 选择性好

与显色剂发生显色反应的元素越少，反应的选择性越好。如果显色剂仅与一种离子发生反应，则称为特效（或专属）显色剂，这样的显色剂实际上不存在。在实际分析中，根据试样的组成，选用干扰少或干扰容易消除的显色剂。

2. 灵敏度高

有色化合物的摩尔吸光系数 ε 是衡量显色反应灵敏度的主要指标。一般来说，ε 在 $10^4 \sim 10^5$ 时，可认为反应的灵敏度较高。但应注意，灵敏度高的显色反应，选择性不一定好，选择显色反应时要兼顾灵敏度和选择性。

3. 产物组成恒定，化学性质稳定

要至少保证在测定过程中吸光度基本不变，否则将影响测定的准确度及重现性。

4. 显色剂在测定波长处无明显吸收

有色化合物与显色剂颜色差别要大，一般两者的最大吸收波长之差要大于60nm。同时被测组分及干扰离子生成的有色化合物吸收峰相隔也要较远。这样试剂空白值小，可提高测定的准确度。

5. 反应条件易于控制

如果反应条件要求过于严格，测定过程难以控制，结果的再现性不好。

二、显色条件的选择

为使显色反应定量完全，需考虑影响显色反应的因素，以便控制条件，得到准确的结果。

1. 显色剂的用量

增加显色剂的浓度，能提高显色反应的完全程度。但过量显色剂有时会引起副反应，影响测定。对能生成不同配位数的配合物的显色反应，更要严格控制显色剂用量。

2. 溶液的酸度

溶液的酸度可能会影响金属离子的存在状态、显色剂的浓度和颜色，以及有色化合物的组成、颜色和稳定性等。所以显色反应通常需在合适的酸度下进行，实际分析中，常用缓冲溶液来控制。

3. 温度和时间

显色反应速率差别很大，多数较慢，一般在室温下即可，有些需要加热来提高反应速率，但有些显色反应在较高温度下，有色化合物易分解。所以，应根据实际情况，选择适当的温度进行显色。有些有色化合物在放置过程中颜色会发生变化，故不能搁置太久；有的有色化合物能迅速形成且稳定；速率慢的显色反应需放置一段时间，反应才能进行完全，溶液的颜色才能稳定。适宜的显色时间，需要在一定温度下，作吸光度和时间的关系曲线而定，曲线平直部分对应的时间就是最适宜的显色时间。

4. 有机溶剂和表面活性剂

有机溶剂可影响显色反应速率、有色化合物的组成、溶解度和颜色等，还能降低有色化合物的离解度。表面活性剂可以增加有色化合物的稳定性。但有机溶剂和表面活性剂都能提高测定的灵敏度。一般通过实验选择合适的有机溶剂和表面活性剂。

三、共存离子的干扰及消除

干扰离子或因本身有色或因参与反应而干扰比色分析，可通过下列方法消除。

1. 控制酸度

多数显色剂是有机弱酸，控制酸度可控制显色剂的浓度，使干扰离子不显色。例如，测定 Hg^{2+}，在 0.5mol·L^{-1} H_2SO_4 存在下，Cu^{2+} 不与二苯硫腙反应，消除了 Cu^{2+} 对 Hg^{2+} 的干扰。

2. 加掩蔽剂

使干扰离子形成稳定的无色配合物以消除干扰。例如，用 SCN^- 作显色剂测定 Co^{2+} 时，Fe^{3+} 有干扰，加入氟化物，使 Fe^{3+} 与 F^- 生成无色且稳定的 FeF_6^{3-}。

3. 改变干扰离子的氧化态

利用氧化还原反应，改变干扰离子氧化态以消除干扰。如测 Mo(Ⅵ) 时，加入 $SnCl_2$ 或抗坏血酸，将共存的 Fe^{3+} 还原为 Fe^{2+} 而避免与 SCN^- 作用，消除 Fe^{3+} 的干扰。

4. 选择合适的波长

选择适宜的波长有时能消除干扰。例如，MnO_4^- 的最大吸收波长为 525nm，测定 MnO_4^- 时，若溶液中有 $Cr_2O_7^{2-}$ 存在，由于它在 525nm 处也有些许吸收，影响测定 MnO_4^-。可先在 545nm 或 575nm 波长下测定，虽然测定的灵敏度稍低，却在很大程度上消除了 $Cr_2O_7^{2-}$ 的干扰。

5. 选择合适的参比溶液

正确选择参比溶液能消除掩蔽剂和某些共存有色离子的干扰。例如，用铬天青 S 显色法测定钢样中的 Al^{3+}，Ni^{2+} 和 Co^{2+} 有干扰。加入少量 NH_4F，Al^{3+} 生成 AlF_6^{3-} 配离子而不再显色，然后加入显色剂及其他试剂，以此作参比溶液，消除 Ni^{2+}、Co^{2+} 的干扰。

6. 分离干扰离子

当用上述方法不能消除干扰时，可采用沉淀法、溶剂萃取法、离子交换法或电解法等将干扰离子分离除去。

第三节　吸光光度法及其仪器

一、目视比色法与分光光度法

1. 目视比色法

目视比色法是用眼睛比较待测液与标准溶液颜色的深浅，以确定物质含量的方法，是一种早期的、半定量的分析方法。常用的是标准系列法，就是在一套同质、同形状、同规格的比色管中，加入一系列不同量的标准溶液和一定量的待测液，在同一条件下显色得标准色阶。由上向下观察并与标准色阶比较，取颜色相同或相近的标准溶液浓度作为待测液的浓度。若待测液的颜色介于两个相邻标准溶液的颜色之间，则待测液浓度为两标准溶液浓度的平均值。

目视比色法所用仪器简单，操作方便，测量迅速，灵敏度较高，适用于大批样品，特别是野外大批试样的分析。缺点是准确度较差，一般相对误差为5%～20%。另外配制标准系列费时，且不宜久存。为克服这一缺点，可采用较稳定的有色物质（如重铬酸钾、硫酸铜等）配成永久性标准色阶，或用塑料、玻璃及纸片等做成永久色卡。该法广泛应用于土壤和植株中氮、磷、钾的速测。

2. 分光光度法

分光光度法是利用分光光度计测定溶液的吸光度进行定量分析的方法。该法测定的灵敏度、选择性和准确度都较高。实际中常用以下几种方法。

（1）标准曲线法　也叫工作曲线法。先配制由稀到浓的一系列标准溶液，在同一条件下显色并分别测其吸光度，然后以吸光度为纵坐标，浓度为横坐标，绘制标准曲线。相同条件下，用同样方法使待测液显色并测其吸光度 $A(x)$，即可从标准曲线上查到待测液的浓度 $c(x)$。

（2）比较法　将标准溶液 s 和待测液 x 在相同条件下显色，放在同质、同规格的两比色皿中，用同一光强的单色光照射，分别测定吸光度 $A(\mathrm{s})$、$A(x)$，根据朗伯-比尔定律，计算出待测液浓度。

因为

$$A(\mathrm{s})=abc(\mathrm{s}), \qquad A(x)=a'bc(x)$$

又因为用同一台仪器，标准溶液和未知液浓度较接近。所以 $a=a'$。

以上两式相比，得

$$\frac{A(\mathrm{s})}{A(x)}=\frac{c(\mathrm{s})}{c(x)}$$

所以

$$c(x)=\frac{A(x)}{A(\mathrm{s})}c(\mathrm{s}) \tag{9-4}$$

此外，如果试样的组成过于复杂或无法配制组成相近的标准溶液时，可采用标准加入法进行测定。

二、分光光度计

分度光度计的种类、型号繁多，但主要都是由光源、单色器、吸收池、检测系统和信号显示系统五个部分组成：

1. 光源

常用的光源是6～12V、能发出波长约360～2500nm连续光谱的钨丝灯。为使光强稳定，须使用稳压电源。另外光源后加一聚光透镜，使光源发出的光能平行照射。

2. 单色器

将光源发出的复合光分解为单色光的装置称为单色器。常用的有棱镜和光栅。

棱镜是利用光折射原理将复合光变成单色光。玻璃棱镜适合于可见光区，石英棱镜在可见光区和紫外光区均可。

光栅是利用光的衍射和干射原理将复合光变成单色光。光栅的分光效果较棱镜好。

经单色器得到的单色光通过很窄的狭缝照射到吸收池上。在精度较高的仪器中，还可通过改变狭缝宽度提高单色光纯度。

3. 吸收池

吸收池也叫比色皿或比色杯，用于盛装试液，常用透明的无色光学玻璃制成。规格按其厚度分为 0.5cm、1cm、2cm、3cm 等。同样厚度的比色皿之间的透光率相差应小于 0.5%。使用时要特别注意保护比色皿透光面的光洁，器壁上的指纹、油腻或其他沉积物都会影响其透射性能。

4. 检测系统

比色分析时，不是直接测量透过比色皿的光强度，而是将光强度转换成电的信号进行测量，这种光电转换器称为检测器。常用的有光电管（也叫光敏管）和光电倍增管两种。光电管灵敏度较高，适于波长 200～1000nm 的范围。带有电子倍增器的光电管称为光电倍增管，它的放大倍数更高，灵敏度比光电管高 200 多倍，是检测微弱光最常用的光电元件，适于波长 160～700nm 的范围。

5. 信号显示系统

信号显示系统是用来测量光电流的读数装置。采用数字电压表、函数记录仪、示波器、计算机数据处理台等进行信号处理和显示。

第四节　光度测量误差和测量条件的选择

一、光度测量误差

光度分析误差，除了化学因素外，还有仪器精度不够、测量不准所带来的误差。

任何光度计因光源不稳、单色器性能不佳、检测器不灵敏、实验条件的偶然变动及读数不准等原因都有测量误差，对于给定的光度计，结构性能已定，误差仅在于不同吸光度范围内读数引入的误差。

浓度的相对误差用 $\Delta c/c$ 表示。根据朗伯-比尔定律有

$$\frac{\Delta c}{c}=\frac{\Delta A}{A}$$

因为 $A=-\lg T$，两边微分，得

$$dA=-d(\lg T)=-0.434d(\ln T)=-\frac{0.434}{T}dT$$

所以，吸光度的相对误差：

$$\frac{dA}{A}=-\frac{0.434}{TA}dT=\frac{0.434}{T\lg T}dT$$

欲求测量误差的极小值，需对上式求极限，即 $\left(\frac{dA}{A}\right)'=0$，

则

$$0.434dT\left(\frac{1}{T\lg T}\right)=-0.434dT=\frac{\lg T+\lg e}{(T\lg T)^2}$$

当 $\left(\frac{dA}{A}\right)'=0$ 时，

$$\lg T+\lg e=0$$

$$-\lg T=\lg e=0.434=A$$

以透光率对浓度的相对误差作图，得图 9-5。看出，在 $T=0.368$ 或 $A=0.434$ 时，浓度的相对误差最小。在实际分析中，控制实验条件，使透光率在 0.6～0.2 之间，即吸光度在 0.2～0.7 之间，可提高测定的准确度。吸光度过低或过高，误差都大，所以普通分光光度法不适合于浓度过高或过低的组分的测定。

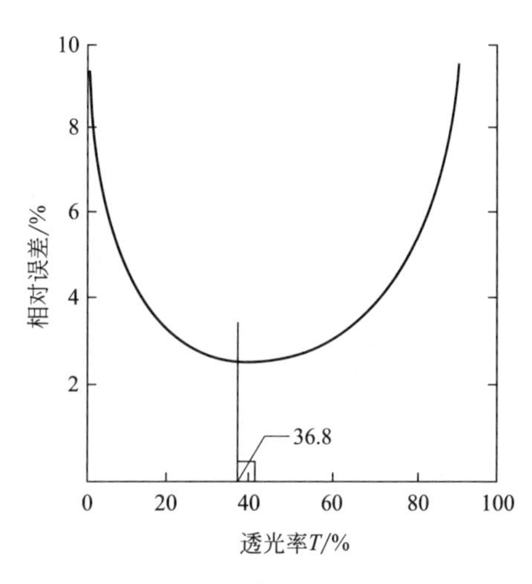

图 9-5　透光率和浓度的关系

二、测定条件的选择

为提高测定结果的灵敏度和准确度，必须选择最适宜的测量条件，主要有：

1. 选择合适的入射光波长

选择有色溶液吸收曲线的最大吸收波长。因为此时摩尔吸光系数最大，测定的灵敏度最高。但干扰物质在此波长处也有吸收时，根据“吸收最大，干扰最小”的原则选择测量波长，即选择避免干扰的灵敏度稍差一点的入射光。

2. 控制吸光度的范围

通过控制取样量、稀释试液或萃取富集和改变比色皿厚度等方法使吸光度落在最佳范围 0.2～0.7 内，提高测定的准确度。

3. 选择合适的参比溶液

参比溶液用来调仪器零点，抵消某些影响比色分析的因素，减少分析误差。参比溶液的选择，对测定结果影响较大。一般选择原则为

① 当待测液、显色剂和其他试剂均无色时，用蒸馏水作参比液；

② 当待测液无色、显色剂和其他试剂均有色时，用不加试样的试剂和显色剂作参比液；

③ 当待测液有色，显色剂和其他试剂均无色时，用不加显色剂的试液作参比液；

④ 当待测液、显色剂和其他试剂均有色时，用加入掩蔽剂掩蔽被测组分的显色剂和其他试剂作参比液。

第五节　吸光光度法的应用

吸光光度法可用于定性和定量分析及某些物理化学常数的测定，但其最广泛和最重要的应用还是定量分析。

一、定量分析

吸光光度法广泛地应用于冶金、矿产、环境、临床、食品和药物等分析领域。

1. 无机离子分析

吸光光度法最传统和最重要的应用是定量分析微量和痕量无机离子，特别是无机金属离子。在一定条件下，几乎所有的金属离子都有显色剂与之作用形成有色化合物，从而用吸光光度法定量测定。

2. 生化物质分析

对临床、食品和药物等领域的生化物质分析，吸光光度法是最普遍应用的分析方法。临床人体许多重要的生化指标，如葡萄糖、胆固醇、尿素、蛋白质、甘油三酯、血色素、转氨酶和淀粉酶等项目的检测，都采用传统的比色分析技术测定。与生物免疫技术相结合的酶联免疫法，使吸光光度法得到了更大的发展。

二、物理化学常数的测定

1. 酸碱离解常数的测定

分析化学中所使用的指示剂或显色剂大多是有机弱酸（或弱碱）。如果一种有机弱酸（或弱碱）在紫外-可见光区有吸收，且吸收光谱与其共轭碱（或酸）显著不同时，就可以方便地利用吸光光度法测定它的离解常数。

2. 配合物组成的测定

吸光光度法测定金属离子的大多数方法是基于形成有色配合物，因此测定有色配合物的组成，对研究显色反应的机理和推断配合物的组成和结构十分重要。用吸光光度法测定有色配合物组成的方法有物质的量比法、等摩尔连续变化法、斜率比法和平衡移动法等，这里仅介绍物质的量比法。该法简便快速，对离解度小的配合物可以得到满意的结果。

设配位反应为

$$M + nL \rightleftharpoons ML_n \text{（略去电荷）}$$

固定金属离子 M 的浓度，逐渐加入不同量的配体 L。稀释到同一体积，得到［L］/［M］一系列比值不同的溶液，以相应的试剂空白作参比液，分别测其吸光度。以吸光度为纵坐标，［L］/［M］为横坐标作图，得图 9-6。

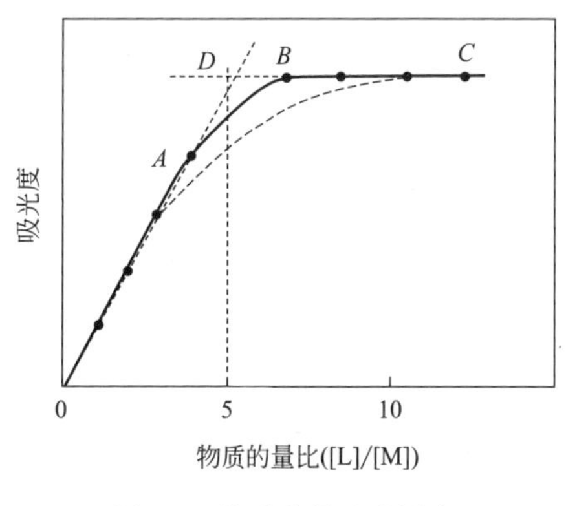

图 9-6　物质的量比法测定配合物的配位比

曲线 0*A* 部分表示随配位剂浓度的增大，生成的配合物不断增多，吸光度增大；当金属离子全部形成配合物后，*BC* 段表示，配位剂浓度再增加，吸光度达到最大值而不再变化。曲线 *BC* 部分转折不敏锐，这是由于配合物离解造成的。用外推法得交点 *D*，由 *D* 作垂线，对应的［L］/［M］比值就是配合物的配位比。

三、光度滴定法

光度滴定法是以测定滴定过程中溶液吸光度的变化来确定滴定终点的方法，目前已用于酸碱、配位、沉淀及氧化还原各类滴定中。

因滴定中溶液体积不断变化，浓度也随之改变，所以测定的吸光度需要经过校正后去绘制滴定曲线。其校正式为

$$A_{校}=A_{测}\left(\frac{V+x}{V}\right) \tag{9-5}$$

式中，$A_{校}$ 为校正后的吸光度；$A_{测}$ 为测得的吸光度；V 为被滴定溶液的原始体积；x 为滴入滴定剂的体积。

以加入滴定剂体积 V 为横坐标，A 为纵坐标作图，得光度滴定曲线，见图 9-7。这是一条折线，两直线段的交点或延长线的交点即为化学计量点。滴定曲线常见有以下几种类型。

图 9-7(a) 是滴定剂在选定波长处有很大的吸收，而待测物与产物均不吸收时的光度滴定曲线。如以 $KMnO_4$ 滴定 Fe^{2+} 的酸性溶液。图 9-7(b) 是滴定剂与产物对选定波长的光均无吸收，而待测物质有强烈吸收的情况。如以 EDTA 滴定水杨酸铁溶液。图 9-7(c) 是滴定剂和待测物质有吸收，产物无吸收的情况。如用 $KBrO_3$-KBr 标准溶液在 326nm 波长处滴定 Sb^{3+} 的 HCl 溶液。图 9-7(d) 是滴定剂与待测物无吸收，产物有吸收时的光度滴定曲线。如以 NaOH 滴定溴苯酚。

光度滴定法与利用指示剂指示终点的普通滴定法相比，对反应完成程度不高的滴定体系能获得较准确的测定结果。光度滴定法灵敏度高，选择性良好，有色

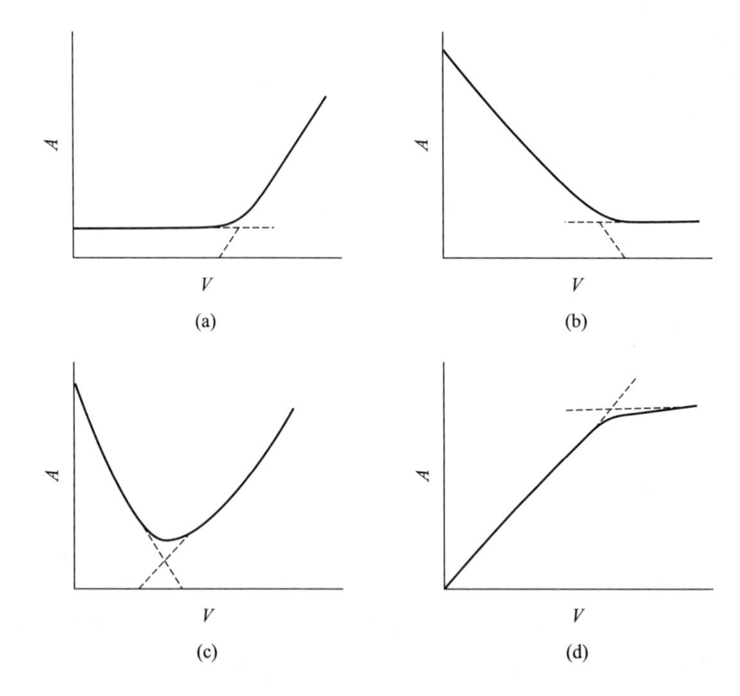

图 9-7 光度滴定曲线

杂质只要不起滴定反应，就无影响。方法简单，操作快速，应用范围广，可见紫外光区都可应用。

【例 9-1】 采用分光光度滴定法用 EDTA 滴定铜：

$$Cu^{2+} + Y^{4-} \xlongequal{} CuY^{2-}$$

很少吸收　不吸收　在 625nm 有强吸收

从 250mL 容量瓶中，吸取 50.00mL 铜盐溶液，用 0.01000mol·L^{-1} EDTA 标准溶液滴定，结果见表 9-3，问溶液中铜的浓度是多少？

表 9-3 滴定过程中溶液吸光度的变化

加入 Y^{4-} 的体积/mL	$A_{校}$(625nm)	加入 Y^{4-} 的体积/mL	$A_{校}$(625nm)
2.00	0.080	10.00	0.400
4.00	0.160	12.00	0.420
6.00	0.240	14.00	0.420
8.00	0.320	16.00	0.420

解 作图得终点体积为 10.50mL：

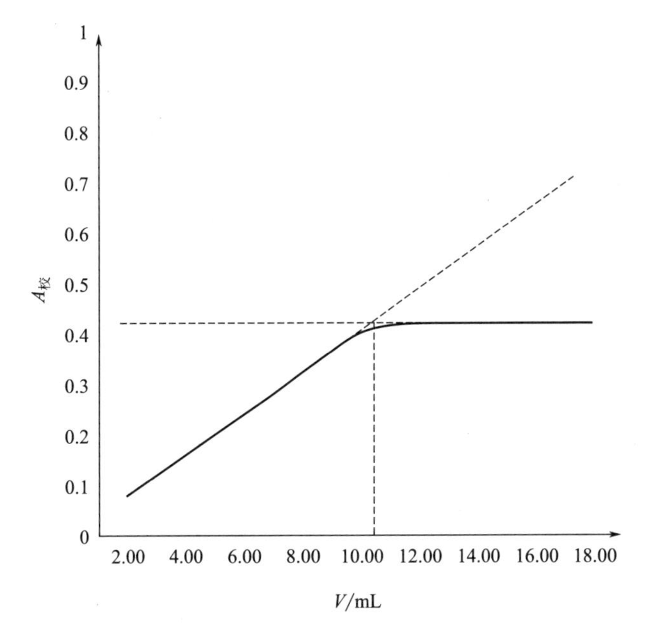

$$c(Cu)=\frac{V_{终点}\times 0.01000\times M(Cu)}{50.00}$$

$$=\frac{10.50mL\times 0.01000mol\cdot L^{-1}\times 63.55g\cdot mol^{-1}}{50.00mL}$$

$$=0.1335g\cdot L^{-1}$$

知识拓展　**关键词链接：示差光度法，双波长分光光度法，催化光度法**

化学视野

Origin软件在分析化学数据处理中的应用

定量分析中常用图表分析法，非专业配套软件一般无法处理，Origin是在Windows操作平台下的数据分析和绘图工具软件，能快捷、准确地完成数据处理，具有结果精确度高，绘出的图形细致、美观，无需编程、使用简便、操作灵活的特点。

Origin主要功能是数据制图和数据分析。前者主要基于模板，其模板库有50多种图形模板供选，也可根据需要自己设置模板；后者包括数据计算、统计、平滑、拟合和频谱分析等。

1. 使用Origin软件绘图的步骤

（1）数据输入　当Origin启动或新建一个文件时，默认设置是工作表WorkSheet窗口，缺省为A(X)和B(Y)两列，代表自变量和因变量。双击工作表顶部列标签，弹出数据表格式化对话框，从中可改变列的名称 Column Name、列的标识 Plot Designation、数据类型 Display、数据格式 Format、数据显示格式 Numeric Display、列宽 Column Width 或列标签添加说明 Column Label。在窗口中用光标或鼠标移动插入点直接输入数据，也可击“文件 File”→“导入 Import”从外部文件导入数据。点击“Column”→“增加列 Add New Columns”或快捷图标，可增加表的列数。

（2）绘图　Origin 软件能绘制多种图形和图表。方法是在工作表窗口中选定数据列或数据范围，点击“绘图 Plot”菜单，选择图形模式，然后做线性拟合。或直接从窗口下方的快捷工具栏模板中选取图形模板，得到数据图形。

选择“图形 Graph”菜单下的“添加图层 Add Plot to Layer”，可在当前图层中加入新的数据点，将相同或不同数据表上的数据绘于同一图形上，方便数据比对。

（3）图形编辑　坐标轴的编辑是双击坐标轴，或右击坐标轴，选择快捷菜单命令 Scale→Tick Labels 或 Properties。打开坐标轴对话框修改当前选中的坐标轴，双击坐标说明文本框进行编辑，或右击坐标说明文本框，选择快捷菜单命令 Properties，打开坐标说明文本对话框，如输入 $c(\mathrm{mol \cdot L^{-1}})$、$A$ 或 $t(\mathrm{s})$ 等内容对坐标进行说明。

通过添加文本框的方式将图形标题、实验条件等内容标注在图形上：先点击左边工具栏中 T 图标，再点击需添加标注处，出现输入光标后输入，之后点击文字成为选中状态，拖动调整标注的位置。也可单击右键，选择快捷菜单命令中“AddText”添加图形标题等。对于多条曲线图形，要求不同曲线数据点的图例或连线类型不同时，双击要编辑的数据曲线；或图例中的曲线标志；或在图形区域右键选择快捷菜单命令“绘图细节 Plot Details”进行。

（4）图形输出　利用 Origin 版面设计窗口 Layout 将工作表数据、绘图窗口的图形及其他窗口或文本等构成“一幅油画 canvas”，工作表和图形是图形对象，排列这些对象可创建定制的图形展示，供在 Origin 中打印或向剪切板中输出。这种输出方式，需先创建一个版面设计窗口：“文件 File”→“新建 New”→“版面设计 Layout”→“OK”；在该窗口中，单击右键添加工作表、图形或文字。从菜单中选择“文件 File”→“输出页面 Export Page”，打开“另存为 Save As”对话框，给页面命名，选择存储类型为 *.EPS，然后保存页面。注意输出形式，输出后不能修改。一种更简单方便、使用广泛的输出方式是：在图形窗口激活状态下，点击“编辑 Edit”菜单，选择“复制页面 Copy Page”，将当前绘制的页面拷贝至 Windows 系统的剪贴板，这样可在其他应用程序如 Word 中进行粘贴等操作。复制到 Word 中的图形如需修改完善，可在 Word 页面中双击图形返回到 Origin 程序中，修改完成后关掉 Origin 程序即可。

2. 使用 Origin 软件进行数据分析

在工作表窗口激活状态下，选定要分析的数据列或数据范围，选择“统计 Statistics”菜单中“描述统计 Descriptive Statistics”中的“按列统计 Statistics On Columns”，弹出一个选定各列数据的各项统计参数的窗口，如平均值 Mean、标准偏差 Standard Deviation（SD）、标准误差 Standard Error（SE）、总和 Sum 及数据组数（N）等。若要改动原始工作表中数据，点击工作表窗口上方的“重新计算 Recaculate”按钮即可。

类似地，可选择“统计 Statistics”菜单中“描述统计 Descriptive Statistics”中的“按行统计 StatisticsOn Rows”对行进行统计，选择“假设检验 Hypothesis Testing”下的“单样本 t 检验 One Sample-Test”对单个数据进行 t 检验，判断所选数据在给定置信度下是否存在显著性差异，结果会在弹出的 Script Windows 中显示。还可以在“分析工具 Analysis”菜单下进行数据排列 Sort Range、快速傅立叶变换 FFT、多元回归 Multiple Regression 等。

本章小结

吸光光度法是重要的仪器分析方法之一，具有简便、准确、应用范围广的特点。该法是通过选择合适的反应条件，使被测组分显色，在其最大吸收波长处测吸光度，根据朗伯-比尔定律求出被测组分的含量。常用的有目视比色法和分光光度法。光度分析法不仅可以定量测定溶液中无机离子和生化物质的含量，还可以测定有关的化学常数（如酸碱离解常数）和物质的组成（如配合物的组成等）。普通分光光度法适用于微量组分的测定。在此基础上改进的“示差法”可用于高含量和极低组分的测定。

思考与练习

1. 比色分析法有哪些特点？应用范围如何？
2. 有色溶液本身的颜色与其对光的选择吸收有何关系？
3. 说明朗伯-比尔定律表达式中各量的物理意义。
4. 影响显色反应的因素是什么？怎样选择合适的显色剂？
5. 选择哪些测量条件来纠正仪器的测量误差？
6. 填空题

(1) 若某溶液的吸光度为 1.091，为减小误差可采用方法有（　　）或（　　）。

(2) 在可见光分光光度分析中，若试剂或显色剂有颜色，而试液无色时，应选（　　）为参比溶液。

(3) 在相同入射光波长、相同厚度比色皿条件下，两溶液的透光率分别为 60%

和 30%，将两溶液等体积混合后，其透光率为（　　）。

（4）某溶液用 1cm 比色皿透光率为 50%，若浓度不变，改为 2cm 的比色皿测定此溶液的吸光度为（　　）。

7. 选择题

（1）用分光光度法测定 PO_4^{3-} 时，若试剂中存在少量 PO_4^{3-}，则应选择的参比溶液为（　　）。

A. 纯水　　B. 试剂空白　　C. 试液空白　　D. 试液中加掩蔽剂

*（2）测得某有色溶液的吸光度为 A_1，第一次稀释后测得吸光度为 A_2，再稀释一次测得吸光度为 A_3，已知 $A_1-A_2=0.500$，$A_2-A_3=0.250$，透光率比值 T_3/T_1 应为多少（　　）。（选自 2009 年全国硕士研究生入学统一考试农学门类联考试题）

A. 5.62　　B. 5.16　　C. 3.16　　D. 1.78

8. 一有色溶液遵守朗伯-比尔定律，当浓度为 c 时，透光率为 T，问其浓度变化为 $0.5c$、$1.5c$ 和 $3c$ 时，在液层厚度不变的情况下透光率分别为多少？

9. 有一高锰酸钾溶液，盛于 1cm 厚的比色皿中，测得透光率是 60%。如将其浓度增大一倍，而其他条件不变，吸光度和透光率各是多少？

10. 一束单色光通过厚度为 1cm 的有色溶液后，强度减弱 20%。当它通过 5cm 厚的相同溶液后，强度将减少多少？

11. 一溶液的摩尔吸光系数为 1.1×10^4，当此溶液的浓度为 $3.00\times10^{-5}\,mol\cdot L^{-1}$，液层厚度为 0.5cm 时，求 A 和 T 各为多少？

12. 用双硫腙光度法测定 Pb^{2+}，Pb^{2+} 的浓度为 0.08mg/50mL，用 2.0cm 比色皿于 520nm 波长下得 $T=53\%$，求吸光系数 a 和摩尔吸光系数 ε 各为多少？

13. 根据 $A=-\lg T=K'c$，设 $K'=2.5\times10^4\,L\cdot mol^{-1}$，今有 5 个标准溶液，浓度 $c(mol\cdot L^{-1})$ 分别为：4.0×10^{-6}、8.0×10^{-6}、1.2×10^{-5}、1.6×10^{-5}、2.0×10^{-5}，以 c 为横坐标，T 为纵坐标绘制 T-c 曲线，这样曲线能否作为定量分析标准曲线？为什么？

14. 有一标准 Fe^{3+} 溶液的浓度为 $6\mu g\cdot mL^{-1}$，吸光度为 0.304。有一液体试样，在同一条件下测得的吸光度为 0.510，求试样溶液中铁的含量（$mol\cdot L^{-1}$）。

15. A solution containing iron (as the thiocyanate complex) was observed to transmit 74.2% of the incident light with $\lambda=510nm$ compared with an appropriate blank.

(1) What is the absorbance of this solution?

(2) What is the transmittance of solution of iron with four times as concentrated?

第十章　电势分析法

教学目标

1. 了解电势分析法的特点及离子选择电极的性能和应用范围。
2. 掌握指示电极的分类、性能和应用范围。
3. 掌握直接电势法的测定方法和电势滴定法终点的计算方法。

第一节　概述

电势分析法是电化学分析法中的一个重要分支，是利用电极电势和溶液中待测离子的活度关系来测定离子活度的方法。电极电势和物质浓度的关系遵从能斯特方程：

$$\varphi(M^{n+}/M)=\varphi^{\ominus}(M^{n+}/M)+\frac{RT}{zF}\ln a(M^{n+}) \tag{10-1}$$

式中，$a(M^{n+})$ 为被测离子 M^{n+} 的（相对）活度。当浓度很低时，活度可由浓度代替。测定时，由一支电极电势随待测离子活度不同而变化的电极（指示电极）与一支电极电势已知且恒定的电极（参比电极）和待测溶液组成工作电池。

设电池为

$$M|M^{n+}\|\text{参比电极}$$

电池电动势 E 为

$$\begin{aligned}E_{\text{池}}&=\varphi_{\text{参比}}-\varphi(M^{n+}/M)\\&=\varphi_{\text{参比}}-\left[\varphi^{\ominus}(M^{n+}/M)+\frac{RT}{zF}\ln a(M^{n+})\right]\end{aligned} \tag{10-2}$$

电势分析法包括直接电势法和电势滴定法两种。直接电势法通过测定电池电动势直接求得待测离子活度。该法灵敏度高，选择性好，设备简单，操作简便，便于实现连续、快速、自动化测定，发展极为迅速，已在工农业、环保、医学、石油、海洋及地矿等许多领域得到广泛应用。如测定金属离子、阴离子及气体和有机物等。

电势滴定法是根据滴定过程中电池电动势的变化来确定滴定终点的滴定分析法。随着滴定的进行，电池电动势不断变化。在计量点附近，$a(M^{n+})$ 发生突变，引起 E 较大的改变，从而确定滴定终点。可用于酸碱、配位、沉淀和氧化还原等各类滴定反应终点的确定，以及一些化学常数的测定等。

第二节　电势分析法中的电极

一、参比电极

参比电极是测量电极电势的相对标准。要求电极电势稳定、重现性好、装置简单、易于制作和保存、使用寿命长。常用的参比电极有以下两种。

1. 甘汞电极

由金属汞和固体 Hg_2Cl_2 及 KCl 溶液组成，结构见图 10-1 所示。

$$电极反应: Hg_2Cl_2 + 2e^- \rightleftharpoons 2Hg + 2Cl^-$$

$$电极符号: Hg|Hg_2Cl_2(s)|Cl^-(aq)$$

298K 时电极电势为

$$\varphi(Hg_2Cl_2/Hg) = \varphi^{\ominus}(Hg_2Cl_2/Hg) - 0.0592V\lg a(Cl^-)$$

可见，温度一定时，甘汞电极的电极电势主要决定于 $a(Cl^-)$，见表 10-1 所示。常用的是 KCl 溶液为饱和状态的甘汞电极，称为饱和甘汞电极。

表 10-1 298K 不同浓度 KCl 溶液的甘汞电极和银-氯化银电极的电势

名称	KCl 溶液的浓度	电极电势 φ/V
$0.1mol \cdot L^{-1}$甘汞电极	$0.1mol \cdot L^{-1}$	0.3365
标准甘汞电极(NCE)	$1.0mol \cdot L^{-1}$	0.2828
饱和甘汞电极(SCE)	饱和溶液	0.2438
$0.1mol \cdot L^{-1}$银-氯化银电极	$0.1mol \cdot L^{-1}$	0.2880
标准银-氯化银电极(NCE)	$1.0mol \cdot L^{-1}$	0.2223
饱和银-氯化银电极(SCE)	饱和溶液	0.2000

2. 银-氯化银电极

银丝表面镀一薄层 AgCl，浸于浓度一定的 KCl 溶液中构成，如图 10-2 所示。

$$电极反应: AgCl + e^- \rightleftharpoons Ag + Cl^-$$

$$电极符号: Ag|AgCl(s)|KCl(aq)$$

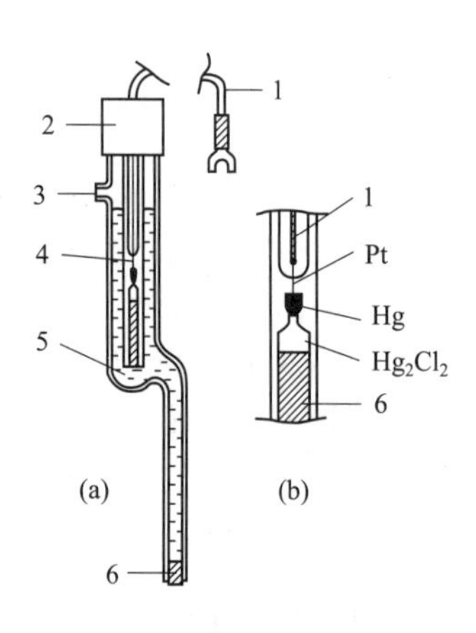

图 10-1 甘汞电极

(a) 整支电路；(b) 内部电极的放大图

1—导线；2—塑料帽；3—加液口；4—内部电极；

5—KCl 溶液；6—多孔陶瓷

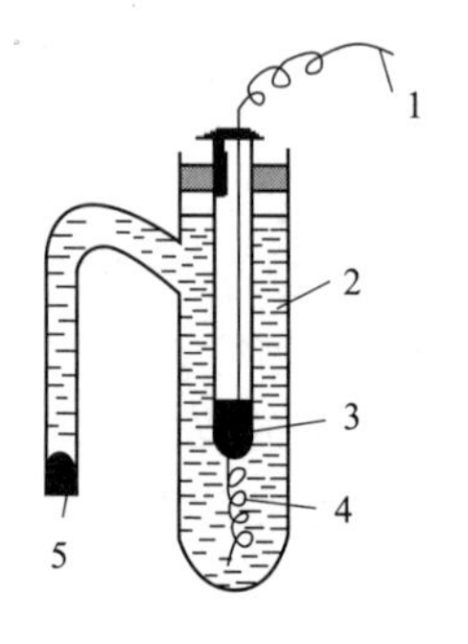

图 10-2 银-氯化银电极

1—导线；2—氯化钾溶液；3—汞；

4—镀氯化银的银丝；

5—多孔物质

298K 时电极电势为

$$\varphi(\text{AgCl/Ag})=\varphi^{\ominus}(\text{AgCl/Ag})-0.0592\text{V}\lg a(\text{Cl}^-)$$

298K 时，不同浓度 KCl 溶液的银-氯化银电极的电极电势，如表 10-1 所示。

二、指示电极

指示电极的电势随被测离子活度的变化而变化，从而指示被测离子的含量。要求电极电势与被测离子活度之间关系符合能斯特公式，选择性高，对离子活度变化响应快，重现性好，使用方便。常用的有以下几类：

（1）金属-金属离子电极

如，$\text{Ag}|\text{Ag}^+(a)$电极

$$\varphi(\text{Ag}^+/\text{Ag})=\varphi^{\ominus}(\text{Ag}^+/\text{Ag})+0.0592\text{V}\lg a(\text{Ag}^+)$$

（2）金属-金属难溶盐电极

如，$\text{Ag}|\text{AgCl(s)}|\text{Cl}^-(\text{aq})$电极

$$\varphi(\text{AgCl/Ag})=\varphi^{\ominus}(\text{AgCl/Ag})-0.0592\text{V}\lg a(\text{Cl}^-)$$

（3）惰性金属电极

如，$\text{Pt}|\text{Fe}^{3+}(a_1)$，$\text{Fe}^{2+}(a_2)$电极

$$\varphi(\text{Fe}^{3+}/\text{Fe}^{2+})=\varphi^{\ominus}(\text{Fe}^{3+}/\text{Fe}^{2+})+0.0592\text{V}\lg\frac{a(\text{Fe}^{3+})}{a(\text{Fe}^{2+})}$$

（4）膜电极

膜电极由不同材料的“膜”制成，包括测量溶液 pH 的玻璃电极及离子选择性电极。基于薄膜的特性，能选择性地响应待测离子的活度（或浓度），对溶液中的其他离子不响应，或响应弱，响应机理是相界面上发生离子的交换和扩散，而非电子转移。

三、离子选择性电极

1. 离子选择性电极的分类

离子选择性电极也称薄膜电极，是一种特殊的电化学传感器。能迅速、简便和连续地对某些特定离子进行测定，设备简单，易操作，不受或较少受样品颜色、浊度、悬浊物或黏度的影响，是电势分析中广泛应用的指示电极。

离子选择性电极种类繁多，IUPAC 建议分类如下：

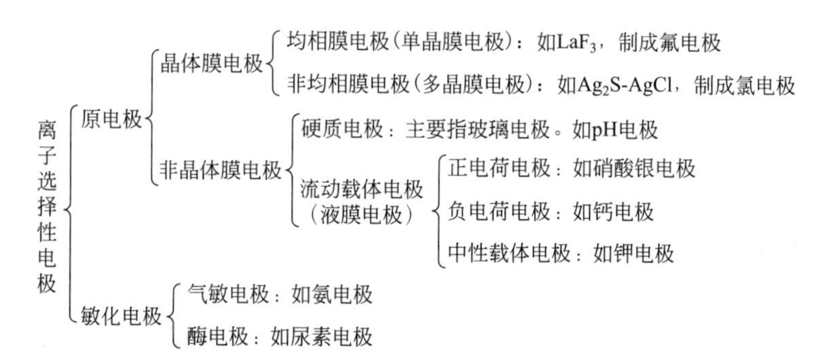

2. 常见离子选择性电极简介

（1）硬质电极——玻璃电极　主要指测定溶液 pH 的玻璃电极，此外还有对钠、钾和银等一价离子具有选择性的玻璃电极。pH 玻璃电极构造见图 10-3。主要部分是一个玻璃泡，泡的下半部是由特种玻璃（$0.22Na_2O$，$0.06CaO$ 和 $0.72SiO_2$ 构成）制成的约 30～100μm 厚的玻璃膜，泡内装 pH 一定的内参比溶液，一般为 $0.1mol \cdot L^{-1}$ HCl 溶液，溶液中插入 Ag-AgCl 电极作内参比电极，其电极电势恒定，与待测液 pH 无关。玻璃膜对 H^+ 敏感，允许 H^+ 而限制其他离子进出膜表面，所以能够测定溶液 pH。

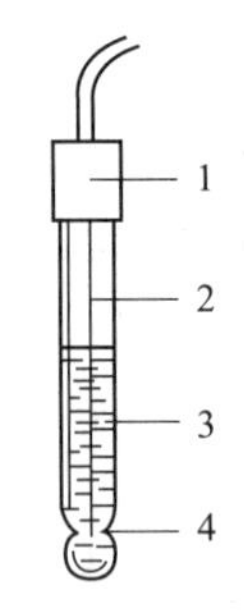

图 10-3　pH 玻璃电极

1—绝缘套；2—Ag-AgCl 电极；3—内部缓冲溶液；4—玻璃膜

玻璃电极在使用前一般须在水中浸泡 24h 以上，称为“活化”。使水分子渗透到玻璃膜中，使玻璃表面形成一层溶胀层（也称水化层），产生膜电势并降低、稳定不对称电势。在内、外溶胀层之间，有一未发生离子交换的干玻璃层。见图 10-4。

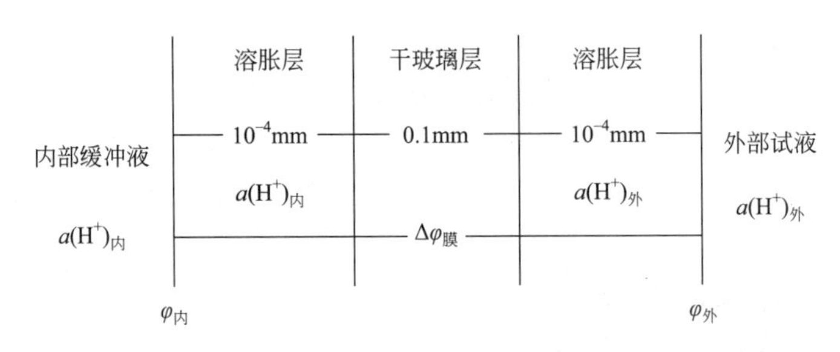

图 10-4　浸泡后的玻璃膜示意图

玻璃电极的电势与试液 pH 的关系为

$$\varphi = K - 0.0592\text{VpH} \tag{10-3}$$

看出，一定温度下，pH 玻璃电极的电势与试液的 pH 成直线关系。这是 pH 玻璃电极测定溶液 pH 的理论依据。K 数值决定于每支玻璃膜电极本身的性质。

pH 玻璃电极适于测定 pH 在 1～10 的溶液。当试液 pH>10 时，测得值比实际值小，这种现象叫“碱差”或“钠差”。是由于在溶胀层和溶液界面之间的离子交换中，不但有 H^+ 参加，还有 Na^+ 参加所引起；当试液 pH<1 时，测得值比实际值大，这种现象称为“酸差”，因为在强酸性溶液中，水分子活度减少，而 H^+ 是靠 H_3O^+ 传递，因此到达电极表面的 H^+ 减少，使 pH 增大。

现在有一种锂玻璃膜电极，仅在 pH>13 时才发生碱差。

（2）单晶膜电极——氟电极　氟电极的敏感膜由 LaF_3 单晶片制成，结构如图 10-5所示。内参比溶液为 0.1mol·L^{-1}NaCl 和 0.1～0.01mol·L^{-1}NaF 混合液，Ag-AgCl 电极为内参比电极。

氟电极的电势仅与溶液中 F^- 的相对活度有关，即

$$\varphi = K - 0.0592\text{V}\lg a(\text{F}^-) = K + 0.0592\text{V}\text{pF} \quad (10\text{-}4)$$

氟电极适于 pH 为 5～7 的溶液。氟电极选择性较高，为 F^- 量 1000 倍的 Cl^-、Br^-、I^-、SO_4^{2-}、NO_3^-、$C_2O_4^{2-}$、PO_4^{3-} 等阴离子均不干扰。OH^- 及能与 F^- 配位的离子有干扰。

（3）流动性载体液膜电极——钙电极　这类电极也叫液膜电极。以钙电极为代表，构造如图 10-6 所示。电极内装有内参比溶液（0.1mol·L^{-1} $CaCl_2$ 溶液，其中插入Ag-AgCl内参比电极）和液体离子交换剂（一种憎水性的有机溶液，即 0.1mol·L^{-1}二癸基磷酸钙的苯基磷酸二辛酯溶液。这种憎水性多孔性膜使离子交换剂液体形成一层薄膜，成为电极的敏感膜）。298K 时，电极电势与试液中 Ca^{2+} 活度关系为

$$\varphi = K + \frac{0.0592\text{V}}{2}\lg a(\text{Ca}^{2+}) \quad (10\text{-}5)$$

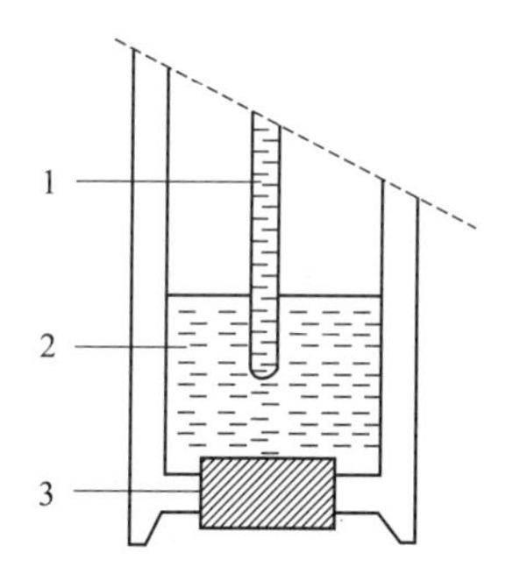

图 10-5　氟离子选择性电极

1—Ag-AgCl 内参比电极；
2—内参比溶液 NaF-NaCl；
3—LaF_3 单晶膜

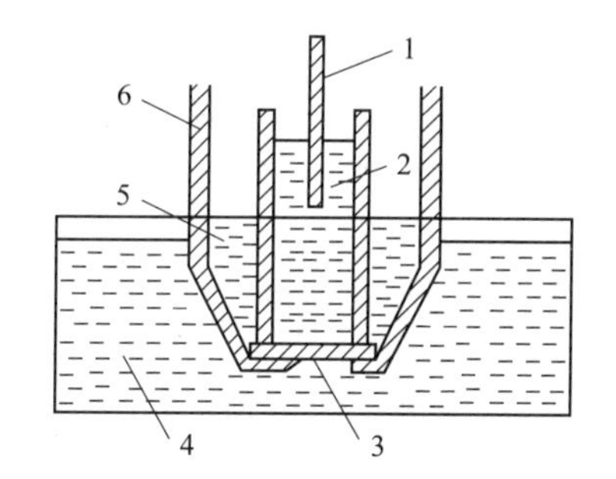

图 10-6　液膜电极

1—内参比电极；2—内参比溶液；
3—多孔薄膜；4—试液；
5—流体离子交换剂；6—壁

钙电极适用 pH 在 5.5～11 的溶液。pH 较高时，形成 $Ca(OH)_2$ 干扰测定。测定 Ca^{2+} 的最低活度是 10^{-5}mol·L^{-1}，线性范围为 10^{-1}～10^{-5}mol·L^{-1}。

（4）气敏电极　气敏电极是指对某些气体敏感的电极。如 NH_3、CO_2、SO_2、NO_2、H_2S 及 HF 电极等。

将离子选择性电极与参比电极装入同一套管中，加入内充溶液（中介溶液）做成复合电极，实际为一个化学电池。在主体电极敏感膜覆盖一层疏水性透气膜，待测气体通过透气膜进入内充溶液发生化学反应，使产生指示电极响应的离

子或其浓度发生变化，通过指示电极电势的变化反映待测离子浓度。

(5) 酶电极　将生物酶涂在离子选择性电极的敏感膜上，通过酶催化作用，溶液中待测离子向酶膜扩散，并与酶反应，使待测离子活度改变，被电极响应。或使待测离子能在该电极上产生响应来间接测定该物质。

由于酶催化有专一性和特殊性，因此，此类电极在生化分析中很重要。可用于测定生物体内的氨基酸、葡萄糖、尿素、胆固醇等。酶电极稳定性差，制备有些困难。

3. 离子选择性电极的性能

(1) 能斯特响应与检出限　离子选择性电极的电势随离子活度而变化称为响应。若这种响应服从能斯特方程，则称为能斯特响应。298K 时用下式表示能斯特响应

$$\varphi = K \pm \frac{0.0592\text{V}}{z}\lg a \tag{10-6}$$

式中，阳离子取正号，阴离子取负号；K 是与电极组成有关的常数。

上式表明，一定条件下，离子选择性电极的膜电势与待测离子活度的对数成线性关系。这是离子选择性电极法测定离子活度的基础。

将测得的电极电势对 $\lg a_i$ 作图，得图 10-7所示曲线。若曲线符合能斯特方程，直线部分的斜率在 298K，$z=1$ 时为 59.2mV；$z=2$ 时为 29.6mV。离子选择性电极符合能斯特响应的活度范围，称作该电极的线性范围。298K 时，一般电极的线性范围为 $10^{-1} \sim 10^{-6}\text{mol}\cdot\text{L}^{-1}$。当离子活度低至一定限度时，$\varphi_{膜}$ 与 $\lg a$ 的函数关系将偏离线性。

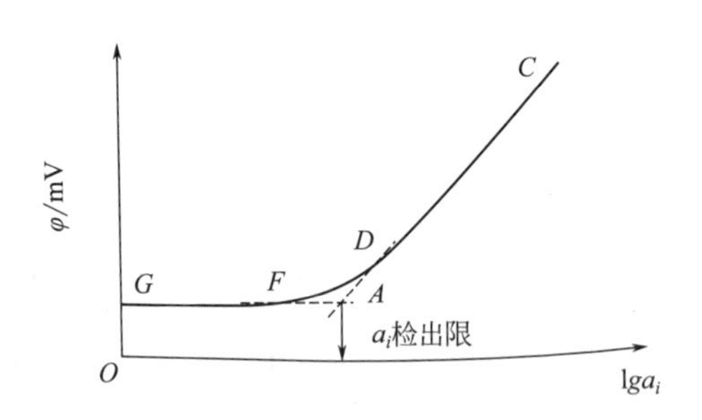

图 10-7　离子选择性电极的标准曲线及检出限

离子选择性电极的检出限是指能够测量的离子的最低活度（或浓度）。在实际应用中定义为 CD 和 FG 两直线延长线的交点对应的活度（或浓度）。

(2) 选择性系数　离子选择性电极不仅对待测离子（i）有响应，有时对共存离子（j）也有响应，从而产生干扰。若 i 和 j 离子电荷分别为 n 和 m，则考虑了干扰离子的影响后，膜电势的一般式为

$$\varphi = K \pm \frac{0.059\text{V}}{z}\lg[a_i + K_{ij}(a_j)^{n/m}] \tag{10-7}$$

上式对阳离子响应的电极，取正号；对阴离子响应的电极，取负号。

K_{ij} 为电势选择性系数，表示相同条件下，产生相同电势的待测离子与干扰

离子的活度比 a_i/a_j。K_{ij} 越小，选择性越高。通常 $K_{ij}<1$，当 K_{ij} 在 $10^{-2}\sim 10^{-4}$ 之间时，可忽略干扰离子的影响。K_{ij} 数值随测定方法不同而异，不能用来校正干扰离子产生的误差，但以此判断电极的选择性能，估算在干扰离子 j 共存下测定 i 离子所造成的误差。此误差可用下式估算：

$$D=\frac{K_{ij}a_j^{n/m}}{a_i}\times 100\% \tag{10-8}$$

【例 10-1】 有一 NO_3^- 离子选择性电极，对 SO_4^{2-} 的电势选择系数 $K(NO_3^- \cdot SO_4^{2-})=5.0\times 10^{-5}$。用此电极在 $1.0mol\cdot L^{-1}$ 的 H_2SO_4 介质中测定 NO_3^-，测得 $a(NO_3^-)=8.0\times 10^{-4}mol\cdot L^{-1}$。计算 SO_4^{2-} 引起的测量误差是多少？

解　测量误差 $=\frac{K_{ij}a_i^{n/m}}{a_j}\times 100\%=\frac{5.0\times 10^{-5}\times (1.0)^{1/2}}{8.0\times 10^{-4}}\times 100\%=6.2\%$

(3) 响应时间　IUPAC 规定，离子选择性电极的响应时间指从离子选择性电极和参比电极一起接触试液的瞬间（或由试液中被测物质的浓度发生改变时瞬间），至电势稳定在 1mV 内所经过的时间。

电极响应时间决定于敏感膜的性质和实验条件。待测离子浓度大时响应快，有干扰离子存在时响应慢。提高搅拌速度，能缩短响应时间。大多数离子响应时间在 2～15min 间。

4. 离子选择性电极的应用

应用离子选择性电极，扩大了直接电势法的应用范围，能快速、简便地测定某些离子的活度（或浓度）。在环境监测中，测定水、大气、土壤和“三废”以及生物样品中的离子。例如，用氰离子选择性电极测定废气和大气中氰化氢；氟离子选择性电极测定土壤中的氟；303 型碘离子选择性电极测定水样中游离碘；pNH_3-1 型氨气敏电极测定废水中的氨氮等。

第三节　直接电势法

一、溶液 pH 的测定

直接电势法是通过测定电池电动势，求出被测物活度（浓度）的方法。应用最多的是测定溶液的 pH。常用玻璃电极作指示电极，饱和甘汞电极作参比电极，与试液组成的工作电池为

$$Ag\,|\,AgCl\,|\,HCl\,|\,玻璃\,|\,试液\,\|\,KCl(饱和)\,|\,Hg_2Cl_2\,|\,Hg$$

|←— 玻璃电极 —→|　|←— 甘汞电极 —→|

电池电动势为

$$E=\varphi(Hg_2Cl_2/Hg)-\varphi_{玻}$$

$$=\varphi(Hg_2Cl_2/Hg)-(K-0.0592VpH_{试})$$
$$=K'+0.0592VpH_{试} \tag{10-9}$$

看出，电池电动势与试液的 pH 呈直线关系，这是测定 pH 的理论依据。

由于 K'难以测定，不能用上式计算试液的 pH。所以实际测量中，用已知 pH 的标准缓冲溶液为基准，比较包含试液和标准溶液的两个工作电池的电动势，来确定试液的 pH：

pH 玻璃电极|标准缓冲溶液 s 或试液 x ‖ 参比电极

$$E_x=K_x'+\frac{2.303RT}{F}pH_x$$

$$E_s=K_s'+\frac{2.303RT}{F}pH_s$$

若测量 E_x 和 E_s 时的条件不变，假定 $K_x'=K_s'$，以上两式相减，得

$$pH_x=pH_s+\frac{E_x-E_s}{2.303RT/F} \tag{10-10}$$

式中，pH_s 为已知，通过测量 E_x 和 E_s 可得出 pH_x。IUPAC 建议将此式作为 pH 的实用定义，通常也称为 pH 标度。

看出，E_x 与 E_s 之差和 pH_x 与 pH_s 之差成直线关系，直线的斜率 $F/2.303RT$ 是温度的函数。

标准缓冲溶液是 pH 测定的基准。其配制及 pH 的确定非常重要。表 10-2 列出了一些标准缓冲溶液的组成和 pH。在使用 pH 标准溶液来校正 pH 计时，为减少测量误差，要选用与待测试液的 pH 相近的 pH 标准缓冲溶液。

表 10-2 pH 标准缓冲溶液的 pH_s

温度 t/K	酒石酸氢钾（饱和溶液）	0.05mol·L^{-1}邻苯二甲酸氢钾	0.025mol·L^{-1}磷酸二氢钾＋0.025mol·L^{-1}磷酸氢二钠	0.01mol·L^{-1}硼砂
273		4.006	6.981	9.458
283		3.996	6.921	9.330
288		3.996	6.898	9.276
293		3.998	6.879	9.226
298	3.559	4.003	6.864	9.182
303	3.551	4.010	6.852	9.142
313	3.547	4.029	6.838	9.072
323	3.555	4.055	6.833	9.015

使用复合 pH 玻璃电极测定 pH 更方便，就是将玻璃电极和甘汞电极组合在一起，构成单一电极体，结构见图 10-8 所示。复合 pH 电极使用方便、体积小、坚

固耐用，有利于小体积试液测定，已取代常规的 pH 玻璃电极，广泛地用于溶液 pH 测定。

二、离子活度的测定

将离子选择性电极与参比电极组成电池，测其电池电动势，按

$$E = K' \pm \frac{2.303RT}{zF}\lg a \tag{10-11}$$

计算待测离子的活度。

1. 测定离子活度的方法

（1）标准曲线法　将指示电极和参比电极插入一系列待测离子的标准溶液中，加入由一定的惰性电解质、金属配位剂及 pH 缓冲剂等组成的缓冲溶液（TISAB），测定各电池的电动势，绘制 E-$\lg c_i$ 或 E-pM 曲线，在一定浓度范围内是直线，见图 10-9。在待测溶液中加入同样的 TISAB 溶液，并用同一电极测定其电动势 E_x，再从标准曲线上查出相应的 c_x。

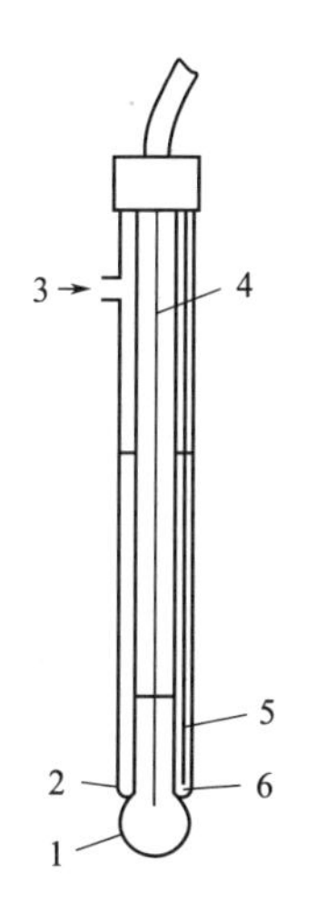

图 10-8　复合 pH 玻璃电极

1—玻璃膜；2—多孔陶瓷；3—加液口；
4—内参比电极；5—外参比电极；
6—外参比电极的参比溶液

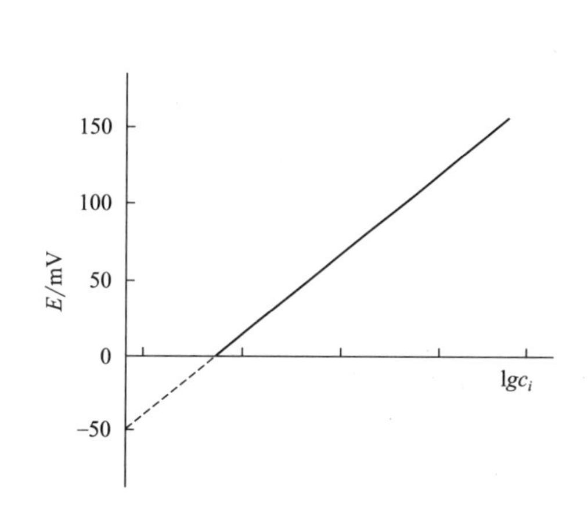

图 10-9　标准曲线

注意，离子选择性电极的膜电势依赖于离子活度，而不是浓度，只有当离子活度系数不变时，膜电势才与浓度的对数成直线关系。所以必须加入一种离子强度较大的溶液，使溶液的离子强度固定，保证离子活度系数不变。而且测定试液和标准溶液时尽可能在相同条件下进行，使 K' 保持基本一致。例如，测定 F^- 时的 TISAB 组成为：NaCl（$1\text{mol}\cdot\text{L}^{-1}$）、HAc（$0.25\text{mol}\cdot\text{L}^{-1}$）、NaAc

（0.75mol·L^{-1}）及柠檬酸钠（0.001mol·L^{-1}），其中柠檬酸钠能掩蔽 Fe^{3+} 及 Al^{3+} 去除干扰。

标准曲线法适用于大批较简单的同类型样品的测定。

（2）标准加入法　当试液是离子强度较大的金属离子溶液，且溶液中存在配位剂时用标准加入法。

设待测液体积 V_0，离子浓度 c_x，298K 时测得电池电动势为 E_1，E_1 与 c_x 关系为

$$E_1 = K' + \frac{2.303RT}{zF}\lg x_1\gamma_1 c_x \tag{10-12}$$

式中，γ_1 是活度系数；x_1 是游离（即未配位的）离子的分数。

在试液中准确加入一小体积 V_s（约为试液体积的 1/100）待测离子的标准溶液（浓度为 c_s，c_s 约为 c_x 的 100 倍），测得电池电动势 E_2，则

$$E_2 = K' + \frac{2.303RT}{zF}\lg(x_1\gamma_2 c_x + x_2\gamma_2\Delta c) \tag{10-13}$$

式中，Δc 是加入标准溶液后试液浓度的增加量；γ_2 和 x_2 分别为加入标准溶液后的活度系数和游离离子的分数。

$$\Delta c = \frac{V_s c_s}{V_0}$$

由于 $V(s) \ll V_0$，可认为试液的活度系数不变，即 $\gamma_1 = \gamma_2$，假定 $x_1 = x_2$，则

$$E_2 - E_1 = \Delta E = \frac{2.303RT}{zF}\lg\left(1 + \frac{\Delta c}{c_x}\right)$$

令 $s = \frac{2.303RT}{zF}$，则

$$\Delta E = s\lg\left(1 + \frac{\Delta c}{c_x}\right)$$

即

$$c_x = \Delta c(10^{\Delta E/s} - 1)^{-1} \tag{10-14}$$

此法仅需一种标准溶液，操作简单、快速。适用于组成复杂、份数少的试样。为使结果正确，必须保证加入标准溶液后，离子强度无显著变化。该法测定的是溶液中离子的总浓度。

2. 影响测定准确度的因素

（1）温度　由式(10-11) 知温度影响直线的斜率和截距。K' 包括参比电极电势、膜的内表面膜电势、液接电势等，这些都与温度有关。所以测量过程中应保持温度恒定。

（2）电势测定误差　对一价离子响应的电极，如果电势测量产生 1mV 的误

差，就产生 3.9%的浓度相对误差；对二价离子响应的电极，1mV 的误差相当于 7.8%的浓度相对误差。因此测量电势所用的仪器必须具有较高的灵敏度和准确度。

（3）干扰离子　干扰离子可能与待测离子反应，生成对电极没有响应的物质，或是干扰离子直接与电极发生影响。所以干扰离子的存在不仅带来测定误差，还使电极响应时间增长。一般用加入掩蔽剂或预先分离等方法消除干扰离子。

（4）溶液的 pH　H^+ 或 OH^- 能影响某些测定，所以一般用缓冲剂控制溶液的 pH。

（5）待测离子浓度　电极可以测定离子浓度的范围约为 10^{-1}～10^{-5} mol·L^{-1} 间，这一范围与共存离子的干扰和溶液的 pH 等有关，干扰离子浓度越高，可能测定的离子浓度下限越高。

（6）电势平衡时间　电势平衡时间指电极浸入试液后，获得稳定电势所需要的时间。平衡时间越短越好。

第四节　电势滴定法

电势滴定法是根据电池电动势在滴定过程中的变化来确定滴定终点的方法。与普通的滴定法和直接电势法相比，有以下特点：

① 精密度和准确度高。该法只注意滴定过程中电势的变化，不需知道终点的绝对值，比直接电势法受电极性质、液接电势、不对称电势和活度系数等影响小。与普通滴定法比，不存在观测误差。

② 不用指示剂确定终点，不受溶液外观限制。

③ 可连续、自动滴定和微量滴定。

④ 操作较复杂、烦琐，分析时间较长。

一、电势滴定法的仪器装置及测定原理

电势滴定法所用仪器有滴定管、滴定池、指示电极、参比电极、搅拌器和测量电动势的仪器（如电势计，或直流毫伏计）。见图 10-10 所示。

在待测液中插入指示电极和参比电极组成电池。用电磁搅拌器搅拌溶液。滴定过程中指示电极的电势随待测离子活度的变化而变化。计量点附近，电势发生突变示为滴定终点。表 10-3 是以银电极作指示电极，饱和甘汞电极作参比电极，用 0.1000mol·L^{-1} $AgNO_3$ 标准溶液滴定 20.00mL NaCl 溶液的实验数据。

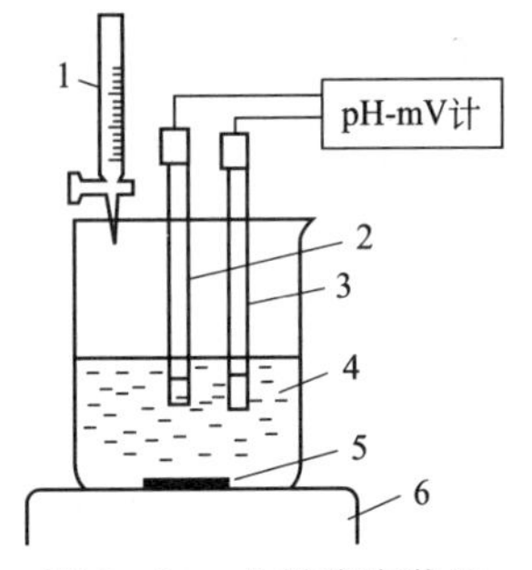

图 10-10　电势滴定装置

1—滴定管；2—指标电极；3—参比电极；4—试液；5—转子；6—电磁搅拌器

表 10-3 $AgNO_3$ 溶液滴定 NaCl 溶液的实验数据及处理

加入 $AgNO_3$ 的体积 V/mL	电动势值 E/mV	$\frac{\Delta E}{\Delta V}$/mV·mL^{-1}	$\frac{\Delta^2 E}{\Delta V^2}$/mV·mL^{-2}
5.00	0.062		
		0.0023	
15.00	0.085		
		0.0044	
20.00	0.107		
		0.008	
22.00	0.123		
		0.015	
23.00	0.138		
		0.016	
23.50	0.146		
		0.050	
23.80	0.161		
		0.065	
24.00	0.174		
		0.090	
24.10	0.183		
		0.110	
24.20	0.194		2.8
		0.390	
24.30	0.233		4.4
		0.830	
24.40	0.316		−5.9
		0.240	
24.50	0.340		−1.3
		0.110	
24.60	0.351		−0.4
		0.070	
24.70	0.358		
		0.050	
25.00	0.373		
		0.024	
25.50	0.385		

二、电势滴定法的终点确定方法

1. E-V 曲线法

绘制如图 10-11 所示的 E-V 滴定曲线。横轴为加入滴定剂的体积，纵轴为电池电动势。作两条与滴定曲线成 45°倾斜的切线，并在切线间作垂线，通过垂线的中点作切线的平行线，与曲线相交点为曲线的拐点，即滴定终点。对应的体积即为滴定终点滴定剂的体积。此法作图简单，但准确度较差。

2. (ΔE/ΔV)-V 曲线法

如果 E-V 曲线较平坦，突跃不明显，则可绘制一级微分曲线，即（$\Delta E/\Delta V$)-V 曲线。$\Delta E/\Delta V$ 表示随滴定剂体积变化的电势变化，是 dE/dV 的估计值。例如当加入 $AgNO_3$ 溶液从 24.10mL 到 24.20mL 时，有

$$\frac{\Delta E}{\Delta V}=\frac{E_{24.20}-E_{24.10}}{24.20\text{mL}-24.10\text{mL}}=\frac{0.194\text{mV}-0.183\text{mV}}{0.10\text{mL}}=0.110\text{mV}\cdot\text{mL}^{-1}$$

用表 10-3 中数据绘制（$\Delta E/\Delta V$)-V 曲线，如图 10-12 所示。曲线的最高点为滴定终点。曲线的一部分用外延法绘出。此法得到的终点较为准确。

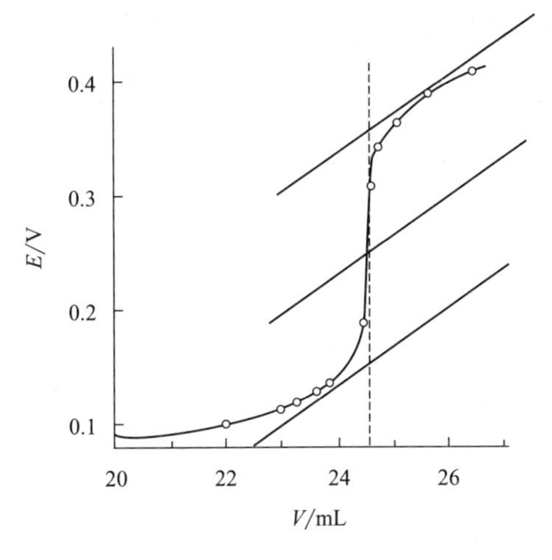

图 10-11　E-V 曲线

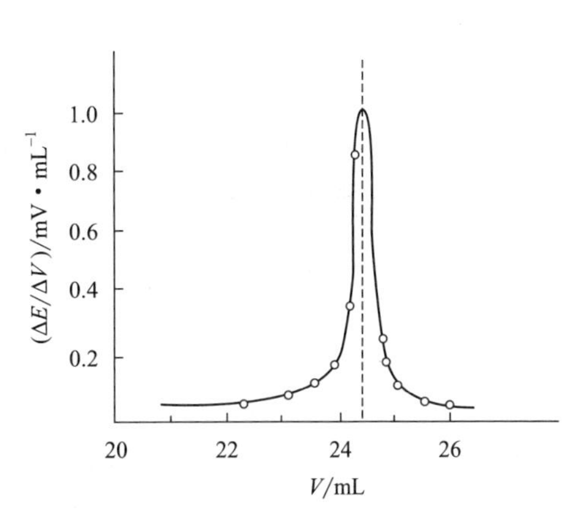

图 10-12　(ΔE/ΔV)-V 曲线

3. $(\Delta^2E/\Delta V^2)$-V 曲线法

$\Delta^2E/\Delta V^2$ 表示在 $(\Delta E/\Delta V)$-V 曲线上，改变一微小体积所引起 $\Delta E/\Delta V$ 的变化情况，即 $\Delta(\Delta E/\Delta V)/\Delta V$。$(\Delta^2E/\Delta V^2)$-$V$ 曲线如图 10-13 所示，称为二级微商法。从曲线上 $\Delta^2E/\Delta V^2=0$ 的一点作垂线到横轴，交点即为终点。

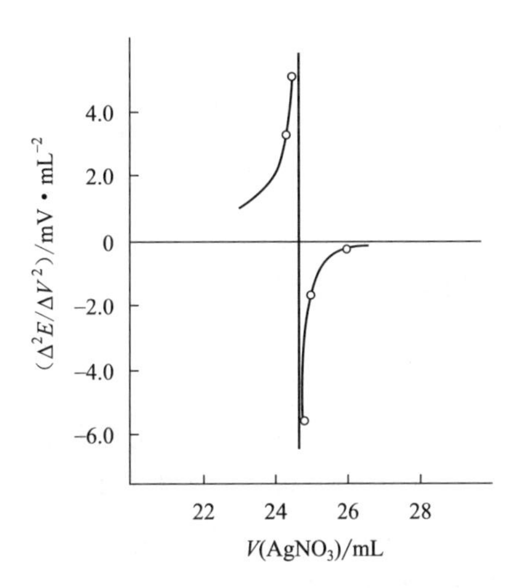

图 10-13　$(\Delta^2E/\Delta V^2)$-V 曲线

用图解法求终点费时且不一定准确，因此常用内插法确定终点。因为 $(\Delta E/\Delta V)$-V 曲线的最高点就是二级微商 $\Delta^2E/\Delta V^2$ 等于零处。

$\Delta^2E/\Delta V^2$ 的计算公式为

$$\frac{\Delta^2E}{\Delta V^2}=\frac{\left(\frac{\Delta E}{\Delta V}\right)_2-\left(\frac{\Delta E}{\Delta V}\right)_1}{\Delta V}$$

例如对应于加入 $AgNO_3$ 溶液 24.30mL 时，有

$$\frac{\Delta^2E}{\Delta V^2}=\frac{0.830\text{mV}\cdot\text{mL}^{-1}-0.390\text{mV}\cdot\text{mL}^{-1}}{24.35\text{mL}-24.25\text{mL}}=4.4\text{mV}\cdot\text{mL}^{-2}$$

对应于 24.40mL 时，有

$$\frac{\Delta^2E}{\Delta V^2}=\frac{0.240\text{mV}\cdot\text{mL}^{-1}-0.830\text{mV}\cdot\text{mL}^{-1}}{24.45\text{mL}-24.35\text{mL}}=-5.9\text{mV}\cdot\text{mL}^{-2}$$

用内插法算出对应于 $\Delta^2 E/\Delta V^2=0$ 时的体积，方法为

$$V=24.30\text{mL}+0.10\text{mL}\times\frac{4.4\text{mV}\cdot\text{mL}^{-2}}{4.4\text{mV}\cdot\text{mL}^{-2}+5.9\text{mV}\cdot\text{mL}^{-2}}=24.34\text{mL}$$

这就是滴定终点时消耗 $AgNO_3$ 溶液的量。

三、电势滴定法的应用

1. 酸碱滴定

酸碱滴定中常用玻璃电极、锑电极作指示电极，甘汞电极作参比电极。一般酸碱滴定都可用电势滴定法，特别是对弱酸、弱碱的滴定。若酸和碱太弱或难溶于水易溶于有机溶剂时，可在非水溶液中滴定。很多非水滴定都可用电势法指示终点。例如，在醋酸介质中用高氯酸滴定吡啶，在乙醇介质中用盐酸滴定三乙醇胺，在丙酮介质中滴定高氯酸、盐酸、水杨酸的混合物等。

2. 沉淀滴定

电势滴定法用于沉淀滴定时，根据不同的沉淀反应选用不同的指示电极。如用 $AgNO_3$ 标准溶液滴定 Cl^-、Br^-、I^-、CNS^-、S^{2-}、CN^- 及一些有机酸的阴离子时，以银电极作指示电极；用 $Hg(NO_3)_2$ 溶液滴定 Cl^-、I^-、CNS^-、$C_2O_4^{2-}$ 等，以汞电极作指示电极；用 $K_4[Fe(CN)_6]$ 溶液滴定 Pb^{2+}、Cd^{2+}、Zn^{2+}、Ba^{2+} 等，以铂电极作指示电极。

当滴定 Ag^+ 或卤素离子时，应用双盐桥甘汞电极，选用 KNO_3 溶液作外盐桥溶液。

3. 氧化还原滴定

氧化还原滴定中，通常用铂电极作指示电极，以甘汞电极或钨电极作参比电极。例如用 $KMnO_4$ 溶液滴定 I^-、NO_2^-、Fe^{2+}、V^{4+}、Sn^{2+}、$C_2O_4^{2-}$ 等；用 $K_2Cr_2O_7$ 溶液滴定 Fe^{2+}、Sn^{2+}、I^-、Sb^{3+} 等。

4. 配位滴定

配位滴定中，常用汞电极作指示电极，甘汞电极作参比电极。例如用 EDTA 溶液滴定 Cu^{2+}、Zn^{2+}、Ca^{2+}、Mg^{2+} 和 Al^{3+} 等多种金属离子。

配位滴定也可用被测离子的离子选择性电极作指示电极。例如以氟离子选择性电极作指示电极，用氟化物滴定铝；以钙离子选择性电极为指示电极，用 EDTA 滴定钙等。

现将各类滴定法经常使用的电极归纳于表 10-4 中。

表 10-4　各种滴定法中的电极

滴定方法	参比电极	指示电极
酸碱滴定	甘汞电极	玻璃电极，锑电极
沉淀滴定	甘汞电极，玻璃电极	银电极、硫化银薄膜电极等离子选择性电极

续表

滴定方法	参比电极	指示电极
氧化还原滴定	甘汞电极，钨电极	铂电极
配位滴定	甘汞电极	汞电极、银电极，氟离子、钙离子等离子选择性电极

知识拓展 **关键词链接：膜电势，生物电分析传感器，酸度计**

化学视野

生物电分析

生物电分析是分析化学中发展迅速的一个领域。利用生物组分，如酶、抗体等来检测特定的化合物，这方面的研究导致了生物传感器的发展。

生物电分析传感器具有选择性高（甚至对某些组分专一）、灵敏快速、价格低廉、可实现自动控制的特点，广泛应用于医学上的分析和工业或环境过程的在线控制，甚至生物体内的测试等。能控制食品生产、发酵和监视有机物污染过程，评价食品质量等。生物电分析传感器分为电势型和电流型两种。目前许多用酶和其他物质的电势和电流传感器已经设计和应用。如，分析环境中的无机化合物如硝酸盐、磷酸盐，有机化合物如甲烷、甲基硫酸酯等；监测一些参数，例如生物溶解氧；确定有毒的物质或生成的变形物等。

1. 电势传感器

膜或表面对某一组分敏感，产生的相对于参比电极的电势与溶液中活性组分浓度的对数成正比。例如钾离子选择性电极，用 valin-mycin 作为中性的电荷载体。

场效应管也被用于生物传感器中。离子选择性场效应管使用离子选择性膜，与使用离子选择性电极相同。

酶-选择性电极由含固定酶的膜覆盖在 pH 电极或气体电极（如氨电极），用来检测电势或覆盖在氧电极上检测电流。酶与基质的反应产物由电极检测。

2. 电流传感器

电活性物质在固定电势下发生电化学反应，测定产生的电流。所用的固定电势与溶液中组分的浓度有关。多数与生物学有关的物质，如葡萄糖、尿素、胆固醇等都不是电活性物质，需通过适当的反应来产生电活性物质。但许多情况下所给的固定电势不能分辨出不同的电活性组分，需要附加的选择性。酶可以提供这种选择性和灵敏度。但酶在电极表面直接固定，活性会显著降低。可采用将固化酶的膜覆盖在电极表面，或将电极先与中介体相连的办法解决。

微生物传感器是将生物细胞固定在电极上，电极把微有机体的生物电化学信号转变为电势。例如氧的释放在Clark电极的固定电势上以电流的形式记录下来。与用于电分析的酶相比，微生物传感器微生物细胞不需纯化，把这种微生物传感器浸到微生物培养的中性溶液中就可再生，不存在辅助物的再生，细胞可以全面催化新陈代谢的转化，这是单一酶不具备的。微生物传感器的缺陷是响应时间长，选择性低。

微生物微电极因体积小，在生物体内有广泛的应用，但虽然所用物质具有生物相容性，但培植电极仍要在无菌条件下进行，引起免疫反应和形成血栓的危险是将其应用到生物体内的主要困难，且目前尚未完全解决。生物体内电极处会有组织的损坏，损坏的组织很快由相邻的组织甚至可能对电极排斥的抗体再生和覆盖。相邻组织的形成和生长受电极材料的形式和性质的影响，所以发展应用于生物体内传感器的生物材料非常重要。另外，因相邻的组织和抗体都不导电，当传感器植入生物体后，会引起电极响应信号大幅度降低。

微电极也用于电生理学。在连接板夹技术（patch-clamp technique）中用作分子内外电势的传感器来研究分子水平的离子转移。人体脑电图、肌电图和心电图分析技术都是基于测量人体中产生的电信号。将很薄的Ag-AgCl电极放在人体某一个器官的表面或内部，通过得到的电信号进行分析。出于安全的原因，从人体得到的电信号先转变成光信号，然后再转换回电信号，采用一个光隔离器使人体与信号处理器隔开，以避免受信号处理器的干扰。

本章小结

电势分析法是利用电极电势和溶液中某种离子的活度关系来测定被测物含量的方法，包括直接电势法和电势滴定法。

直接电势法通过测量工作电池电动势直接测定待测离子的活度。具有连续、快速、自动化测量等优点，应用广泛。在简述参比电极、指示电极的构造和要求的基础上，着重介绍了膜电极及应用。即玻璃电极的构造，膜电势的产生、优点及缺陷；用玻璃电极测定溶液pH的原理、方法及数据处理；离子选择性电极的分类、性能及离子活度的测定原理、方法和应用。

电势滴定法是根据滴定过程中电池电动势的变化来确定滴定终点的方法。有E-V曲线法、$(\Delta E/\Delta V)$-V曲线法和$(\Delta^2 E/\Delta V^2)$-V曲线法。电势滴定法应用广泛，适用于酸碱、沉淀、配位、氧化还原以及非水溶剂等各类滴定分析中，也可用于一些化学常数的测定。

思考与练习

1. 电势分析法的基本原理是什么？什么是指示电极和参比电极？各举例说明其作用。

2. 为什么离子选择性电极对特定离子有选择性？如何估量这种选择性？

3. 直接电势法的依据是什么？为什么用此法测定溶液 pH 时，必须使用标准缓冲溶液？

4. 直接电势法测定离子活度的方法有哪些？哪些因素影响测定的准确度？

5. 什么是电势滴定法？它与一般的滴定分析有何异同？为什么电势滴定法的误差一般比直接电势法误差小？

6. 选择题

(1) 电极电势随离子活度不同而改变的电极称为（　　）。

A. 指示电极　　B. 参比电极　　C. 离子选择性电极　　D. 金属电极

(2) 电势分析法中所测量的物理量为（　　）。

A. 参比电极的电极电势　　B. 指示电极的电极电势

C. 膜电势　　D. 工作电池的电极

(3) 电势分析中，pH 玻璃电极的参比电极一般为（　　）。

A. 标准氢电极　　B. 饱甘汞电极

C. 铂电极　　D. 银电极

(4) 有四种电极分别为①氢电极②饱和甘汞电极③玻璃电极④银电极，电势法测定溶液 pH，常用电极为（　　）。

A. ①④　　B. ①③　　C. ②③　　D. ②④

(5) 玻璃电极使用前必须在纯水中浸泡一定时间，其主要目的是（　　）。

A. 清洗电极　　B. 校正电极　　C. 润湿电极　　D. 活化电极

7. pH 玻璃电极和饱和甘汞电极组成电池，在 298K 时，用 pH＝4.00 标准缓冲溶液测得电池电动势为 0.209V，用四种未知溶液分别代替标准缓冲溶液时，测得的电池电动势分别为：(1)0.425V；(2)0.312V；(3)0.088V；(4)－0.017V。试计算各溶液的 pH。

8. 用镁离子选择性电极测定溶液中的 Mg^{2+} 含量，工作电池为

镁离子选择性电极 | Mg^{2+} ‖ 饱和甘汞电极

若浓度为 $1.65\times10^{-2}mol \cdot L^{-1}$ 的 Mg^{2+} 标准溶液，在 25℃时电池电动势为 0.383V，当用未知 Mg^{2+} 溶液代替标准溶液，测得电动势为 0.412V，求未知溶液的 pMg^{2+}。

9. 已知溴电极的 $K(Br^-, Cl^-)=6\times10^{-4}$，当溶液中 pBr＝3，pCl＝1 时，如果用溴离子选择性电极测定溴离子活度，将产生多大误差？

10. 在 $0.001mol \cdot L^{-1}$ 的 F^- 溶液中，插入氟离子选择性电极与另一参比电极 SCE，测得电动势为 0.158V，于同样的电池中，放入未知浓度的 F^- 溶液，测得电动

势为 0.217V。设两份溶液的离子强度一致，试计算未知溶液中 F^- 的浓度。

11. 由玻璃电极和甘汞电极组成工作电池，25℃时，以 pH＝4.00 标准缓冲溶液测得电动势为 0.814V，则在 $c=1.00\times10^{-3}\text{mol}\cdot\text{L}^{-1}$ 的醋酸溶液中，此电池的电动势应是多少？

12. 用玻璃电极作指示电极，饱和甘汞电极作参比电极，与待测溶液组成工作电池。用 $0.1052\text{mol}\cdot\text{L}^{-1}$ NaOH 标准溶液电势滴定 25.00mL HCl 溶液，测得以下数据：

V(NaOH)/mL	pH	V(NaOH)/mL	pH	V(NaOH)/mL	pH
0.55	1.70	25.80	3.50	26.30	10.47
24.50	3.00	25.90	3.75	25.40	10.52
25.50	3.37	26.00	7.50	26.50	10.56
25.60	3.41	26.10	10.20	27.00	10.74
25.70	3.45	26.20	10.35	27.50	10.92

（1）绘制 pH-V（NaOH）曲线和 ΔpH-ΔV（NaOH）曲线，并计算计量点体积 V_{ep}。

（2）用二级微商计算法计算 V_{ep}。

（3）根据（2）的结果，计算 c(HCl) 是多少。

第十一章　光谱法及色谱法简介

教学目标

1. 了解原子吸收光谱法和原子发射光谱法的基本原理。

2. 掌握原子吸收光谱法和原子发射光谱法的定量分析方法。

3. 了解色谱分析法的概念和分类；掌握气相色谱分析法的基本原理和分析方法。

第一节　原子吸收光谱法

原子吸收光谱法又称原子吸收分光光度法（atom absorption spectroscopy，AAS)，是根据待测元素原子外层电子跃迁所产生的光谱进行分析的方法。包括原子发射光谱法、原子吸收光谱法和原子荧光光谱法。该法具有选择性好、检测能力和抗干扰能力强、测定范围广及准确、快速、简便等特点。广泛应用于农林环保、医药卫生、化工、生物、冶金、地质、商检、质量监督等领域或部门，是测定微量或痕量元素灵敏可靠的方法。目前可直接测定 70 多种元素。该法的不足是每测定一个元素需要一个该元素的空心阴极灯，对多元素同时测定尚有难度；对难溶元素测定的精密度和检测能力不理想；对多数非金属元素还不能直接进行测定。

一、基本原理

当某元素的空气阴极灯发射的特定波长的光通过样品的原子蒸气时，与空气阴极灯相同元素的原子（被测物）的外层电子将选择性地吸收该波长的光，使其减弱。原子蒸气对入射光吸收的程度同吸光光度法一样，符合朗伯-比尔定律，即

$$A=\lg\frac{I_0}{I}=aNb \tag{11-1}$$

式中，A 为吸光度；I_0 为特定谱线的强度；I 为被原子蒸气吸收后的透过光强度；b 为火焰宽度（即原子蒸气的宽度）；N 为待测元素吸收辐射的原子总数；a 为吸收系数。

实际中测定的是元素的浓度，该浓度与 N 成正比。在一定浓度范围和一定火焰宽度情况下，吸光度与待测元素浓度的关系服从比尔定律：

$$A=ac \tag{11-2}$$

这是定量分析的依据。

二、原子吸收光谱仪器

原子吸收光谱仪又叫原子吸收分光光度计，一般由光源、原子化器、分光系

统和检测系统四个主要部分组成，如图 11-1 所示。

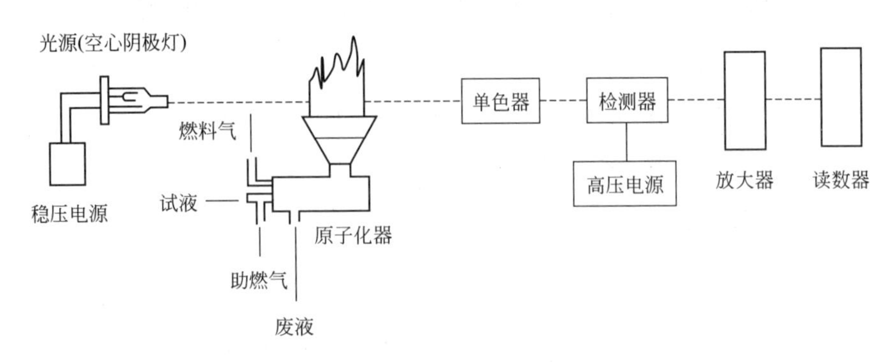

图 11-1 单光束原子吸收分光光度计示意图

1. 光源

光源发射被测元素的特征谱线，最好是发射出比吸收线宽度窄、能量大、背景小、强度大和稳定的锐线光源，这样才能得到准确的结果。目前多为空心阴极灯，结构见图 11-2 所示。由一个阳极（钨棒）和一个空心圆柱形的阴极组成，用待测元素或其合金作阴极（或衬在阴极上），将两个电极密封于充有低压惰性气体（氖或氩）并带有石英窗的玻璃管中。当两电极间施加 300～500V 直流电压时，产生放电现象。从空心阴极发出的电子在电场作用下高速射向阳极，电子与惰性气体原子碰撞，使气体电离，在电场作用下惰性气体的正离子轰击阴极表面，阴极表面的金属原子从金属表面溅射出来，再与电子、惰性气体原子及离子等碰撞而被激发，产生发射出阴极材料的金属原子的特征谱线。

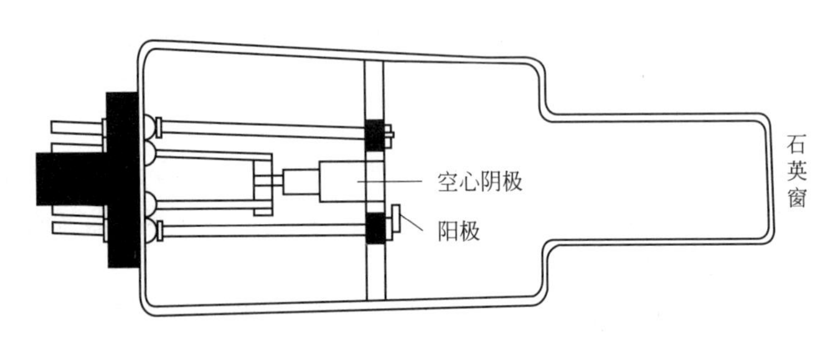

图 11-2 空气阴极灯

2. 原子化器

原子化器是将待测元素转变为基态原子蒸气的装置。入射光在这里被基态原子吸收。原子化器常用的有以下两种。

（1）火焰原子化器　是目前广泛采用的原子化器，如图 11-3 所示。试液经雾化器形成雾滴，在雾化室（预混合室）与燃料气体和助燃气体混合，喷入燃烧器中被火焰蒸发并热解成蒸气状态的基态原子。

火焰原子化器的缺点是原子化效率低，试样被火焰百万倍地稀释，降低了测定的灵敏度。

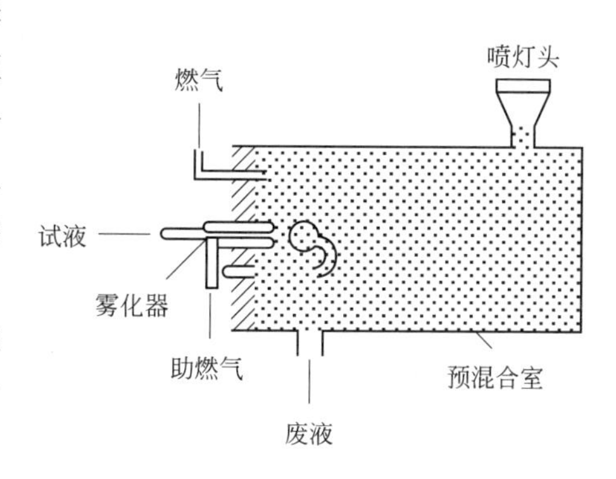

图 11-3　预混合型原子化器

（2）非火焰原子化器　利用电热、阴极溅射、等离子体或激光等方法使试样中待测元素原子化。最常用的是石墨炉原子化器，优点是试样用量少，只需几微升试液或几毫克试样；原子化效率高，原子蒸气停留时间长。因此，灵敏度比火焰法高 2～3 个数量级。但精密度比火焰法差，仅达 2%～5%，操作也较复杂。

3. 分光系统

分光系统又称单色器，是将特征谱线与其他发射线分开的装置。常用的是光栅。

4. 检测系统

检测系统包括光电倍增管、放大器和读数装置。光电倍增管将单色器分出的待测光信号转换成电信号，经放大器放大，由读数装置转换后成与浓度呈线性关系的吸光度值。

三、定量分析方法

1. 标准曲线法

配制一系列标准溶液和未知液，在相同条件下测其吸光度，通过 A-c 标准曲线，求出待测元素含量。对组成简单的试样，本法最为常用。

操作中要使配制的浓度在标准曲线的直线范围内，且组成尽量一致；标准溶液与未知液处理方法相同，工作条件一致，若进样效率、火焰状态、石墨炉工作参数等稍有改变，都会使标准曲线斜率发生变化。因此，测定前应用标准溶液对标准曲线进行校正。

2. 标准加入法

当试样组成复杂、待测元素含量较低时，常用这种方法。

设 c_x、c_0 分别为试液中待测元素的浓度和试液中加入的标准溶液的浓度，则 c_x+c_0 为加入后的浓度；A_x、A_0 分别表示试液和加入标准溶液后的吸光度。

由比尔定律，有：

$$A_x = ac_x, \qquad A_0 = a(c_0 + c_x)$$

则

$$c_x = \frac{A_x}{A_0 - A_x} c_0$$

实际工作中常采用作图法，也称“直线外推法”。取若干份相同体积的试液，从第二份开始分别按比例加入不同量的待测元素的标准溶液并定容。若试样中待测元素浓度为 c_x，加入标准溶液后浓度分别为 $c_x + c_0$、$c_x + 2c_0$、$c_x + 3c_0$…，分别测吸光度。以 A 对加入的标准溶液浓度 c_0 作图，并外延与浓度轴交于 F 点，如图 11-4 所示。设 c_s 为某一加入标准溶液的浓度，则

$$A = a(c_s + c_x)$$

由于 $A = 0$，$a \neq 0$，得 $c_x = -c_s$，可知 F 点浓度的绝对值即为 c_x。

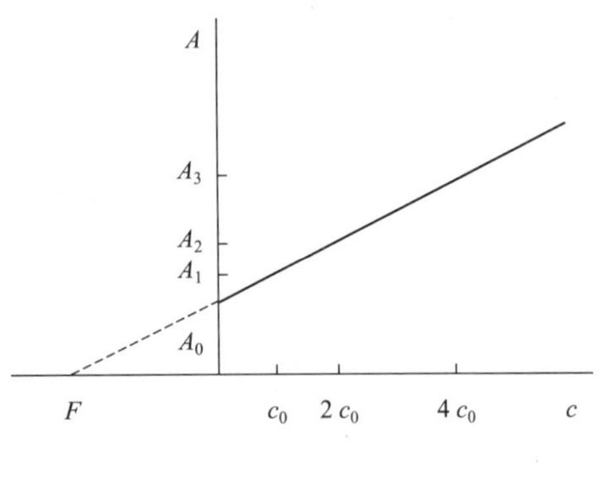

图 11-4　标准加入法

用该法测定应在标准曲线的线性范围内进行，且为使结果准确，至少应采用4 个工作点作外延线。首次加入的标准溶液浓度应大致和试样浓度相当，即 $c_0 \approx c_x$。

标准加入法能消除基体干扰和某些化学干扰，不能消除背景吸收的影响。后者可由仪器校正或作图后平移标准曲线扣除。

四、方法应用示例

1. 血清中钙和镁的测定

人体液中钙和镁的测定，直接在空气-乙炔火焰中分析经 1∶20～1∶50 稀释过的试样，为抑制磷酸根的干扰，在试样和标准溶液中，均加 1%的 EDTA 溶液、0.2%的镧溶液或 0.25%的锶溶液。注意，镧溶液在血清稀释后加，以避免蛋白质凝固，但用 EDTA 溶液时则没有这个问题。血清中蛋白质经高度稀释并有镧盐存在时，对测定无明显干扰。

2. 组织试样中 Cu、 Fe、 Zn 的测定

将组织试样洗净，烘干，放坩埚中称量。置于马弗炉中逐渐升温至 400℃，热解 4h，取出冷却，用稀硝酸或稀盐酸溶解，再用蒸馏水稀释至一定体积，用火焰原子吸收法直接测定。

3. 植物中锌的测定

将 1g 干燥后磨细成粉的植物材料加入石英坩埚中，于蒸汽浴上缓慢蒸干。

再加 5mL 浓盐酸，重复上述步骤以水解焦磷酸盐和使来自试样或坩埚的二氧化硅脱水。然后用 2mL0.1mol·L^{-1} HCl 处理残渣并过滤，直接将溶液引入空气-乙炔火焰，用原子吸收法测定。

第二节　原子发射光谱分析法

原子发射光谱分析法（atom emission spectroscopy，AES）是根据特征光谱来研究物质化学组成的方法。即通过测量试样中原子或离子发射的特征谱线的波长或强度进行分析，简称光谱分析。分析方法是先在激发光源下使试样蒸发、激发，辐射出光，并按波长展开，获得光谱，根据得到的谱线位置和强度进行定性、半定量和定量检验分析。

原子发射光谱分析法具有选择性好、灵敏度高、准确度好、操作简便、分析速率快、多元素同时测定等特点，可用于 70 多种元素的分析。在环境、冶金、机械、地质、材料、能源、生命及医药等领域应用广泛，已成为分析化学中最重要、应用最普遍的仪器分析法之一。

原子发射光谱分析法的不足之处：它是一种相对的分析方法，需用标准样品对照；对于常见的非金属元素，如卤素和硫、磷等光谱分析的检测能力差；对高含量组分的测定准确度不理想，且仪器价格昂贵，推广使用受限。

一、原子发射光谱分析仪的主要结构

光谱分析仪器主要由光源、摄谱仪及光谱检测装置三部分组成。

1. 光源

光源提供待测试样蒸发和激发所需能量，使元素产生光谱。常用的有直流电弧、交流电弧、电火花及电感耦合等离子体（ICP）。

（1）直流电弧　一定外压下，两电极间靠大量带电粒子（电子或离子）维持导电的气体放电称为电弧。用直接电源维持电弧的放电称为直流电弧。适用于难挥发物质的定性分析及难熔物质中痕量杂质的分析。

直流电弧具有电极温度高，试样易蒸发，检测能力强，速率快，设备简单，操作安全的特点。不足之处是放电不稳定，重现性差，试样消耗大。不适于高含量组分的定量分析，也不利于激发电离能高的元素。

（2）交流电弧　由交流电源维持电弧放电称为交流电弧。特点是电极温度比直流电弧低，试样蒸发能力和检测能力差；交流电弧放电较稳定，精密度好，适用于光谱定量分析；由于放电具有脉冲性，瞬时电流密度较大，电弧温度较高，激发能力强，适用于难激发元素的分析。

（3）高压火花　工作原理与交流电弧高频引燃相似。特点是电流密度高（$10^5 \sim 10^6$ A·cm^{-2}），激发温度高（10000K 以上），能激发具有高激发电势的谱线；比电弧光源放电稳定性和再现性好，电极温度较低，分析试样消耗少。不足之处是检出能力差，不易分析微量及痕量元素；分析速率慢。适合于难激发元素、高含量试样和低熔点的金属与合金试样的分析。

（4）ICP 利用高频电感耦合法获得气体放电，外观上与火焰类似，是最有发展前途的光源之一，是发射光谱法中最有竞争力的理想光源。具有稳定性好，激发能力强，受样品组成影响小，线性分析范围宽，检出限低，应用范围广及无电极沾污等优点。

2. 摄谱仪

摄谱仪是将复合光分解为按波长排列的单色光，并用感光板记录的仪器。分为棱镜摄谱仪和光栅摄谱仪两种。

3. 光谱检测装置

（1）感光板 将卤化银的微小晶体均匀地分散在精制的明胶中，并涂布在玻璃或软片上制成的一种感光材料，用以记录摄谱仪的光学系统分光得到的光谱。

（2）映谱仪 又叫光谱投影仪。作用是将光谱线放大约 20 倍，以便辨认谱线。

（3）测微光度计 又称黑度计，用来测量感光板上所记录的谱线黑度的仪器。

二、光谱分析方法

1. 光谱定性分析

不同元素具有不同的特征光谱。据此判断试样中是否存在该元素及大致含量。注意，这里的“有”或“无”等结论不是绝对的，是相对于分析方法的检出限而言。

2. 光谱半定量分析

是一种准确度较差的定量分析方法，误差一般在±20%～±50%。该法能同时分析多种元素，简单快速，应用广泛。常用的半定量分析方法有以下两种。

（1）谱线黑度比较法 将试样与标准系列（两者基体组成近似）在相同条件下，在同一块感光板上并列摄谱。在映谱仪下目视比较试样与标样中元素分析线的黑度，谱线黑度相同则含量相同。此法只有当试样与标样组成相似时，才能获得较准确的结果，但较费事，每次分析都需要用一系列标准样品。

（2）谱线呈现法 由于被测元素谱线的数目随试样中该元素含量的增加而增多。当含量低时，仅有 1～2 条最灵敏的谱线出现。随着试样中元素含量的增加，一些次灵敏的谱线也逐渐出现。因此可在固定条件下，用含量不同的被测元素的样品摄谱，把相对应出现的谱线编成一个谱线呈现表。如表 11-1 为铅的谱线呈现表。

表 11-1　铅的谱线呈现表

ω(Pb)	谱线及其特征
0.00001	283.307nm 清晰可见，261.418nm 和 280.200nm 谱线很弱
0.00003	283.307nm，261.418nm 谱线增强。280.200nm 谱线清晰
0.0001	上述各线均增强，266.317nm 和 287.332nm 谱线不太明显
0.0003	266.317nm 和 287.332nm 谱线逐渐增强至清晰
0.001	上述各线均增强，不出现新的谱线
0.003	显出 239.380nm 浅灰色宽谱线。在谱线背景上 257.726nm 不太清晰
0.01	上述各线均增强，出现 240.195nm，244.383nm 及 244.62nm，241.17nm 模糊可见
0.03	上述各线均增强，出现 322.054nm，233.242nm 模糊可见
0.10	上述各线均增强，出现 242.664nm 和 239.960nm 模糊可见
0.30	上述各线均加强，出现 311.89nm 和浅灰色背景中的 269.75nm 线

测定时按上述条件，利用谱线呈现表可快速测定样品中此种元素的半定量结果。此法较为快速，每次摄谱可不用标准样品；但此法受试样组成变化的影响较大。

3. 光谱定量分析

(1) 基本原理

① 谱线强度与元素含量的关系　某元素的谱线强度 I 与元素含量 c 服从经验公式：

$$I=ac^b \tag{11-3}$$

两边取对数得

$$\lg I=b\lg c+\lg a \tag{11-4}$$

式中，a 为发射系数，与试样的蒸发、激发过程和试样组成有关；b 为自吸系数，与谱线的自吸现象有关。

在一定条件下，待测元素含量在一定范围内 a 和 b 是常数。

式(11-4) 为光谱定量分析的基本关系式。表明，$\lg I$ 与 $\lg c$ 在一定含量范围内成直线关系。如图 11-5 所示。看出，当含量较高时，由于自吸影响，b 不是常数 ($b<1$)，曲线发生弯曲。

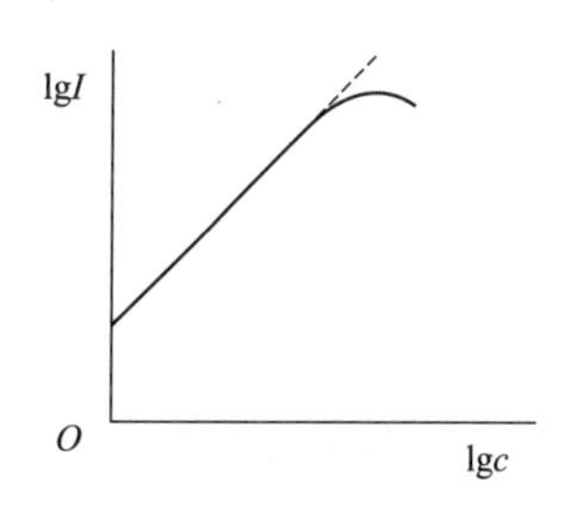

图 11-5　定量分析的标准曲线

② 内标法光谱定量分析的基本原理　当试样的蒸发和激发条件及试样的组成等变化，式(11-4)中参数 a 发生改变，影响谱线的强度时采用本法。

在被测元素的谱线中选一条谱线作分析线。将待测试样的基体元素（或定量加入的某一种元素）称为内标元素，选该元素的一条与分析线“均称”的谱线作内标线。所选用的分析线与内标线的组合称为分析线对。分析线与内标线的绝对强度的比值，称为相对强度，通过测量分析线对的相对强度进行定量分析。用此法可使谱线强度由于实验条件的波动而引起的变化得到补偿。

设待测元素和内标元素含量分别为 c_1 和 c_2，对应的分析线强度为 I_1 和 I_2。根据式(11-3）有

$$I_1=a_1c_1^{b_1} \tag{11-5}$$

$$I_2=a_2c_2^{b_2}$$

式中，b_2 为内标线自吸系数，在各试样中，内标元素的含量固定不变，所以 c_2 和 b_2 均为常数，此时上式为

$$I_2=a_3=\text{常数} \tag{11-6}$$

式(11-5）和式(11-6）相除，得

$$R=\frac{I_1}{I_2}=\frac{a_1}{a_3}c_1^{b_1} \tag{11-7}$$

式中，R 为谱线的相对强度。

令$\frac{a_1}{a_3}=A$，并改写 c_1 为 c，b_1 为 b，两边取对数，得

$$\lg R=b\lg c+\lg A \tag{11-8}$$

以 $\lg R$ 为纵坐标，$\lg c$ 为横坐标作标准曲线，与图 11-5 相同。在光谱分析中，由于分析线对是在同一块感光板上摄谱，实验条件稍有改变，两谱线所受影响相同，相对强度保持不变，所以可得到较准确的结果。

应用内标法时，内标元素和分析线对的选择要使内标元素在标准试样和待测试样中的含量相同，且固定不变；其次内标元素与分析元素挥发性相近，两元素电离电势相近；分析线与内标线波长要相近，且无自吸、无干扰和背景较浅。是具有相同或相近的激发电势的均称线对。满足这些条件，才能达到补偿由于实验条件不稳定所产生影响的目的。

实际工作中，很难找到完全满足上述条件的内标元素、内标线和分析线，只能采取折中的办法。

(2）光谱定量分析方法

光谱定量分析方法常用以下两种。

① 标准曲线法　在选定的分析条件下，对两个以上的不同浓度的被测元素的标样激发得到光谱图，以分析线强度 I（或分析线对强度比 R 或者 $\lg R$）对浓度 c(或 $\lg c$）作图。在相同条件下，测量未知试样光谱的 I 或 R 或 $\lg R$，由标准曲线求得未知试样中被测元素浓度 c。

如用摄谱法记录光谱，在正常曝光下，直接用分析线对黑度差 ΔS 与 $\lg c$ 建

立标准曲线进行定量分析。见图 11-6 所示。

用摄谱法进行光谱定量分析时，直接测定的不是谱线的强度，而是黑度。

设有一束光强为 I 的光透过谱片未感光部位后的光强为 i_0，透过谱片上某一谱线后的光强为 i，如图 11-7 所示。则谱片透过率 T 为

$$T=\frac{i}{i_0}$$

lg$T$ 称为黑度，以 S 表示，则

$$S=\lg\frac{1}{T}=\lg\frac{i_0}{i} \tag{11-9}$$

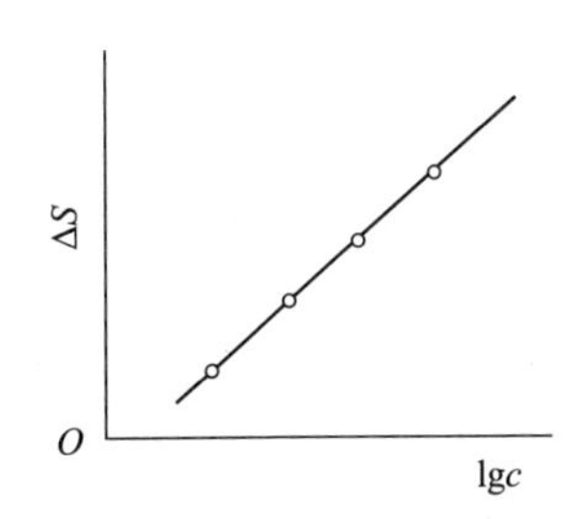

图 11-6　内标法标准曲线

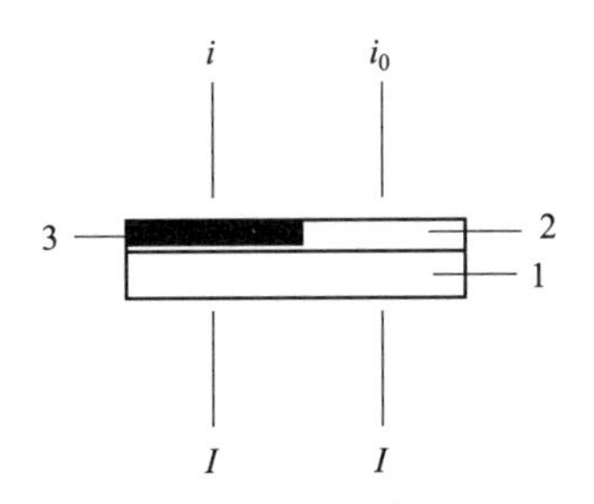

图 11-7　黑度的测量

1—玻璃片；2—乳剂未感光部分；3—乳剂感光部分

标准曲线法是光谱定量分析的基本方法，应用广泛，特别适用于成批试样的分析。

② 标准加入法　当标准试样与未知试样基体匹配有困难时，采用标准加入法可得到比校正曲线法更好的分析结果。

在几份未知试样中，分别加入不同已知量的被测元素，同一条件下激发光谱，测量不同加入量时的分析线对强度比。当被测元素浓度较低时，自吸系数 b 为 1，谱线强度比 R 直接正比于浓度 c，将校正曲线 R-c 延长交于横坐标，交点至坐标原点的距离所对应的含量，即为未知试样中被测元素的含量。

用标准加入法可检查基体纯度、估计系统误差、提高测定灵敏度等。

第三节　色谱分析法

一、概述

色谱分析法是由分离技术发展成为分离-分析技术的一种物理化学分离分析方法，是分离和鉴定多组分混合物的一种有效方法。

色谱法利用物质在两相（固定相和流动相）中分配系数不同，使分配系数只

有微小差异的组分产生明显的分离效果。

色谱法按不同标准可分许多类。

(1) 按两相状态分

① 气相色谱　流动相为气体的色谱法。

② 液相色谱　流动相为液体的色谱法。

(2) 按固定相形态分

① 柱色谱　固定相装在柱管内，包括填充柱色谱、空心毛细管色谱和填充毛细管色谱。

② 纸色谱　固定相为滤纸，样品溶解其上面展开分离。

(3) 按分离过程的物理化学原理分

① 吸附色谱　利用吸附剂表面的吸附性能进行分离的色谱。包括气-固吸附色谱和液-固吸附色谱。

② 分配色谱　利用不同组分在两组中分配系数不同进行分离的色谱。包括气-液分配色谱和液-液分配色谱。

③ 离子交换色谱　利用多孔性物质对不同大小分子的排阻作用的差异进行分离的色谱。

色谱法高效、快速、灵敏、应用范围广。在石油、化工、化学、农业、医药、环保及卫生防疫等方面均有广泛应用，可以检出超纯气体、高纯试剂、合成橡胶、塑料等中微量杂质；在环境监测中可进行大气环境污染物分析，测定大气中硫化物、卤化物、氮化物；烟道气中一氧化碳、甲烷等及水中污染物；农副产品、食品、水中农药残留量等。

色谱法主要不足是定性分析困难及不适于沸点高于 400℃ 的难挥发物质和对热不稳定物质的分析。将色谱法与其他分析方法联用，如色谱-质谱、色谱-光谱等，使色谱的强分离能力与质谱、光谱的强定性能力结合，提高色谱定性分析的工作水平，是当今仪器分析广泛的应用技术和最重要的发展方向之一。

二、气相色谱分析基本理论

1. 分离基本原理

将 A、B 两组分混合试样一次注入色谱柱中，流动相不断流入色谱柱。刚进柱时，组分 A 和 B 是一条混合谱带。随着流动相持续地通过，由于二组分吸附能力或分配系数的差异，使二者在柱中移动速率不同。经过多次吸附（或分配），组分 A 和 B 逐渐分开，先后随着流动相离开色谱柱进入检测器，记录仪出现两个色谱峰。见图 11-8所示。

2. 色谱图及其术语

试样中各组分经色谱柱分离后，随载气依次进入检测器，检测器将各组分的浓度（或质量）的变化转换为电信号，由记录仪记录下来，以检测器对组分的响

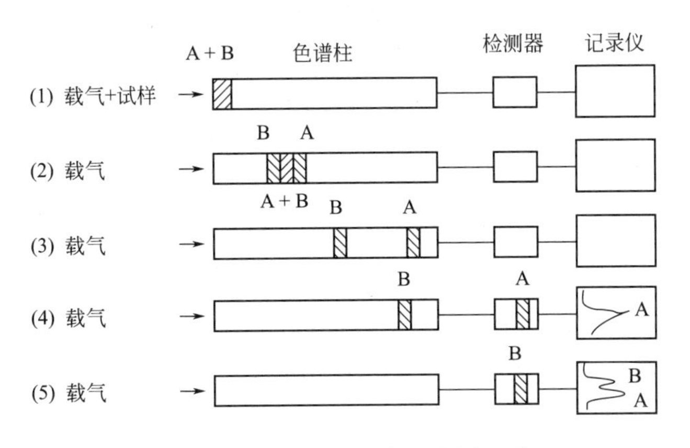

图 11-8　色谱分离示意图

应信号为纵坐标，流出时间为横坐标作图即得色谱图，也叫色谱流出曲线。在一定的进样量范围内，色谱曲线遵循正态分布，见图 11-9 所示。有关术语为：

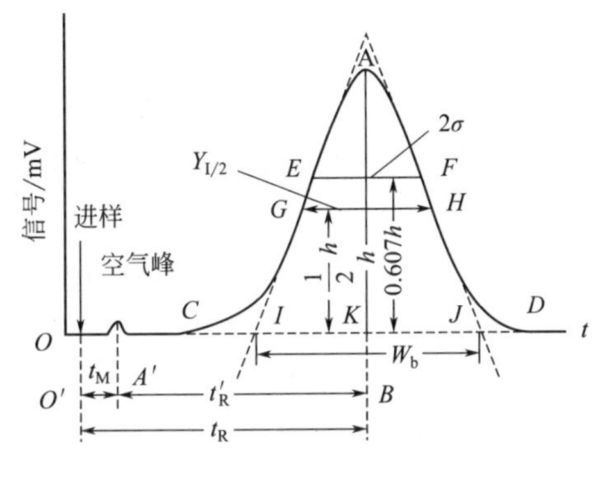

图 11-9　色谱流出曲线

（1）基线　色谱柱中无样品进入仅有载气通过时，检测器响应信号随时间的变化线称为基线。当实验条件稳定时，基线应是一条直线，图中 Ot 部分。

（2）保留值　试样中各组分在色谱柱内停留的时间或体积。

① 保留时间 t_R　待测组分从开始进样到出现色谱峰最高点时所用的时间。图中的 $O'B$。

② 死时间 t_M　不与固定相作用的气体（如空气、甲烷）的保留时间。图中的 $O'A'$。

③ 调整保留时间 t'_R　扣除死时间后的保留时间。图中 $A'B$。即

$$t'_R = t_R - t_M \tag{11-10}$$

④ 保留体积 V_R　待测组分从开始进样到出现色谱峰最高点时所通过的载气体积。它与保留时间的关系为

$$V_R = t_R F_0 \tag{11-11}$$

式中，F_0 为色谱柱出口处载气流速，以 $mL \cdot min^{-1}$ 计。

⑤ 死体积 V_M　不与固定相作用的气体进入色谱柱至出现色谱峰最高点时所通过的载气体积。它和死时间的关系为

$$V_{M}=t_{M}F_{0} \tag{11-12}$$

⑥ 调整保留体积 V_{R}'　扣除死体积后的保留体积。

$$V_{R}'=V_{R}-V_{M} \tag{11-13}$$

或

$$V_{R}'=t_{R}'F_{0} \tag{11-14}$$

⑦ 相对保留值 r_{12}　在相同操作条件下，组分 1 与组分 2 调整保留值之比。

$$r_{12}=t_{R1}'/t_{R2}'=V_{R1}'/V_{R2}' \tag{11-15}$$

（3）区域宽度　色谱峰宽度。习惯上常用以下三个量之一表示。

① 标准偏差 σ　流出曲线两拐点间距离之半。亦即 0.607 倍峰高处色谱峰宽度的一半，图中 EF 的一半。

② 峰高 h　色谱峰的最高点与基线间的距离 AB。

σ、h 是描述色谱流出曲线形状的两个重要参数。

③ 半峰宽 $Y_{1/2}$　峰高一半处色谱峰的宽度，图中的 GH。半峰宽和标准偏差的关系为

$$Y_{1/2}=2\sigma\sqrt{2\ln 2}=2.354\sigma \tag{11-16}$$

由于半峰宽易测，使用方便，所以一般用它表示区域宽度。

④ 基底宽度 W_{b}　又称峰底宽度。是流出曲线的拐点所作的切线在基线上的截距，图中的 IJ。它与标准偏差的关系为

$$W_{b}=4\sigma \tag{11-17}$$

色谱图是色谱定性、定量和评价色谱柱分离情况的基本依据。根据色谱峰的位置（保留值）进行定性分析；根据色谱峰的面积或峰高进行定量分析；根据色谱峰的位置及其宽度对色谱柱效能进行评价。

（4）分配系数 K

在一定温度和压力下，达到分配平衡时，组分在固定相和流动相中的质量浓度之比。

$$K=\frac{\rho_{s}}{\rho_{m}} \tag{11-18}$$

式中，ρ 为质量浓度，$g \cdot mL^{-1}$；角标 s 和 m 分别表示固定相和流动相。

K 大小表明组分与固定相分子间作用力的强弱。K 大的组分大部分在固定相中，在色谱柱中停留时间长，后流出；反之，K 小的组分先流出。各组分的 K 相差愈大，愈易分离。

（5）分配比 k

分配比亦称容量比、容量因子。指在一定温度和压力下，达到分配平衡时，组分在固定相和流动相中的质量比。实际中也常用分配比来表征色谱分配平衡过程。

$$k=\frac{m_s}{m_m} \tag{11-19}$$

式中，m 为质量。

K 与 k 是两个不同的参数，在表征组分的分配行为时，二者完全等效。但 k 可由色谱图直接求得，而 K 的测定较困难，因此，使用 k 更方便。二者的关系为

$$K=\frac{m_s}{m_m}\times\frac{V_m}{V_s}=k\beta \tag{11-20}$$

式中，V_m 和 V_s 分别为流动相和固定相体积；$\beta=\frac{V_m}{V_s}$ 为相比。

3. 色谱条件的选择

（1）分离条件的选择

① 柱型的选择　填充柱具有柱效率高（理论塔板数一般可达 $10^2\sim10^3$）、制备简单、柱容量大、性能稳定、操作方便等优点；毛细管柱柱效率极高，理论塔板数可达 $10^4\sim10^6$。但制备过程复杂，操作条件严格，柱容量小，需要专用的或经过改装的色谱仪。

② 固定相的选择　气相色谱中常用的固定相有三类：一是吸附剂，为多孔、大表面、有吸附活性的固体物质。优点是耐高温、无流失、对烃类异构物的分离有良好的选择性。缺点是品种少、应用范围有限，重复性差；二是聚合物固定相，是人工合成的聚合物，分离性能好，对极性组分没有有害的吸附活性，对水、醇、酸、腈等强极性物质的分离非常有利；三为固定液，种类多，用途广，是一些高沸点的有机物。通常条件下呈液体、脂状、油状或固体状态，但在操作温度下为液态。

③ 载体的选择　载体又叫担体，是多孔、惰性物质。选择时，要考虑载体的种类、粒度及筛分范围。实践证明，柱径为 3～4mm 时，宜用 60～80 目或 80～100 目的载体；柱径为 2mm 以下时宜用 100～120 目或 80～100 目载体。

④ 柱管的选择　指柱管的材质、直径、长度的选择。不锈钢柱管坚固耐用，便于仪器连接，应用普遍，但柱管内表面不够光滑，对某些样品，如甾类等会起催化作用，导致样品的分解；玻璃柱管表面光滑，具有化学惰性，可适于所有的样品，但易裂碎，使用时须小心。

柱管内径小，装填时易装均匀，有利于提高柱效率，故目前的发展趋势是更多地采用细柱。柱长则应根据对柱效率的需要而定，但通常多在 1～3m 之间，很少超过 6m。

（2）操作条件的选择

在色谱柱已定的前提下，正确的操作条件，如载气流速、柱温、进样条件及检测器等有重要的作用。

① 载气流速　如果分离是主要矛盾，流速宜为 7～10cm・s^{-1}；如果分析时间是主要矛盾，则宜用更高的流速。如用 N_2 时能达 10～12cm・s^{-1}。

② 柱温　分离为主要矛盾时，一般宜降低柱温以获得好的分离度；分析速度是主要矛盾时，则要升高柱温。通常柱温升高 30℃，保留时间缩短一半。此外，选择柱温时要考虑样品的沸点。柱温低有利于改善分离，但不能比样品沸点低太多。

③ 进样条件　一是气化室温度比样品组分中最高的沸点高 30～50℃即可。温度过低，气化慢，使样品谱带加宽，产生前沿峰，分离情况差；温度过高，峰前沿陡直，甚至引起分解；二是进样量，进样量与固定相总量及检测器灵敏度有关。通常用热导检测器时，液样为 1～5μL，用氢焰检测器时应小于 1μL；三是进样技术，包括注射深度、位置、速度等，这些因素对峰高、峰面积都有影响，如样品较易挥发，影响尤为严重。基本要求是深度与位置一致，速度要快。

④ 检测器　气相色谱中应用的检测器有热导检测器（TCD）、氢火焰离子化检测器（FID）、火焰光度检测器（FPD）、电子俘获检测器（ECD）、火焰热离子发射检测器（FTD）等，以前两种最常用。

三、气相色谱分析方法

1. 气相色谱定性方法

定性分析方法很多，用已知纯物质的色谱峰和未知试样成分的色谱峰对照的方法最常用。

（1）用保留值定性　在一定固定相和操作条件下，各组分保留值固定，据此进行定性分析。

（2）用相对保留值定性　相对保留值 r_{12} 仅与柱温、固定液性质有关，与操作条件无关，各种物质在某种固定液中的相对保留值，可从文献中查到。在与这些数据相同的固定液和柱温下进行实验，测出相对保留值，与文献值比较定性。

（3）用加入已知物增加峰高　若试样组成复杂，相邻两峰间距近，或操作条件不易控制，难以准确测量保留值。这时可加入某种纯物质来增加未知组分的峰值，确定未知组分是否就是这种纯物质。

2. 气相色谱定量方法

气相色谱定量分析依据是，在一定条件下，被测组分质量 m_i 与检测器的响应信号（如峰面积 A_i 或峰高 h_i）成正比。

（1）峰面积的测量

① 峰高乘半峰宽法　本法简便，准确性较好，是常用的方法，适于对称型色谱峰。根据等腰三角形面积 A 近似地等于峰高 h 乘以半峰宽 $Y_{1/2}$。此计算出的结果为理论值，是实际峰面积的 0.94 倍，因此实际峰面积为

$$A_{实}=1.065hY_{1/2} \tag{11-21}$$

但计算时，1.065 可略去，而不会影响结果的准确性。

② 峰高乘平均峰宽法 适于不对称型色谱峰。在峰高 0.15 和 0.85 处分别测出峰宽 $Y_{0.15}$ 和 $Y_{0.85}$，取平均值得平均峰宽，按下式计算峰面积。此法虽然麻烦，但结果较准确。

$$A=\frac{h}{2}(Y_{0.15}+Y_{0.85}) \tag{11-22}$$

③ 峰高乘保留值法 一定条件下，同系物的半峰宽与保留时间成正比。即

$$Y_{1/2}=bt_{R}$$

$$A=hY_{1/2}=hbt_{R}$$

在相对计算时，b 可约去，于是

$$A=ht_{R} \tag{11-23}$$

此法适用于狭窄的峰，是一种快速测量方法。

④ 自动积分仪法 自动积分仪能自动测出一曲线所包围的面积，有机械积分、电子模拟积分和数字积分等类型。此法快速、准确，自动化程度高。

(2) 定量校正因子

一定条件下组分的峰面积与其进样量成正比。实验证明，含量不同的同一物质在同一检测器上响应不同；含量相同的同一种物质在不同检测器上响应也不同。说明，相同含量的不同物质用同一检测器测定峰面积不等，不能简单地用峰面积计算组分的含量。需引入定量校正因子 f'，以校正峰面积。

$$f'=\frac{A_{s}}{A_{i}}\times\frac{m_{i}}{m_{s}} \tag{11-24}$$

式中，A_i、A_s 为待测组分和标准物质的峰面积；m_i、m_s 为待测组分和标准物质的量。

当 m_i、m_s 为质量时，f' 称为相对质量校正因子，用 f'_W 表示；当 m_i、m_s 是物质的量时，f' 称为相对摩尔校正因子，用 f'_M 表示。应用时常将“相对”二字省去。

校正因子的测量方法是，准确称量（或量取）一定量待测组分和标准物质的质量（或体积），混合后取一定量进样，分别测出峰面积。由上式计算出校正因子。热导池检测器常用的标准物质是苯，氢火焰离子化检测器的标准物质是正庚烷。

校正因子 f' 与被测物、标准物质和检测器类型有关，与操作条件无关，是一个通用常数。在气相色谱中，常用化合物的 f' 可从文献上查到。f' 有时换算为相对响应值 S'。单位相同时，二者互为倒数关系。即

$$S'=\frac{1}{f'} \tag{11-25}$$

(3) 色谱定量方法

常用的定量方法有归一化法、内标法和外标法等。

① 归一化法　适用于试样中所有组分都能流出色谱柱，并都显示色谱峰的情况。

假定试样中有 n 个组分，其中待测组分 i 的含量由下式计算：

$$w_i(x_i)=\frac{m_i}{m_1+m_2+m_3+\cdots+m_n}=\frac{f'_iA_i}{\sum_{i=1}^{n}f'_iA_i} \tag{11-26}$$

式中，f'_i如用 f'_W，则得组分的质量分数；f'_i如用 f'_M，则得摩尔分数。

本法的优点是简便、准确，受操作条件变化影响较小，宜于多组分试样的分析。但是样品中所有组分必须全部出峰，某些不需要定量的组分也要测出其校正因子和峰面积，因此该法在使用中受到一定的限制。

【例 11-1】 某试样仅含乙醇、乙酸乙酯、正庚烷和苯，用热导池检测器进行色谱分析，实验数据见下表，计算各组分的质量分数。

混合物	乙醇	乙酸乙酯	正庚烷	苯
色谱峰面积/cm^2	8.00	7.20	9.20	4.10
校正因子 f'_W	0.64	0.79	0.73	0.78

解

$$\sum_{i=1}^{n}f'_iA_i=0.64\times8.00cm^2+0.79\times7.20cm^2+0.73\times9.20cm^2+0.78\times4.10cm^2$$

$$=20.72cm^2$$

$$\omega(乙醇)=\frac{0.64\times8.00cm^2}{20.72cm^2}=0.2471$$

$$\omega(乙酸乙酯)=\frac{0.79\times7.20cm^2}{20.72cm^2}=0.2745$$

$$\omega(正庚烷)=\frac{0.73\times9.20cm^2}{20.72cm^2}=0.3241$$

$$\omega(苯)=\frac{0.78\times4.10cm^2}{20.72cm^2}=0.1543$$

② 内标法　在试样中加入一定量的标准物质（称内标物），根据内标物和试样的质量及色谱图上相应的峰面积（或峰高），计算待测组分的含量。适于试样中所有组分不能全部出峰，或只要求测定试样中某个或某几个组分时的情况。

例如，要测定试样中某组分 i 的含量。准确称取试样 W(g)，加入 m_s(g) 内标物，待测物和内标物的峰面积分别为 A_i、A_s，质量校正因子分别为 f'_i、f'_s。

由于

$$\frac{m_i}{m_s}=\frac{f'_iA_i}{f'_sA_s}$$

即

$$m_i=m_s\times\frac{f'_iA_i}{f'_sA_s}$$

所以

$$\omega_i=\frac{m_s\times\frac{f'_iA_i}{f'_sA_s}}{W} \tag{11-27}$$

内标法中常以内标物为基准，即

$$f'_s=1.0$$

则

$$\omega_i=\frac{m_sf'_iA_i}{WA_s} \tag{11-28}$$

内标法的关键是选择内标物。内标物应与被测物性质相近，能溶于样品，但不与样品反应、试样中不存在的纯物质。其加入量应接近待测组分的量，同时内标物的色谱峰应在待测组分色谱峰附近，或几个待测组分色谱峰的中间，并与这些组分色谱峰完全分离。

内标法准确，能克服操作条件变化带来的误差，当试样中含有不出峰的组分时亦能应用。但每次分析都要准确称取试样和内标物的质量，费时。因此，不适用于速测。

【例 11-2】 定量分析某试样中邻二甲苯、对二甲苯和间二甲苯三个组分，其他组分不分析。若选用甲苯为内标物，称取试样质量为 0.4367g，甲苯质量为 0.0475g，其相对响应值及各组分色谱峰的面积如下表所示，试计算这三个组分的含量。

组分	邻二甲苯	对二甲苯	间二甲苯	甲苯
相对响应值 S'	1.15	0.708	0.856	1.00
峰面积/cm^2	2.68	1.38	1.40	0.92

解　由式(11-25) 知，相对校正因子 $f'=\frac{1}{S'}$ 所以

$$\omega(\text{邻二甲苯})=\frac{m_s\times\frac{f'_iA_i}{f'_sA_s}}{W}$$

$$=\frac{0.0475\text{g}\times\frac{(1/1.15)\times2.68\text{cm}^2}{1.00\times0.92\text{cm}^2}}{0.4367\text{g}}=0.276$$

$$\omega(\text{对二甲苯})=\frac{0.0475\text{g}\times\dfrac{(1/0.708)\times 1.38\text{cm}^2}{1.00\times 0.92\text{cm}^2}}{0.4367\text{g}}=0.230$$

$$\omega(\text{间二甲苯})=\frac{0.0475\text{g}\times\dfrac{(1/0.865)\times 1.40\text{cm}^2}{1.00\times 0.92\text{cm}^2}}{0.4367\text{g}}=0.191$$

③ 外标法（标准曲线法）取纯物质配成系列标准溶液，分别取一定体积，注入色谱仪，得到色谱图，测出峰面积，作峰面积（或峰高）和浓度的标准曲线，如图 11-10所示。

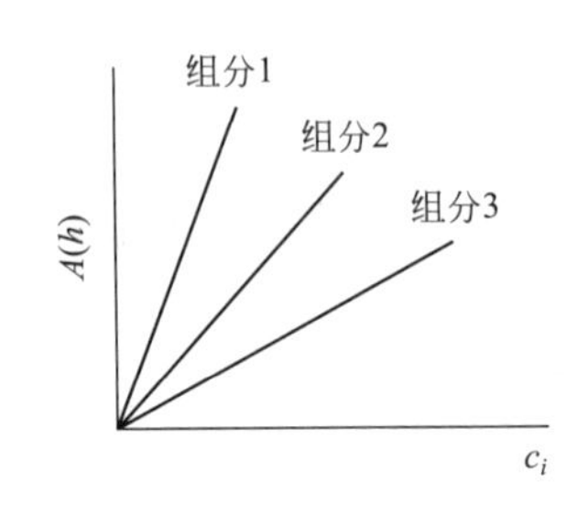

图 11-10 外标法标准曲线

按与标准曲线相同的操作条件注入同样量未知试样，由上述标准曲线查出待测组分的浓度。

外标法操作和计算都很简便，不必求校正因子。不论混合物样品中所有组分是否全部出峰，均可采用。但该法要求进样量要严格相等，且操作条件要严格保持不变，否则对分析结果影响较大。

知识拓展 **关键词链接：质谱分析法，高效液相色谱法，气相色谱-质谱联用**

化学视野

新型色谱分析方法简介

1. 胶囊色谱（MC）

胶囊色谱又称拟相液相色谱或假相液相色谱（pseudophase LC）。胶囊是由 25～160 个表面活性剂单体分子形成的球形或椭圆球形的分子聚合体。被分离组分与胶囊的作用和被分离组分与一般溶剂的作用方式不同，且被分离组分和两种胶囊的作用也有差别。改变胶囊的类型、浓度、电荷性质等对被分离组分的色谱行为、淋洗次序及分离效果均有较大影响。胶囊色谱与传统液相色谱的最大区别在于胶囊色谱流动相是由胶囊及其周围溶剂介质组成的一种微型的非均相体系，运用被分离组分和胶囊之间存在的静电作用、疏水作用、增溶作用和空间位阻作用及综合性的协同作用而获得一般液相色谱所不能达到的分离效果。适用于化学结构类似、性质差别细微的组分的分离和分析，是一种安全、无毒、经济的优越技术。具有选择性和灵敏度高、便于梯度洗脱的优点。缺点是柱效低且不适于制备分离。

2. 手性分离色谱（CSC）

手性分离色谱是采用色谱技术分离测定光学异构体药物的有效方法。由于许多药物的对映体之间在药理、毒理乃至临床性质方面差异较大，有必要对某些手性药物进行对映体的纯度检查。对映体化合物之间除了对偏振光的偏转方向恰好相反外，其理化性质完全相同，因而难以分离。

手性分离色谱常用高效液相色谱（HPLC），手性分离的途径为间接（CDR）和直接（CMPA、CSP）方法。

间接方法需高光学纯度的手性衍生化试剂（CDR），是当前手性药物拆分，特别是生物样品中药物对映体分离和测定的常用方法。

直接方法主要采用手性流动相添加剂（CMPA）法和手性固定相（CSP）法。前者不必事先将样品制备成衍生物，只需将手性剂加入流动相中即可；后者近年来发展迅猛，应用日益广泛。优点是适用于不含活泼反应基团的化合物、一般无需高光学纯度试剂、样品处理步骤简单、结果可靠性高、应用范围广。

3. 离子色谱（IC）

离子色谱是由经典的离子交换色谱发展而成的新的液相色谱分析技术，具有快速、灵敏、选择性好，可同时测定多组分的优点；还能测定无机离子或亲水性的有机阴离子。已广泛用于多个领域，但在医药研究中的应用尚处起始阶段。它不仅用于药品的常规质量同时分析，也可有效地用于生产过程的质量控制和体内药物分析，具有美好的应用前景。

4. 高分辨气相色谱（HRGC）

HRGC在分离分析复杂有机化合物、天然产物、医药、环保等方面有显著效果和特殊意义。与传统GC柱的主要差别在于HRGC柱是不装填充剂的空心柱，固定液涂渍或固定在柱管内壁上。这种空心柱的渗透性很高，固定液量很少，使HRGC的分离效率高（一根20mm的色谱柱，总理论塔板数达5万以上），分析时间短（比填充柱缩短若干倍），薄而均匀的固定液液膜，使柱流失的绝对量减少，因而信噪比得以提高。

5. 多维气相色谱（MDGC）

MDGC是用两根或更多的柱连接起来，以达到单柱不可能达到的分离分析效果。最简单的MDGC是2DGC，先将样品注入预柱进行第一次分离。用中心切割选择所需的流分，使之进入分析柱进行第二次分离。两根柱可以在同一柱箱内或不同柱箱；切割用阀进行。

MDGC近年来因高效、惰性，操作方便，样品载量大，可取代填充柱作预柱，且惰性、分辨率较高，易于使用，有关硬件（如微量阀、低死体积柱切换装置）已经商品化等原因而发展迅速。

本章小结

原子吸收光谱法和原子发射光谱法都是根据原子中电子跃迁产生的光谱进行分析的方法。前者可对周期表中绝大多数元素进行定量分析，根据试样组成选择标准曲线法和标准加入法；原子发射光谱法根据元素的特征谱线进行定性分析；根据估计谱线强度进行半定量分析；根据谱线强度和元素含量的关系进行定量分析。色谱法是根据物质在不同相溶剂中溶解度的不同进行的分离鉴定方法。可对被测组分进行定性和定量分析。本章分别对上述方法的基本原理、特点、仪器组成、定性、定量方法、应用范围等进行了简要介绍。

思考与练习

1. 简要说明原子吸收光谱法的基本原理、方法、特点和应用范围。
2. 简述原子吸收光谱法定量分析的理论基础。
3. 什么是发射光谱分析法？试述该方法的步骤及所需要的仪器。
4. 光谱定性分析的基本原理是什么？结合实例说明光谱定性分析的具体过程。
5. 光谱定量分析的依据是什么？内标法的基本原理是什么？如何选择内标元素和内标线？
6. 气相色谱仪的主要组成部分和作用是什么？简要说明其分离原理。
7. 气相色谱法定性分析和定量分析的依据是什么？主要有哪些方法？
8. 简述气相色谱定量中归一化法、内标法、外标法的根据和应用范围，比较其优缺点。

第十二章　定量分析中常用的分离与富集方法

教学目标

1. 了解定量分离与富集的意义。
2. 掌握各分离方法的特点、分离依据，操作过程和适用对象。

实际分析中的试样组成往往复杂，有时要将被测组分与干扰组分分离后测定。另外，当试样中被测组分含量极微时，需要先将被测组分分离并富集方能测定，既消除了干扰，又提高了浓度。因此定量分离是分析化学的重要内容之一。实际中分离的同时往往也进行了必要的浓缩和富集，即分离通常也含有富集的意义。

定量分析中对分离的基本要求是：待测组分损失小，即回收完全，残留量无干扰。分离效果，一般用回收率衡量。

$$回收率=\frac{分离后测得量}{原始含量}\times 100\%$$

回收率的要求依被测组分含量而定，一般地，$\omega>0.01$ 的组分，回收率应大于 99.9%；微量组分，回收率为 95%、90%或更低一些也可以。

定量分析中，常用的分离方法有沉淀分离法、液-液萃取分离法、离子交换分离法、色谱分离法、蒸馏和挥发分离法等。

第一节　沉淀分离法

沉淀分离法是利用沉淀反应使被测成分与干扰组分分离的方法，是经典方法。依据溶度积原理，选择性地沉淀一些离子，而另一些离子不沉淀，使彼此分离。如，试液中微量锑的共沉淀分离。10^{-6} 左右微量锑在酸性溶液中，用 $MnO(OH)_2$ 为载体，进行共沉淀分离和富集，此时溶液的 H^+ 浓度为 1～1.5mol·L^{-1}，这时只有锡和锑可以完全沉淀下来。

一、无机沉淀分离法

无机沉淀剂种类多，形成沉淀的类型也多。除了碱金属氢氧化物和 $Ba(OH)_2$ 易溶于水，$Ca(OH)_2$、$Sr(OH)_2$ 的溶解度略小外，其他金属氢氧化物都难溶。所以利用生成氢氧化物沉淀是实际工作中常用的分离方法。

1. 氢氧化物沉淀分离法

常见金属离子在相同浓度下氢氧化物沉淀开始生成、沉淀完全和沉淀溶解的

pH 见表 12-1。

表 12-1　某些金属氢氧化物沉淀的 pH

物质	开始沉淀		沉淀完全	沉淀开始溶解
	初始浓度/1mol·L^{-1}	初始浓度/0.01mol·L^{-1}		
$Sn(OH)_4$	0	0.5	1.0	13
$TiO(OH)_2$	0	0.5	2.0	
$Ti(OH)_3$		0.6	1.6	
$Ce(OH)_4$		0.8	1.2	
$Sn(OH)_2$	0.9	2.1	4.7	10
$ZrO(OH)_2$	1.3	2.3	3.8	
HgO	1.3	2.4	5.0	11.5
$Fe(OH)_3$	1.5	2.3	4.1	14
$In(OH)_3$		3.4		14
$Ga(OH)_3$		3.5		9.7
$Al(OH)_3$	3.3	4.0	5.2	7.8
$Th(OH)_4$		4.5		
$Cr(OH)_3$	4.0	4.9	6.8	12.0
$Be(OH)_2$	5.2	6.2	8.8	
$Zn(OH)_2$	5.4	6.4	8.0	10.5
Ag_2O	6.2	8.2	11.2	12.7
$Pb(OH)_2$	6.4	7.2	8.7	10
$Fe(OH)_2$	6.5	7.5	9.7	13.5
$Co(OH)_3$	6.6	7.6	9.2	14.1
$Ni(OH)_2$	6.7	7.7	9.5	
$Cd(OH)_2$	7.2	8.2	9.5	
$Mn(OH)_2$	7.8	8.8	10.4	14
$Mg(OH)_2$	9.4	10.4	12.4	

本法常用的沉淀剂有以下几种。

(1) NaOH　NaOH 作沉淀剂可使两性元素和非两性元素分离。一般在较稀溶液和较大体积中进行。得到的胶状氢氧化物沉淀，吸附能力强，共沉淀现象严重，分离效果不理想。

(2) 氨水　在铵盐存在下，用氨水调溶液 pH 为 8～9，可使高价金属离子（如 Fe^{3+}、Al^{3+} 等）与大部分一、二价金属离子分离。

本法常加入 NH_4Cl 等铵盐形成缓冲溶液，防止生成的 $Mg(OH)_2$ 沉淀和

$Al(OH)_3$沉淀部分溶解；此外，利用大量 NH_4^+ 作抗衡离子，减少氢氧化物沉淀对其他离子的吸附，同时利用铵盐的电解质作用，促进胶状沉淀的凝聚。

（3）有机碱 如六亚甲基四胺、吡啶、苯胺和苯肼等，与其共轭酸组成缓冲溶液，可控制溶液的 pH，使某些金属离子析出氢氧化物沉淀。如将六亚甲基四胺加到酸性溶液中，生成六亚甲基四胺盐，能控制溶液的 pH 为 5～6，常用于 Mn^{2+}、Co^{2+}、Ni^{2+}、Cu^{2+}、Zn^{2+}、Cd^{2+} 与 Fe^{3+}、Al^{3+}、Ti^{4+}、Th^{4+} 等分离。

（4）ZnO 悬浊液 在酸性溶液中加入 ZnO 悬浊液，利用与 H^+ 生成 Zn^{2+} 和 H_2O 来不断消耗 H^+，使 Zn^{2+} 浓度不断增加，当满足 $Zn(OH)_2$ 沉淀生成条件时，ZnO 不再溶解，这时溶液 pH 保持一定。由 Zn^{2+} 浓度和 $Zn(OH)_2$ 的溶度积可计算溶液的 pH。一般利用 ZnO 悬浊液能维持溶液 pH 在 6 左右。

除 ZnO 外，微溶性弱碱性碳酸盐或氧化物的悬浊液，如 $BaCO_3$、$PbCO_3$ 和 MgO、HgO 的悬浊液等，也是利用溶解平衡来控制一定的 pH 范围。

注意，氢氧化物是无定形沉淀，共沉淀现象较严重，且本分离法较费时，选择性差，分离效果不理想，见表 12-2。所以本法常与配位掩蔽法结合使用。

表 12-2 几种氢氧化物分离法的分离情况

沉淀剂	定量沉淀的离子	部分沉淀的离子	溶液中存留的离子
NaOH	Mg^{2+}、Cu^{2+}、Ag^+、Au^+、Cd^{2+}、Hg^{2+}、Ti^{4+}、Zr^{4+}、Hf^{4+}、Th^{4+}、Bi^{3+}、Fe^{3+}、Co^{2+}、Ni^{2+}、Mn^{4+}、稀土等	Ca^{2+}、Sr^{2+}、Ba^{2+}、碳酸盐、Nb(Ⅴ)、Ta(Ⅴ)	AlO_2^-、CrO_2^-、ZnO_2^{2-}、PbO_2^{2-}、SnO_3^{2-}、GeO_3^{2-}、GaO_2^-、BeO_3^{2-}、SiO_3^{2-}、WO_4^{2-}、MoO_4^{2-}、VO_3^- 等
氨水	Hg^{2+}、Be^{2+}、Fe^{3+}、Al^{3+}、Cr^{3+}、Bi^{3+}、Sb^{3+}、Sn^{4+}、Ti^{4+}、Zr^{4+}、Hf^{4+}、Tb^{4+}、Mn^{4+}、Nb(Ⅴ)、Ta(Ⅴ)、U(Ⅵ)、稀土等	Mn^{2+}、Fe^{2+}（有氧化剂存在时，可定量沉淀）；Pb^{2+}（有 Fe^{3+}、Al^{3+} 共存时被共沉淀）	$Ag(NH_3)_2{}^+$，$Cu(NH_3)_4^{2+}$、$Cd(NH_3)_4^{2+}$、$Co(NH_3)_6^{2+}$、$Ni(NH_3)_6^{2+}$、$Cu(NH_3)_4^{2+}$、$Zn(NH_3)_4^{2+}$；Ca^{2+}、Sr^{2+}、Ba^{2+}、Mg^{2+}等
ZnO 悬浊液	Fe^{3+}、Cr^{3+}、Ce^{4+}、Ti^{4+}、Zr^{4+}、Hf^{4+}、Sn^{4+}、Bi^{3+}、V(Ⅳ)、Nb(Ⅴ)、Ta(Ⅴ)、W(Ⅵ)等	Be^{2+}、Cu^{2+}、Ag^+、Hg^{2+}、Pb^{2+}、Sb^{3+}、Sn^{2+}、M(Ⅵ)、V(Ⅴ)、V(T1)、Au^{3+}、稀土等	Ni^{2+}、Co^{2+}、Mn^{2+}、Mg^{2+}等

2. 硫酸盐沉淀分离法

该法是消除大量 Ba^{2+}、Pb^{2+}、Sr^{2+}和 SO_4^{2-} 干扰的主要方法，但注意硫酸作沉淀剂浓度不能太高，以免形成 MHSO 盐，增大溶解度。另外，加乙醇可降低某些硫酸盐沉淀的溶解度。

3. 卤化物沉淀分离法

该法用得最多的是氟化稀土和各种卤化银沉淀，它们多能在较强的酸性介质中析出。以 F^- 为沉淀剂，使 Ca^{2+}、Sr^{2+}、Mg^{2+}、Th(Ⅳ)、稀土金属离子沉淀，与其他金属离子分离；以 Cl^- 为沉淀剂，使 Ag^+、Hg_2^{2+}、Pb^{2+} 等金属离子沉淀分离；Ag^+、Ba^{2+}、Cd^{2+}、Ce^{3+}、Cu^{2+}、Hg^{2+}、In^{3+}、La^{3+}、Pb^{2+}、Sr^{2+}、Ta(Ⅴ)、Th(Ⅳ) 等的碘酸盐在高浓度的硝酸中不溶解，对消除干扰非常有利。

4. 硫化物沉淀分离法

利用金属硫化物沉淀时溶液 pH 的不同进行分离。本法应用广，但共沉淀现象严重，分离效果不理想，且硫化氢气体有恶臭，应用受限。

5. 磷酸盐沉淀分离法

利用生成磷酸盐沉淀，使 Th(Ⅳ)、Hf(Ⅳ)、Zr(Ⅳ)、Bi^{3+} 等金属离子沉淀分离。

二、有机沉淀分离法

用有机沉淀剂进行沉淀分离，选择性好，沉淀组成稳定，沉淀溶解度小易于过滤，沉淀摩尔质量和体积较大，有利于痕量组分的共沉淀，沉淀吸附无机杂质少。所以目前应用较多的是用有机沉淀剂进行分离。常见的有草酸、8-羟基喹啉、铜铁试剂(*N*-亚硝基苯基羟胺)、铜试剂（二乙基二硫代氨基甲酸钠)、钽试剂(*N*-苯甲酰苯基羟胺)、丁二酮肟、苦杏仁酸、*α*-安息香肟和四苯硼酸钠等。

三、电解沉淀分离法

通过电极反应使金属离子在阴极还原为纯金属，或在阳极氧化成氧化物的分离方法。有恒电流电解分离和控制电势电解分离两种。前者选择性差，只能分离电势表中 H^+ 以下的金属和 H^+ 以上的金属；后者选择性好，可以通过控制电极电势，控制金属的析出程度，达到完全分离的目的。汞阴极广泛用于金属残留液分析中许多金属离子的去除，一般来说，比 Zn^{2+} 易还原的金属积淀在汞上，留下 Al^{3+}、Be^{2+}、碱土金属和碱金属离子在溶液中。

四、痕量无机组分的富集和共沉淀分离

共沉淀分离法又称载体沉淀法和共沉淀捕集法，是分离富集微量元素的有效方法。即在试液中加入一种试剂（搜集剂）和沉淀剂，产生一种共沉淀剂（载体)，使被测元素因共沉淀作用而与沉淀一同析出，达到分离和富集的目的。共沉淀分离与富集要求回收率高，且共沉淀剂不干扰待富集组分分离测定。

如，水中含有微量 Pb^{2+}，先加少量钙盐，再加沉淀剂 Na_2CO_3，生成了 $CaCO_3$ 沉淀。使 98%的 Pb^{2+} 因共沉淀作用而一起沉淀出来。经酸溶解，Pb^{2+} 的浓度可提高 500 倍，达到富集的目的。

共沉淀现象的发生主要是由于吸附作用和生成混晶。前者选择性一般不高，

且引入较多的载体离子，给下一步的分析带来困难；后者分离的选择性较好。

有些有机试剂也可用作搜集剂。例如，用甲基紫和单宁混合物能从稀溶液中共沉淀钨，可富集 5×10^{-5} mol·L^{-1}的钨，而与 Ca^{2+}、Mg^{2+}、Al^{3+} 分离。

五、生物大分子的沉淀分离和纯化

生物大分子组成复杂，没有一个能适合于各类分子的固定分离程序。蛋白质沉淀机理主要是破坏了水化膜或中和了蛋白质所带的电荷。沉淀方法主要有以下几种。

1. 盐诱导沉淀蛋白质

向蛋白质溶液中加入大量盐，破坏蛋白质的水化层，并中和蛋白质所带电荷，破坏蛋白质胶体溶液的稳定因素，降低了溶解度，使蛋白质沉淀析出。

蛋白质一般在等电点时最不稳定，溶解度、黏度、渗透压、膨胀性及导电能力均最小。因此，在高盐浓度同时控制 pH，可获得盐析蛋白质。通过调节盐的浓度，逐渐增加离子强度使蛋白质分段析出。

2. 重金属盐沉淀蛋白质

当溶液的 pH 略大于蛋白质等电点时，蛋白质带有较多负电荷，能与重金属（如铜、铅、汞、锌等）离子生成不溶性盐而沉淀，即金属硫蛋白。临床上常用蛋清或牛乳来解救误服重金属盐的病人，目的是使重金属离子与蛋白质结合而沉淀，阻碍重金属离子的扩散和吸收。

3. 酸沉淀蛋白质

溶液的 pH 小于蛋白质的等电点时，三氯乙酸、磺基水杨酸、苦味酸、鞣酸和钨酸等都可沉淀蛋白质。因为此时蛋白质带正电，与带负电荷的酸根结合成不溶性的盐。

4. 有机溶剂沉淀蛋白质

乙醇、甲醇和丙酮等有机溶剂能降低溶液介电常数，减小蛋白质-溶剂间作用力，破坏蛋白质水化层，使之沉淀。当溶液 pH 等于蛋白质的等电点时，沉淀更完全。此法宜在低温下进行，以防蛋白质变性，有机溶剂低温下可蒸发除去。

第二节　萃取分离法

萃取分离法包括液-液萃取、固-液萃取和气-液萃取等方法，应用最广的是液-液萃取（亦称溶剂萃取分离法）。该法常用一种与水不相溶的有机溶剂与试液一起混合振荡，然后搁置分层，利用各组分在水和有机溶剂中的溶解度不同达到分离的目的。

液-液萃取分离法简便、快速，适合于常量组分的分离和痕量组分的分离与富集。如天然水中农药含量极少，不能直接测定。此时用少量苯萃取水样，收集苯层于瓷器皿中，在室温下借助空气流动使苯挥发，残渣用少量乙醇溶解后测定。若被萃取组分有颜色，还可直接进行光度测定，称为萃取光度法。它具有较高的灵敏性和选择性。

一、溶剂萃取的基本原理

1. 分配定律和分配系数

如果要从水溶液中将无机离子萃取到有机溶剂中，需设法将其亲水性转为疏水性。萃取分离法正是利用物质的亲水性和疏水性的差异进行萃取分离。

物质在有机相和水相的混合物中达到溶解平衡时，两相中的浓度分别为 c（有）和 c(水)，根据分配定律，则分配系数为

$$K_D=\frac{c(\text{有})}{c(\text{水})} \tag{12-1}$$

K_D 与物质本性和温度等因素有关。当浓度较高时以活度代替浓度。K_D 越大，物质越容易被萃取。

注意，使用上式时溶质在两相中存在形式应相同，没有离解、缔合等副反应。例如 I_2 在 CCl_4 和水中均以 I_2 形式存在。

2. 分配比

在许多情况下，溶质在水相和有机相中以多种形态存在。例如用 CCl_4 萃取 OsO_4 时，在水相中存在 OsO_4、OsO_5^{2-}、$HOsO_5^-$ 等三种形式，在有机相中存在 OsO_4 和 $(OsO_4)_4$ 两种形式，此时应当用溶质在两相中的总浓度之比来表示分配情况。

$$D=\frac{c(OsO_4,\text{有})+4c[(OsO_4)_4,\text{有}]}{c(OsO_4,\text{水})+c(OsO_5^{2-},\text{水})+c(HOsO_5^-,\text{水})}$$

即

$$D=\frac{\text{溶质在有机相中的总浓度}}{\text{溶质在水相中的总浓度}} \tag{12-2}$$

式中，D 称为分配比，大小与溶质的本性、萃取体系和萃取条件有关。

3. 萃取率

物质的萃取效率常用萃取率 E 表示。即

$$E=\frac{\text{被萃取的物质在有机相中的总量}}{\text{被萃取物质的总量}}\times 100\% \tag{12-3}$$

设某物质在有机相和水相中的总浓度为 c(有) 和 c(水)，两相的体积分别为 V(有)和 V(水)。则萃取率为

$$E=\frac{c(\text{有})V(\text{有})}{c(\text{有})V(\text{有})+c(\text{水})V(\text{水})}\times 100\%$$

分子、分母同除 c(水) V(有)，则

$$E=\frac{D}{D+V(水)/V(有)}\times 100\% \tag{12-4}$$

式中，V(水)/V(有) 称为相比。当相比一定时，分配比越大，萃取率越高，萃取效果越好，可由分配比计算萃取率。

当被萃取物质的 D 较小时，可通过连续萃取提高萃取效率。

设在体积 V(水) 溶液中，含被萃取物质 W_0(g)，如果每次用体积为 V(有) 有机溶剂萃取 n 次，水相中剩余被萃取物质的量减少至 W_n(g)。可推出：

$$W_n=W_0\left(\frac{V(水)}{DV(有)+V(水)}\right)^n \tag{12-5}$$

【例 12-1】 有 100mL 含 I_2 10mg 的水溶液，用 90mL CCl_4 按下列情况萃取：(1) 全量一次萃取；(2) 每次用 30mL 分 3 次萃取。求萃取率各为多少。已知$D=85$。

解 (1) 全量一次萃取时：

$$W_1=10\text{mg}\times\frac{100\text{mL}}{85\times 90\text{mL}+100\text{mL}}=0.13\text{mg}$$

$$E=\frac{10\text{mg}-0.13\text{mg}}{10\text{mg}}\times 100\%=98.7\%$$

(2) 每次用 30mL 分 3 次萃取：

$$W_3=10\text{mg}\times\left(\frac{100\text{mL}}{85\times 30\text{mL}+100\text{mL}}\right)^3=5.4\times 10^{-4}\text{mg}$$

$$E=\frac{10\text{mg}-5.4\times 10^{-4}\text{mg}}{10\text{mg}}\times 100\%=99.995\%$$

显然用同样体积的有机溶剂，萃取次数越多，效果越好，但次数过多给操作带来麻烦。实际中根据被测物含量和结果准确度的要求决定萃取次数。对微量组分的分离，要求 E 达到 95%甚至 85%以上即可；对常量组分的分离通常要求达到 99.9%以上。

实验室清洗仪器“少量多次”的原则也是基于这一原理。

4. 分离系数

萃取分离时，除要了解萃取程度，更重要的要掌握溶液中共存组分的分离效果。例如 A、B 两种物质的分离程度可用分离系数 β 来表示。

$$\beta=\frac{D(\text{A})}{D(\text{B})} \tag{12-6}$$

D(A)、D(B) 相差越大，两种物质的分离效果越好。

若从水溶液中萃取金属离子，应设法将其亲水性变成疏水性。如萃取 Ni^{2+}，

可在 pH≈9 的氨性溶液中，加入丁二酮肟，与 Ni^{2+} 形成不带电荷的螯合物，将水分子置换出来，并引入两个大的有机分子，带有许多疏水基团，因此具有疏水性，可被萃取到有机相中。

如果要把有机相中的物质再转入水相中，这种过程叫反萃取。为提高萃取分离的选择性，有时萃取和反萃取配合使用。

二、萃取条件的选择

一般地，金属离子的分配比决定于萃取平衡常数、萃取剂浓度及溶液的酸度。实际工作中，选择萃取条件时，应考虑以下几点：

（1）萃取剂的选择　萃取剂与被萃取的金属离子生成的螯合物越稳定，萃取效率越高。此外，萃取剂必须具有少的亲水基团和多的疏水基团。因为亲水基团太多，萃取剂与金属离子生成的螯合物不易被有机相萃取。

（2）溶液的酸度　溶液的酸度越小，被萃取的物质分配比越大，越有利于萃取。但酸度过低可能引起金属离子水解，或其他干扰反应的发生。因此要控制适宜的酸度，并提高萃取的选择性。

（3）溶剂的选择　要选择与水的密度差别大、黏度小、挥发性小、毒性小，不易燃烧并与被萃取离子生成的螯合物溶解度大的溶剂。

（4）消除干扰离子　可通过控制溶液的酸度，提高萃取离子的选择性来消除干扰；或加掩蔽剂，使干扰离子生成亲水化合物而不被萃取。常用的掩蔽剂有氰化物、EDTA、酒石酸盐、柠檬酸盐和草酸盐等。

第三节　色谱分离法

色谱分离法是利用物质在不相混溶的两相（流动相和固定相）中分配的差异来进行分离的方法。分离效果好，操作简便，已成为一门内容丰富的专门学科。按操作形式不同分为柱色谱、纸色谱和薄层色谱等方法。

一、柱色谱法

柱色谱法是把吸附剂（固定相）装在一支玻璃管中，制成色谱柱，将试液加入柱中。再用一种洗脱剂（流动相，亦称展开剂）冲洗，使管内不断发生溶解、吸附、再溶解、再吸附的过程。因各组分在吸附剂表面的吸附选择性和吸附程度不同，冲洗过程中，各组分的移动距离不同，从柱中先后流出使之分离。

在一定温度下，低浓度时分配系数 K 为常数。当吸附剂一定时，K 大小决定于溶质的性质。K 大的物质吸附牢，移动慢，后洗脱下来；$K=0$ 的物质不被吸附，随流动相迅速流出。K 相差越大的组分越容易分离。

为使分离完全，应选择表面积大和有一定的吸附能力、与展开剂及试样不反应、在展开剂中不溶解、具有一定的细度且粒度均匀的吸附剂。常用氧化铝、硅胶、聚酰胺等。

展开剂依吸附剂吸附能力和被分离物质的极性大小选择：当吸附剂吸附能力弱，被分离物质极性较大时，选用极性较大的展开剂，反之选用极性较小的展开剂容易洗脱。

常用展开剂及极性大小次序为

水＞乙醇＞丙酮＞正丁醇＞乙酸乙酯＞氯仿＞乙醚＞甲苯＞
苯＞四氯化碳＞环己烷＞石油醚

以上只是一般规则，在实际中须通过试验选择吸附剂和展开剂，并确定其他分离条件。

柱色谱法的不足是淋洗时有机溶剂消耗量大，分离后还需蒸去有机溶剂，使操作不便。

二、纸色谱法

纸色谱法原理与柱色谱相同，只是用滤纸当载体。滤纸对水有一定亲和力，所以水作固定相，与水不相溶的溶剂作流动相。当流动相流过滤纸时，因毛细管扩散作用，被分离的物质在纸上重新分配。溶剂在纸上不停扩散，产生了溶质的移动。经显色后得到分开的斑点。

按照溶质在两种液体间的分配原则，可得

$$R_{\mathrm{f}}=\frac{\text{斑点移动的速度}}{\text{流动相移动的速度}}=\frac{\text{原点至斑点中心的距离}}{\text{原点至流动相前沿的距离}} \tag{12-7}$$

R_{f} 称为比移值，范围为 0～1。R_{f} 与分配系数 K 及色谱条件有关。一定条件下 K 不变，R_{f} 即为常数，可作为定性分析的依据。一般 $\Delta R_{\mathrm{f}}>0.02$ 时，即可彼此分离。

纸色谱操作有双向法和单向法两种。前者用一块方形滤纸，在一角上点上一小滴试液，晾干后将纸卷成筒状悬在展开液上。见图 12-1 所示。展开液是水和有机溶剂相互饱和的溶液，与纸接触后二者都上升。水展开快，为固定相。有机溶剂逐渐上升会将点中溶质带上去。当液体接近纸上边时，取出干燥并转 90°，再用另一种展开液同样处理，因各物质的分配系数不同而彼此分开。通常此法所处理的溶液多为无色，故干后要用显色剂将各斑点显出。

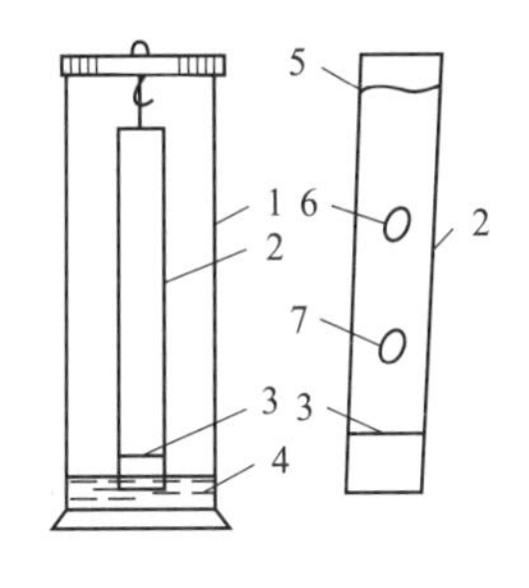

图 12-1　纸色谱分离图
1—层析筒；2—滤纸；3—试样原点；4—有机溶剂；5—溶剂前沿；6、7—组分质点

单向法是双向法的前一半，不必转 90°，用一个纸条即可进行。

纸色谱所用滤纸质地要均匀，平整无折痕，边沿整齐、纸质纯净、疏松度适中、强度较大不易破裂。

常用的展开剂是有机溶剂、酸和水的混合液。当被分离组分 $\Delta R_f<0.02$ 无法分开时，可改变展开剂的极性以增大 R_f 之差。

例如，增大展开剂中极性溶剂的比例，可增大极性物质的 R_f，同时减小非极性物质的 R_f。

试样在滤纸上展开后，根据物质的特性喷洒显色剂进行显色。如氨基酸用茚三酮显色；有机酸用酸碱指示剂显色；Cu^{2+}、Fe^{3+}、Co^{2+}、Ni^{2+} 用二硫代二酰胺显色等。配制显色剂的溶剂挥发性要大，以免喷在滤纸上引起斑点扩散、移动或变形。显色之后立即用铅笔画出各色斑点的位置，以免褪色或变色后不易找到。

纸色谱分离法用样量少，设备和操作简单，分离效果好，特别适用于少量试样中微量成分或性质差别不大的物质的分离。在有机化学、生物化学、植物和医药成分分析等方面应用广泛。在无机分析特别是稀有元素的分离与分析中也常采用。

三、薄层色谱法

薄层色谱是在纸色谱法基础上发展起来的分离方法。是在一平滑的玻璃条上铺一层吸附剂（氧化铝、硅胶、纤维素粉等），制成薄板代替滤纸作固定相。利用 R_f 进行定性分析；通过测量斑点面积或比较色斑颜色深浅（光密度），再与标准物比较进行半定量分析；也可从薄板上把斑点用溶剂洗脱下来，再用其他分析方法（如光度法、紫外照射法等）测定，操作复杂，但准确度较高。

薄层色谱法比柱色谱、纸色谱分离速度快，效率高。斑点不易扩散，因而灵敏度比纸色谱高 10～100 倍。薄板的负荷样品量大，为试样纯化分离提供了方便。另外还可使用腐蚀性显色剂（HNO_3、H_2SO_4、$KMnO_4$），使组分炭化显色。

薄层色谱法应用广，特别适于性质极相似的稀土元素的分离。在化工领域，已广泛应用于产品质量检验、反应终点控制、生产工艺选择、未知试样剖析等方面。在中药的有效成分、天然化合物组成等药物和香料分析方面的应用发展也很快。

第四节　离子交换分离法

离子交换分离法是利用离子交换剂与溶液中各离子间交换能力的差异进行分离的方法。用于分离带电荷的离子和富集微量或痕量组分及制备纯物质。缺点是操作麻烦、周期长，所以实际中只用这种方法解决某些比较困难的分离问题。

一、离子交换树脂及特性

无机离子交换剂交换能力低，化学稳定性和机械强度差，应用受限。有机离子交换剂——离子交换树脂，基本上克服了无机离子交换剂的缺点，使离子交换分离法在生产和科研等方面得到广泛应用。如，测定天然水中 K^+、Na^+、Mg^{2+}、Cl^- 等含量，牛奶中重金属离子的测定都可用该法先进行富集。再如矿石中痕量铂、钯的测定，是先将矿石溶解后加入较浓盐酸，使其转化为配阴离子，再将试液通过装有 Cl^- 阴离子交换树脂柱，这时配阴离子保留于交换柱上，取出树脂，经过简单的处理即可测定。

1. 离子交换树脂

离子交换树脂是具有网状结构的复杂的有机高分子聚合物。网状结构骨架部分一般很稳定，不溶于酸、碱和常见溶剂。在骨架上有可被交换的活性基团。根据活性基团的不同，分为以下几种。

（1）阳离子交换树脂含有的活性基团　常见的有磺酸基、羧基和酚羟基等。可表示为 $R—SO_3H$（R 表示树脂的骨架）、R—COOH、R—OH 等。根据活性基团离解出 H^+ 能力，分为强酸性和弱酸性两种。应用最广泛的是强酸性磺酸型聚苯乙烯树脂，具有化学性质稳定，耐强酸、强碱、氧化剂和还原剂腐蚀的特点，应用非常广泛。

弱酸性阳离子交换树脂的 H^+ 不易离解　在酸性溶液中不能应用，但它的选择性较高，且易于洗脱。

（2）阴离子交换树脂的活性基团　为碱性基团。如含季铵基[$—\overset{+}{N}(CH_3)_3$]的树脂为强碱性阴离子交换树脂，含伯胺基（$—NH_2$）、仲胺基（$—NHCH_3$）和叔胺基（$—N(CH_3)_2$）的树脂为弱碱性阴离子交换树脂。这些树脂水化后，分别形成 $R—NH_3OH$、$R—NH_2CH_3OH$、$R—NH(CH_3)_2OH$ 和 $R—N(CH_3)_3OH$ 等氢氧型阴离子交换树脂。

阴离子交换树脂的化学稳定性和热稳定性较阳离子交换树脂低。

2. 特种树脂

特种树脂能克服离子交换树脂选择性较差的缺点，分离速度快，节约试剂。主要有以下几类。

（1）螯合树脂　骨架上结合螯合基团，如$—N(CH_2COOH)_2$、—SN、$—AsO_3H_2$ 等。能选择性地配位某些金属离子，再在一定条件下洗脱，高选择性地富集分离这些离子。

（2）大孔树脂　这类树脂比一般的树脂具有更多更大的孔，表面积大，离子容易穿行扩散，富集分离快，耐氧化、耐冷热变化、耐磨，稳定性较高。

（3）萃淋树脂　一种含有液态萃取剂的树脂，也称萃取树脂，是以苯乙烯-二乙苯为骨架的大孔结构和有机萃取剂的共聚物，兼有离子交换和萃取两种功能。

（4）纤维素交换剂　对天然纤维素上的—OH进行酯化、羧基化及磷酸化或修饰，获得阳离子交换剂；进行胺化获得阴离子交换剂。

（5）负载螯合剂树脂　又称负载树脂或改性树脂，具有类似螯合剂的选择性特征，制备简单。

二、离子交换选择性规律

离子的交换能力，常受温度、pH、金属离子浓度等因素的影响。有下列一些经验规律。

① 常温和低浓度水溶液中，离子交换能力随离子电荷数的增高而增大。如：

$$Th^{4+} > Al^{3+} > Ca^{2+} > Na^{+}$$

② 等价离子的交换能力随离子半径的增大而增大。

$$Ag^{+} > Cs^{+} > Rb^{+} > K^{+} > NH_4^{+} > Na^{+} > H^{+} > Li^{+}$$

$$Ba^{2+} > Pb^{2+} > Sr^{2+} > Ca^{2+} > Ni^{2+} > Cu^{2+} > Co^{2+} > Zn^{2+} > Mg^{2+}$$

③ 不同的H^+和OH^-型树脂，其交换能力不同。在强酸性阳离子交换树脂上，H^+交换能力很弱，仅大于Li^+；在弱酸性阳离子交换树脂上，H^+的交换能力比其他阳离子均强。OH^-在强碱性阴离子交换树脂上，交换能力很弱，仅强于F^-；在弱碱性阴离子交换树脂上，交换能力大于其他任何阴离子。

④ 对于阴离子的交换顺序

a. 常温稀溶液，在强碱性交换树脂上：$SO_4^{2-} > NO_3^- > Cl^- > OH^- > F^- > HCO_3^- > HSiO_3^-$

b. 常温稀溶液，在弱碱性交换树脂上：$OH^- > SO_4^{2-} > NO_3^- > PO_4^{3-} > Cl^- > HCO_3^-$

三、离子交换操作

离子交换分离一般在交换柱中进行。主要分以下几个步骤。

（1）树脂的选择　根据分析对象选择树脂的类型和粒度（一般要求粒度为80～100目）。阳离子分离常选择强酸性树脂，并预先用酸将树脂处理成H^+型，以免引入其他盐类；阴离子分离常选用强碱性树脂，预先将树脂处理成Cl^-型。

（2）树脂的处理　新树脂在交换前须进行预处理，以除去树脂在制造过程中夹杂的杂质。

先用水浸洗除去浮起的少量微粒，然后用稀盐酸浸泡，使阳离子交换树脂成为H^+型，阴离子交换树脂成为Cl^-型，再用水洗到中性，并浸泡在蒸馏水中备用。

如果要使 H^+ 型阳离子交换树脂转化为 Na^+ 型，可用 NaCl 溶液处理；使 Cl^- 型阴离子交换树脂转化成 OH^- 型，可用 NaOH 溶液处理，然后再用蒸馏水洗净。

（3）装柱　在交换柱的下端垫上一层润湿的玻璃棉并充满水，把处理好的树脂倒入柱中，树脂高度应为柱高的 90%，在树脂上覆盖一层玻璃棉，使液面高于树脂层。

（4）交换　在交换柱的上端慢慢注入待分离的溶液，控制出口流速，使待分离溶液从上向下流经交换柱进行交换。

（5）洗脱　每种洗脱剂只能洗脱一种离子。将几种洗脱剂分别通过交换柱，收集各洗脱液使元素分离。

（6）再生　使树脂恢复到交换前形式的过程叫再生。有时洗脱和再生是同一过程。阳离子交换树脂再生多用盐酸或硫酸；阴离子交换树脂多用 NaOH 溶液。

四、离子交换色谱法

在离子交换柱上，用洗脱液把各组分洗脱而相互分离的方法叫离子交换色谱法。

例如锂、钠、钾的分离：将含有 Li^+、Na^+、K^+ 的溶液注入强酸性阳离子交换柱中，它们电荷相同、半径递减，与树脂的亲和力依次增强。因 K^+ 吸附在上层，Na^+ 在中间，Li^+ 在下层。用 $0.1mol \cdot L^{-1}$ 盐酸为洗脱液，在交换柱出口处收集洗出液，用火焰光度法测定。以洗出液体积为横坐标，以浓度为纵坐标，绘出洗脱曲线，如图 12-2 所示。

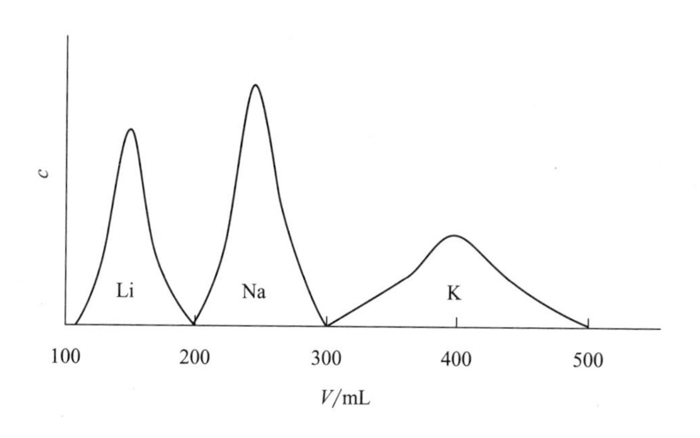

图 12-2　Li^+、Na^+、K^+ 的洗脱曲线

看出，从 100～190mL 洗出液是 Li^+ 的溶液，同理 190～280mL 洗出液是 Na^+ 的溶液，310～500mL 洗出液是 K^+ 的溶液。

知识拓展 **关键词链接：气态分离法，电泳分离法，气浮分离法，膜分离法**

化学视野

分离富集技术的发展趋势

复杂样品分析一般要经制备（提取、纯化、浓缩）和分析检测（鉴别、检查、测定）等步骤完成。样品制备中的前处理技术却远不能适应分析测定技术发展的需要，往往成为瓶颈，而分离富集是样品前处理的重要手段，因此发展快速。

1. 经典的分离富集技术在理论和实践上不断完善发展

在沉淀分离方面，研发了许多新的沉淀剂，共沉淀富集痕量元素的技术成为重要的分离富集方法；研发了很多新的萃取体系，如离子对萃取体系；螯合离子交换树脂及表面负载有固定螯合功能团的吸附富集技术。

发展快速、安全和更加环境友好的提取技术是发展趋势。环境友好型溶剂如超临界二氧化碳、亚临界水、离子液体等的应用极大地降低了传统的有机溶剂萃取带来的危害。对于液体样品，固相萃取已取代液-液萃取，成为实验室最常用的技术。在其基础上还发展了固相微萃取技术。最近较新的技术还有搅拌棒吸附萃取、浊点技术及膜萃取等。对于固态样品，加压溶剂萃取作为索氏萃取的替代技术，已被越来越多的实验室采用。此外还有微波辅助萃取、超临界流体萃取、基质固相分散萃取和超声波辅助萃取等。应用于挥发、半挥发有机污染物的顶空固相微萃取和顶空-单滴微萃取等技术的研究也是目前比较活跃的领域。

2. 色谱是当今研究最活跃、发展最快的分离技术

现代色谱分析将浓缩、分离、测定相结合，是复杂体系中组分、价态、化学性质相近的元素或化合物分离、测定的重要手段。在制备分离及提纯上不可或缺，成为分析化学中发展最快、应用最广的领域之一。

3. 各种分离技术的相互渗透

① 萃取色谱法将萃取分离的选择性与色谱分离的高效性结合。萃淋树脂兼有离子交换和萃取两者的优点，具有选择性好、分离效率高、易于实现自动化等特点，在分离分析上获得了广泛应用。

② 泡沫浮选分离技术用于许多不溶性和可溶性物质的分离，设备较简单，一般在常温下连续操作，对低浓度组分的分离特别有效，可用于环境试样中痕量元素的富集。

③ 液膜分离技术将液-液萃取中的萃取和反萃取结合起来，分离效率较溶剂萃取高。

4. 分离富集技术与测量方法有机结合

目前最有成效的进样-分离富集-检测有机结合的仪器是气相色谱仪、高效液相色谱仪、离子色谱仪及碳硫分析仪、测汞仪等。还有氢化物原子吸收仪、冷原子吸收仪等；阳极溶出法集分离富集与测定于一身，有很高的灵敏度。

5. 分离富集技术机械化和自动化

分离富集技术尽可能简单、快速，易于自动化。流动注射技术实现了样品自动引入、稀释和在线富集。流动注射分析技术中，采用微型分离柱，可以在线分析，也可以与溶剂萃取、膜分离、氢化物原子吸收、高效液相色谱等联用实现分离分析的自动化。

6. 在线样品前处理技术得到快速发展

膜分离技术与现代分析仪器结合，是当代最具竞争力的气相色谱（GC）或质谱（MS）分析样品制备方法和技术之一。聚二甲基硅氧烷膜分离模块装置与GC、MS、GC-MS联用测定空气中挥发性有机物，可以直接在线测定。

7. 发展化学形态分析的分离富集方法

在生命科学、环境科学或材料科学中组分的状态极其重要，元素状态分析是分析化学的一个重要发展方向，特别是形态的富集方法是研究的重要课题。

本章小结

对实际工作中组成复杂的试样，需要进行分离处理。根据难溶物不同，可用沉淀分离法，以无机沉淀剂、有机沉淀剂沉淀干扰离子。若试样中被测组分含量极微，常采用共沉淀分离法。

根据相似相溶原理，利用物质的极性不同，可用萃取分离法。该法既可用于常量组分分离，又适用于痕量组分的分离与富集，方法简便快速。

色谱分离法是利用一种流动相带试样经过固定相，根据物质在两相间的分配系数不同、迁移速度不同从而达到相互分离的目的。色谱分离法分为柱色谱、纸色谱和薄层色谱法。

离子交换分离法是利用离子交换剂与溶液中各种离子之间交换能力的不同而进行分离的方法。目前该方法已广泛应用于生产和科研领域。

思考与练习

1. 说明萃取剂和萃取溶剂的区别，分配系数和分配比的区别。

2. 阳离子交换树脂和阴离子交换树脂各含哪些活性基团？

3. 某溶液含 Fe^{3+} 10mg，将它萃取到某有机溶剂中，分配比 $D=99$，问用等体积溶剂萃取 1 次、2 次各剩余 Fe^{3+} 多少毫克？萃取百分率各为多少？

4. 称取 1.5000g 氢型阳离子交换树脂，装入交换柱中，用 NaCl 冲洗，至流出液使甲基橙变橙色为止。收集全部洗出液。用甲基橙作指示剂，以 0.1000mol・L^{-1} NaOH 标准溶液滴定，用去 24.51mL，计算树脂的交换容量。

附录

附表 1 常见阳离子与常用试剂的反应

试剂 / 离子	HCl	H_2SO_4	NaOH		$NH_3 \cdot H_2O$		H_2S $c(HCl)=0.3mol \cdot L^{-1}$	$(NH_4)_2S$	$(NH_4)_2CO_3$
			适量	过量	适量	过量			
Ag^+	$AgCl\downarrow$ 白	$Ag_2SO_4\downarrow$ 白	$Ag_2O\downarrow$ 褐	不溶	$Ag_2O\downarrow$ 褐	$Ag(NH_3)_2^+$	$Ag_2S\downarrow$ 黑	同左	$Ag_2CO_3\downarrow$ 白
Hg_2^{2+}	$Hg_2Cl_2\downarrow$ 白	$Hg_2SO_4\downarrow$ 白	$Hg_2O\downarrow$ 黑	不溶	$HgNH_2Cl\downarrow$ 白 $+Hg\downarrow$ 黑	不溶	$HgS\downarrow+Hg$ 黑	同左	$Hg_2CO_3\downarrow$ 淡黄 $\rightarrow HgO\downarrow+Hg\downarrow$ 黑
Pb^{2+}	$PbCl_2\downarrow$ 白	$PbSO_4\downarrow$ 白	$Pb(OH)_2\downarrow$ 白	PbO_2^{2-}	$Pb(OH)_2\downarrow$ 白	不溶	$PbS\downarrow$ 黑	同左	碱式盐 $\downarrow$ 白
Cu^{2+}			$Cu(OH)_2\downarrow$ 浅蓝	部分 CuO_2^{2-}	$Cu(OH)_2\downarrow$ 浅蓝	$Cu(NH_3)_4^{2+}$ 深蓝	$CuS\downarrow$ 黑	同左	碱式盐 $\downarrow$ 浅蓝
Hg^{2+}			$HgO\downarrow$ 黄	不溶	$HgNH_2Cl\downarrow$ 白	不溶	$HgS\downarrow$ 黑	同左	碱式盐 $\downarrow$ 白
Fe^{3+}			$Fe(OH)_3\downarrow$ 红棕	不溶	$Fe(OH)_3\downarrow$ 红棕	不溶	$Fe_2S_3\downarrow+FeS\downarrow$ 黑	同左	碱式盐 $\downarrow$ 红褐
Fe^{2+}			$Fe(OH)_2\downarrow$ 绿渐变红棕	不溶	$Fe(OH)_2\downarrow$ 绿渐变红棕	不溶	$FeS\downarrow$ 黑	同左	碱式盐 $\downarrow$ 绿渐变褐
Mn^{2+}			$Mn(OH)_2\downarrow$ 浅粉红	变红棕不清	$Mn(OH)_2\downarrow$ 浅粉红变红棕	不溶		$MnS\downarrow$ 浅粉红	$MnCO_3\downarrow$ 白
Cr^{3+}			$Cr(OH)_3\downarrow$ 灰绿	CrO_2^- 亮绿	$Cr(OH)_3\downarrow$ 灰绿	部分溶解		$Cr(OH)_3\downarrow$ 灰绿	同左
Al^{3+}			$Al(OH)_3\downarrow$ 白	AlO_2^-	$Al(OH)_3\downarrow$ 白	不溶		$Al(OH)_3\downarrow$ 白	同左
Zn^{2+}			$Zn(OH)_2\downarrow$ 白	ZnO_2^{2-}	$Zn(OH)_2\downarrow$ 白	$Zn(NH_3)_4^{2+}$		$ZnS\downarrow$ 白	碱式盐 $\downarrow$ 白
Ba^{2+}		$BaSO_4\downarrow$ 白							$BaCO_3\downarrow$ 白
Ca^{2+}		$CaSO_4\downarrow$ 白	少量 $Ca(OH)_2\downarrow$ 白	不溶					$CaCO_3\downarrow$ 白
Mg^{2+}			$Mg(OH)_2\downarrow$ 白	不溶	部分 $Mg(OH)_2\downarrow$ 白	不溶			碱式盐 $\downarrow$ [NH_4^+] 大时不沉淀

附表 2　一些常见弱酸、弱碱在水溶液中的离解常数 $K^{\ominus}$

弱电解质	T/K	离解常数	弱电解质	T/K	离解常数
H_3AsO_4	291	$K_1^{\ominus}=5.62\times10^{-3}$	H_2S	291	$K_1^{\ominus}=1.3\times10^{-7}$
	291	$K_2^{\ominus}=1.70\times10^{-7}$		291	$K_2^{\ominus}=7.1\times10^{-15}$
	291	$K_3^{\ominus}=3.95\times10^{-12}$	HSO_4^-	298	$K_2^{\ominus}=1.2\times10^{-2}$
H_3BO_3	293	7.3×10^{-10}	H_2SO_3	291	$K_1^{\ominus}=1.54\times10^{-2}$
HBrO	298	2.06×10^{-9}		291	$K_2^{\ominus}=1.02\times10^{-7}$
H_2CO_3	298	$K_1^{\ominus}=4.30\times10^{-7}$	H_2SiO_3	303	$K_1^{\ominus}=2.2\times10^{-10}$
	298	$K_2^{\ominus}=5.61\times10^{-11}$		303	$K_2^{\ominus}=2\times10^{-12}$
$H_2C_2O_4$	298	$K_1^{\ominus}=5.90\times10^{-2}$	HCOOH	298	1.77×10^{-4}
	298	$K_2^{\ominus}=6.40\times10^{-5}$	CH_3COOH	298	1.76×10^{-5}
HCN	298	4.93×10^{-10}	$CH_2ClCOOH$	298	1.4×10^{-3}
HClO	291	2.95×10^{-5}	$CHCl_2COOH$	298	3.32×10^{-2}
H_2CrO_4	298	$K_1^{\ominus}=1.8\times10^{-1}$	$C_3C_6H_5O_7$	293	$K_1^{\ominus}=7.1\times10^{-4}$
	298	$K_2^{\ominus}=3.20\times10^{-7}$	（柠檬酸）	293	$K_2^{\ominus}=1.68\times10^{-5}$
HF	298	3.53×10^{-4}		293	$K_3^{\ominus}=4.1\times10^{-7}$
HIO_3	298	1.69×10^{-1}	$NH_3\cdot H_2O$	298	1.77×10^{-5}
HIO	298	2.3×10^{-11}	AgOH	298	1×10^{-2}
HNO_2	285.5	4.6×10^{-4}	$Al(OH)_3$	298	$K_1^{\ominus}=5\times10^{-9}$
NH_4^+	298	5.64×10^{-10}		298	$K_2^{\ominus}=2\times10^{-10}$
H_2O_2	298	2.4×10^{-12}	$Be(OH)_2$	298	$K_1^{\ominus}=1.78\times10^{-6}$
H_3PO_4	298	$K_1^{\ominus}=7.52\times10^{-3}$		298	$K_2^{\ominus}=2.5\times10^{-9}$
	298	$K_2^{\ominus}=6.23\times10^{-8}$	$Ca(OH)_2$	298	$K_2^{\ominus}=6\times10^{-2}$
	298	$K_3^{\ominus}=2.2\times10^{-13}$	$Zn(OH)_2$	298	$K_1^{\ominus}=8\times10^{-7}$

注：摘自 Robert C. West，“CRC Handbook of Chemistry and Physics”，69 ed 1988-1989。

附表3 常见难溶电解质的溶度积 $K_{sp}^{\ominus}$(298K)

化学式	$K_{sp}^{\ominus}$	化学式	$K_{sp}^{\ominus}$
$Al(OH)_3$	3.00×10^{-34}	$MgNH_4PO_4$	3.00×10^{-13}
$AlPO_4$	9.84×10^{-21}	$MgCO_3$	6.82×10^{-6}
$BaCO_3$	2.58×10^{-9}	$MgCO_3\cdot3H_2O$	2.38×10^{-6}
$BaCrO_4$	1.17×10^{-10}	$MgCO_3\cdot5H_2O$	3.79×10^{-6}
BaF_2	1.84×10^{-7}	MgF_2	5.16×10^{-11}
$Ba(IO_3)_2$	4.01×10^{-9}	$Mg(OH)_2$	5.61×10^{-12}
$BaSO_4$	1.08×10^{-10}	$MgC_2O_4\cdot2H_2O$	4.83×10^{-6}
$BaSO_3$	5.00×10^{-10}	$Mg_3(PO_4)_2$	1.04×10^{-24}
$Be(OH)_2$	6.92×10^{-22}	$MnCO_3$	2.24×10^{-11}
$BiAsO_4$	4.43×10^{-10}	$Mn(IO_3)_2$	4.37×10^{-7}
BiI	7.71×10^{-19}	$Mn(OH)_2$	2.00×10^{-13}
$Cd_3(AsO_4)_2$	2.20×10^{-33}	$MnC_2O_4\cdot2H_2O$	1.70×10^{-7}
$CdCO_3$	1.00×10^{-12}	MnS(粉色)	3.00×10^{-11}
CdF_2	6.44×10^{-3}	MnS(绿色)	3.00×10^{-14}
$Cd(OH)_2$	7.20×10^{-15}	Hg_2Br_2	6.40×10^{-23}
$Cd(IO_3)_2$	2.50×10^{-8}	Hg_2CO_3	3.60×10^{-17}
$Cd_3(PO_4)_2$	2.53×10^{-33}	Hg_2Cl_2	1.43×10^{-18}
CdS	1.00×10^{-27}	Hg_2F_2	3.10×10^{-6}
$CsClO_4$	3.95×10^{-3}	Hg_2I_2	5.20×10^{-29}
$CsIO_4$	5.16×10^{-6}	$Hg_2C_2O_4$	1.75×10^{-13}
$CaCO_3$(方解石)	3.36×10^{-9}	Hg_2SO_4	6.50×10^{-7}
$CaCO_3$(文石)	6.00×10^{-9}	$Hg_2(SCN)_2$	3.20×10^{-20}
CaF_2	3.45×10^{-11}	$HgBr_2$	6.20×10^{-20}
$Ca(OH)_2$	5.02×10^{-6}	HgI_2	2.90×10^{-29}
$Ca(IO_3)_2$	6.47×10^{-6}	HgS(黑色)	2.00×10^{-53}
$CaC_2O_4\cdot H_2O$	2.32×10^{-9}	HgS(红色)	2.00×10^{-54}
$Ca_3(PO_4)_2$	2.07×10^{-33}	$NiCO_3$	1.42×10^{-7}
$CaSO_4$	4.93×10^{-5}	$Ni(OH)_2$	5.48×10^{-16}
$CaSO_4\cdot2H_2O$	3.14×10^{-5}	$Ni(IO_3)_2$	4.71×10^{-5}
$CaSO_4\cdot0.5H_2O$	3.10×10^{-7}	$Ni_3(PO_4)_2$	4.74×10^{-32}
$Co_3(AsO_4)_2$	6.80×10^{-29}	NiS(α晶型)	4.00×10^{-20}
$CoCO_3$	1.00×10^{-10}	NiS(β晶型)①	1.30×10^{-25}
$Co(OH)_2$(蓝色)	5.92×10^{-15}	K_2PtCl_6	7.48×10^{-6}
$Co_3(PO_4)_2$	2.05×10^{-35}	$KClO_4$	1.05×10^{-2}

续表

化学式	$K_{sp}^{\ominus}$	化学式	$K_{sp}^{\ominus}$
CoS(alpha)	5.00×10^{-22}	KIO_4	3.71×10^{-4}
CoS(beta)	3.00×10^{-26}	$AgCH_3COO$	1.94×10^{-3}
CuBr	6.27×10^{-9}	Ag_3AsO_4	1.03×10^{-22}
CuCl	1.72×10^{-7}	$AgBrO_3$	5.38×10^{-5}
CuCN	3.47×10^{-20}	AgBr	5.35×10^{-13}
CuI	1.27×10^{-12}	Ag_2CO_3	8.46×10^{-12}
CuSCN	1.77×10^{-13}	AgCl	1.77×10^{-10}
$Cu_3(AsO_4)_2$	7.95×10^{-36}	Ag_2CrO_4	1.12×10^{-12}
$Cu(OH)_2$	4.80×10^{-20}	AgCN	5.97×10^{-17}
$Cu(IO_3)_2\cdot H_2O$	6.94×10^{-8}	$AgIO_3$	3.17×10^{-8}
CuC_2O_4	4.43×10^{-10}	AgI	8.52×10^{-17}
$Cu_3(PO_4)_2$	1.40×10^{-37}	$Ag_2C_2O_4$	5.40×10^{-12}
CuS	8.00×10^{-37}	Ag_3PO_4	8.89×10^{-17}
$FeCO_3$	3.13×10^{-11}	Ag_2SO_4	1.20×10^{-5}
FeF_2	2.36×10^{-6}	Ag_2SO_3	1.50×10^{-14}
$Fe(OH)_2$	4.87×10^{-17}	Ag_2S	8.00×10^{-51}
FeS	8.00×10^{-19}	AgSCN	1.03×10^{-12}
$Fe(OH)_3$	2.79×10^{-39}	$SrCO_3$	5.60×10^{-10}
$FePO_4\cdot 2H_2O$	9.91×10^{-16}	SrF_2	4.33×10^{-9}
$PbBr_2$	6.60×10^{-6}	$Sr(IO_3)_2$	1.14×10^{-7}
$PbCO_3$	7.40×10^{-14}	$Sr(IO_3)_2\cdot H_2O$	3.77×10^{-7}
$PbCl_2$	1.70×10^{-5}	$Sr(IO_3)_2\cdot 6H_2O$	4.55×10^{-7}
$PbCrO_4$	3.00×10^{-13}	SrC_2O_4	5.00×10^{-8}
PbF_2	3.30×10^{-8}	$SrSO_4$	3.44×10^{-7}
$Pb(OH)_2$	1.43×10^{-20}	$Sn(OH)_2$	5.45×10^{-27}
$Pb(IO_3)_2$	3.69×10^{-13}	$Zn_3(AsO_4)_2$	2.80×10^{-28}
PbI_2	9.80×10^{-9}	$ZnCO_3$	1.46×10^{-10}
PbC_2O_4	8.50×10^{-9}	$ZnCO_3\cdot H_2O$	5.42×10^{-11}
$PbSeO_4$	1.37×10^{-7}	ZnF	3.04×10^{-2}
$PbSO_4$	2.53×10^{-8}	$Zn(OH)_2$	3.00×10^{-17}
PbS	3.00×10^{-28}	$Zn(IO_3)_2\cdot 2H_2O$	4.10×10^{-6}
Li_2CO_3	8.15×10^{-4}	$ZnC_2O_4\cdot 2H_2O$	1.38×10^{-9}
LiF	1.84×10^{-3}	ZnS(α 晶型)	2.00×10^{-25}
Li_3PO_4	2.37×10^{-4}	ZnS(β 晶型)	3.00×10^{-23}

注：摘自 CRC Handbook of Chemistry and Physics，2001。

① 一般以 β 晶型的值计算 $K_{sp}^{\ominus}$。

附表 4　EDTA 配合物的 $\lg K_f^{\ominus}(MY)$

（温度 293～298K，离子强度 I=0.1）

离子	$\lg K_f^{\ominus}(MY)$	离子	$\lg K_f^{\ominus}(MY)$	离子	$\lg K_f^{\ominus}(MY)$
Ag^{+}	7.32	Gd^{3+}	17.37	Ru^{2+}	7.4
Al^{3+}	16.3	Hf^{2+}	19.1	Sc^{3+}	23.1
Am^{3+}	18.2	Hg^{2+}	21.80	Sm^{3+}	17.14
Ba^{2+}	7.86	Ho^{3+}	18.74	Sn^{2+}	22.11
Be^{2+}	9.2	In^{3+}	25.0	Sn^{4+}	34.5
Bi^{3+}	27.94	La^{3+}	15.50	Sr^{2+}	8.73
Ca^{2+}	10.69	Li^{+}	2.79	Tb^{3+}	17.93
Cd^{2+}	16.46	Lu^{3+}	19.83	Th^{4+}	23.2
Ce^{3+}	16.0	Mg^{2+}	8.69	Ti^{3+}	21.3
Cf^{3+}	19.1	Mn^{2+}	13.87	TiO^{2+}	17.3
Cm^{3+}	18.5	MoO_2	2.8	Tl^{3+}	37.8
Co^{2+}	16.31	Na^{+}	1.66	Tm^{3+}	19.32
Co^{3+}	36.0	Nd^{3+}	16.61	U^{4+}	25.8
Cr^{3+}	23.4	Ni^{2+}	18.62	UO_2^{2+}	约 10
Cu^{2+}	18.80	Os^{3+}	17.9	V^{2+}	12.7
Dy^{3+}	18.30	Pb^{2+}	18.04	V^{3+}	25.9
Er^{2+}	18.85	Pd^{2+}	18.5	VO^{2+}	18.8
Eu^{2+}	7.7	Pm^{3+}	16.75	VO_2^{+}	18.1
Eu^{3+}	17.35	Pr^{3+}	16.40	Y^{3+}	18.1
Fe^{2+}	14.32	Pt^{3+}	16.4	Yb^{3+}	19.57
Fe^{3+}	25.1	Pu^{3+}	18.1	Zn^{2+}	16.50
Ga^{3++}	20.3	Pu^{4+}	17.7	ZrO^{2+}	29.5

注：摘自 R. Pribil：Analytical applications of EDTA and Related compounds，1972。

附表5 配合物的稳定常数(291～298K)

金属离子	I	n	$\lg\beta_n^{\ominus}$
氨配合物			
Ag^{+}	0.5	1,2	3.24;7.23
Cd^{2+}	2	1,…,6	2.65;4.75;6.19;7.12;6.80;5.14
Co^{2+}	2	1,…,6	2.11;3.74;4.79;5.55;5.73;5.11
Co^{3+}	2	1,…,6	6.7;14.0;20.1;25.7;30.8;35.2
Cu^{+}	2	1,2	5.93;10.86
Cu^{2+}	2	1,…,5	4.31;7.98;11.02;13.32;12.86
Ni^{2+}	2	1,…,6	2.80;5.04;6.77;7.96;8.71;8.74
Zn^{2+}	2	1,…,4	2.37;4.81;7.31;9.46
溴配合物			
Ag^{+}	0	1,…,4	4.38;7.33;8.00;8.73
Bi^{3+}	2.3	1,…,6	4.30;5.55;5.89;7.82;—;9.70
Cd^{2+}	3	1,…,4	1.75;2.34;3.32;3.70
Cu^{+}	0	2	5.89
Hg^{2+}	0.5	1,…,4	9.05;17.32;19.74;21.00
氯配合物			
Ag^{+}	0	1,…,4	3.04;5.04;5.04;5.30
Hg^{2+}	0.5	1,…,4	6.74;13.22;14.07;15.07
Sn^{2+}	0	1,…,4	1.51;2.24;2.03;1.48
Sb^{3+}	4	1,…,6	2.26;3.49;4.18;4.72;4.72;4.11
氰配合物			
Ag^{+}	0	1,…,4	—;21.1;21.7;20.6
Cd^{2+}	3	1,…,4	5.48;10.60;15.23;18.78
Co^{2+}		6	19.09
Cu^{+}	0	1,…,4	—;24.0;28.59;30.3
Fe^{2+}	0	6	35
Fe^{3+}	0	6	42
Hg^{2+}	0	4	41.4
Ni^{2+}	0.1	4	31.3
Zn^{2+}	0.1	4	16.7

续表

金属离子	I	n	$\lg\beta_n^{\ominus}$
氟配合物			
Al^{3+}	0.5	1,…,6	6.13;11.15;15.00;17.75;19.37;19.84
Fe^{3+}	0.5	1,…,6	5.28;9.30;12.06;—;15.77;—
Th^{4+}	0.5	1,…,3	7.65;13.46;17.97
TiO_2^{2-}	3	1,…,4	5.4;9.8;13.7;18.0
ZrO_2^{2+}	2	1,…,3	8.80;16.12;21.94
碘配合物			
Ag^{+}	0	1,…,3	6.58;11.74;13.68
Bi^{3+}	2	1,…,6	3.63;—;—;14.95;16.80;18.80
Cd^{2+}	0	1,…,4	2.10;3.43;4.49;5.41
Pb^{2+}	0	1,…,4	2.00;3.15;3.92;4.47
Hg^{2+}	0.5	1,…,4	12.87;23.82;27.60;29.83
磷酸配合物			
Ca^{2+}	0.2	CaHL	1.7
Mg^{2+}	0.2	MgHL	1.9
Mn^{2+}	0.2	MnHL	2.6
Fe^{3+}	0.66	FeHL	9.35
硫氰酸配合物			
Ag^{+}	2.2	1,…,4	—;7.57;9.08;10.08
Au^{+}	0	1,…,4	—;23;—;42
Co^{2+}	1	1	1.0
Cu^{+}	5	1,…,4	—;11.00;10.90;10.48
Fe^{3+}	0.5	1,2	2.95;3.36
Hg^{2+}	1	1,…,4	—;17.47;—;21.23
硫代硫酸配合物			
Ag^{+}	0	1,…,3	8.82;13.46;14.15
Cu^{+}	0.8	1,…,3	10.35;12.27;13.71
Hg^{2+}	0	1,…,4	—;29.86;32.26;33.61
Pb^{2+}	0	1,3	5.1;6.4
乙酰丙酮配合物			
Al^{3-}	0	1,…,3	8.60;15.5;21.30
Cu^{2+}	0	1,2	8.27;16.34
Fe^{2+}	0	1,2	5.07;8.67
Fe^{3+}	0	1,…,3	11.4;22.1;26.7
Ni^{2+}	0	1,…,3	6.06;10.77;13.09
Zn^{2+}	0	1,2	4.98;8.81

续表

金属离子	I	n	$\lg\beta_n^{\ominus}$
柠檬酸配合物			
Ag^+	0	Ag_2HL	7.1
Al^{3+}	0.5	AlHL	7.0
		AlL	20.0
		AlOHL	30.6
Ca^{2+}	0.5	CaH_3L	10.9
		CaH_2L	8.4
		CaHL	3.5
Cd^{2+}	0.5	CdH_2L	7.9
		CdHL	4.0
		CdL	11.3
Co^{2+}	0.5	CoH_2L	8.9
		CoHL	4.4
		CoL	12.5
Cu^{2+}		CuH_3L	12.0
	0.5	CuHL	6.1
		CuL	18.0
Fe^{2+}		FeH_2L	7.3
	0.5	FeHL	3.1
		FeL	15.5
Fe^{3+}		FeH_2L	12.2
	0.5	FeHL	10.9
		FeL	25.0
Ni^{2+}		NiH_2L	9.0
	0.5	NiHL	4.8
		NiL	14.3
Pb^{2+}		PbH_2L	11.2
		PbHL	5.2
	0.5	PbL	12.3
Zn^{2+}	0.5	ZnH_2L	8.7
		ZnHL	4.5
		ZnL	11.4
草酸配合物			
Al^{3+}	0	1,2,3	7.26;13.0;16.3
Cd^{2+}	0.5	1,2	2.9;4.7

续表

金属离子	I	n	$\lg\beta_n^{\ominus}$
Co^{2+}	0.5	CoHL	5.5
		CoH_2L_4	10.6
		1,2,3	4.79;6.7;9.7
Co^{3+}	0	3	～20
Cu^{2+}	0.5	CuHL	6.25
		1,2	4.5;8.9
Fe^{2+}	0.5～1	1,2,3	2.9;4.52;5.22
Fe^{3+}	0	1,2,3	9.4;16.2;20.2
Mg^{2+}	0.1	1,2	2.76;4.38
Mn^{3+}	2	1,2,3	9.9;8;16.57;19.42
Ni^{2+}	0.1	1,2,3	5.3;7.64;8.5
Th^{4+}	0.1	4	24.5
TiO^{2+}	2	1,2	6.6;9.9
Zn^{2+}	0.5	ZnH_2L	5.6
		1,2,3	4.89;7,60;8.15
磺基水杨酸配合物			
Al^{3+}	0.1	1,2,3	13.20;22.83;28.89
Cd^{2+}	0.25	1,2	16.68;29.08
Co^{2+}	0.1	1,2	6.13;9.82
Cr^{3+}	0.1	1	9.56
Cu^{2+}	0.1	1,2	9.52;16.45
Fe^{2+}	0.1～0.5	1,2	5.90;9.90
Fe^{3+}	0.25	1,2,3	14.64;25.18;32.12
Mn^{2+}	0.1	1,2	5.24;8.24
Ni^{2+}		1,2	6.42;10.24
Zn^{2+}	0.1	1,2	6.05;10.65
	0.1		
酒石酸配合物			
Bi^{3+}	0	3	8.30
Ca^{2+}	0.5	CaHL	4.85
	0	1,2	2.98;9.01
Cd^{2+}	0.5	1	2.8
Cu^{2+}	1	1,…,4	3.2;5.11;4.78;6.51
Fe^{3+}	0	3	7.49
Mg^{2+}	0.5	MgHL	4.65
		1	1.2

续表

金属离子	I	n	$\lg\beta_n^{\ominus}$
Pb^{2+}	0	1,2,3	3.78;—;4.7
Zn^{2+}	0.5	ZnHL	4.5
		1,2	2.4;8.32
乙二胺配合物			
Ag^{+}	0.1	1,2	4.70;7.70
Cd^{2+}	0.5	1,2,3	5.47;10.09;12.09
Co^{2+}	1	1,2,3	5.91;10.64;13.94
Co^{3+}	1	1,2,3	18.70;34.90;48.69
Cu^{+}	2	10.8	
Cu^{2+}	1	1,2,3	10.67;20.00;21.0
Fe^{2+}	1.4	1,2,3	4.34;7.65;9.70
Hg^{2+}	0.1	1,2	14.30;23.3
Mn^{2+}	1	1,2,3	2.73;4.79;5.67
Ni^{2+}	1	1,2,3	7.52;13.80;18.06
Zn^{2+}	1	1,2,3	5.77;10.83;14.11
硫脲配合物			
Ag^{+}	0.03	1,2	7.4;13.1
Bi^{3+}	6	11.9	
Cu^{+}	0.1	3,4	13;15.4
Hg^{2+}		2,3,4	22.1;24.7;26.8
氢氧基配合物			
Al^{3+}	2	4	33.3
		$Al_6(OH)_{15}^{3+}$	163
Bi^{3+}	3	1	12.4
		$Bi_6(OH)_{12}^{6+}$	168.3
Cd^{2+}	3	1,…,4	4.3;7.7;10.3;12.0
Co^{2+}	0.1	1,3	5.1;—;10.2
Cr^{3+}	0.1	1,2	10.2;18.3
Fe^{2+}	1	1	4.5
Fe^{3+}	3	1,2	11.0;21.7
		$Fe_2(OH)_2^{4+}$	25.1
Hg^{2+}	0.5	2	21.7
Mg^{2+}	0	1	2.6

续表

金属离子	I	n	$\lg\beta_n^{\ominus}$
Mn^{2+}	0.1	1	3.4
Ni^{2+}	0.1	1	4.6
Pb^{2+}	0.3	1,2,3	6.2;10.3;13.3
		$Pb_2(OH)^{3+}$	7.6
Sn^{2+}	3	1	10.1
Th^{4+}	1	1	9.7
Ti^{3+}	0.5	1	11.8
TiO^{2+}	1	1	13.7
VO^{2+}	3	1	8.0
Zn^{2+}	0	1,…,4	4.4;10.1;14.2;15.5

注：1. $\beta_n^{\ominus}$ 为配合物的积累稳定常数，即

$$\beta_n^{\ominus}=K_1^{\ominus}K_2^{\ominus}\cdots K_n^{\ominus}$$

2. 酸式、碱式配合物及多核氢氧基配合物的化学式标明于 n 栏中。

附表 6　标准电极电势 $\varphi^{\ominus}$(298K)

电对 (氧化型/还原型)	电极反应 (氧化型$+ne^-\rightleftharpoons$还原态)	标准电极电势 ($\varphi^{\ominus}$/V)
Li^+/Li	$Li^+(aq)+e^-\rightleftharpoons Li(s)$	−3.0401
K^+/K	$K^+(aq)+e^-\rightleftharpoons K(s)$	−2.931
Ca^{2+}/Ca	$Ca^{2+}(aq)+2e^-\rightleftharpoons Ca(s)$	−2.868
Na^+/Na	$Na^+(aq)+e^-\rightleftharpoons Na(s)$	−2.71
Mg^{2+}/Mg	$Mg^{2+}(aq)+2e^-\rightleftharpoons Mg(s)$	−2.372
Al^{3+}/Al	$Al^{3+}(aq)+3e^-\rightleftharpoons Al(s)(0.1mol\cdot L^{-1}NaOH)$	−1.662
Mn^{2+}/Mn	$Mn^{2+}(aq)+2e^-\rightleftharpoons Mn(s)$	−1.185
Zn^{2+}/Zn	$Zn^{2+}(aq)+2e^-\rightleftharpoons Zn(s)$	−0.7618
Fe^{2+}/Fe	$Fe^{2+}(aq)+2e^-\rightleftharpoons Fe(s)$	−0.447
Cd^{2+}/Cd	$Cd^{2+}(aq)+2e^-\rightleftharpoons Cd(s)$	−0.4030
Co^{2+}/Co	$Co^{2+}(aq)+2e^-\rightleftharpoons Co(s)$	−0.28
Ni^{2+}/Ni	$Ni^{2+}(aq)+2e^-\rightleftharpoons Ni(s)$	−0.257
Sn^{2+}/Sn	$Sn^{2+}(aq)+2e^-\rightleftharpoons Sn(s)$	−0.1375
Pb^{2+}/Pb	$Pb^{2+}(aq)+2e^-\rightleftharpoons Pb(s)$	−0.1262

续表

电对 (氧化型/还原型)	电极反应 (氧化型$+ne^- \rightleftharpoons$还原态)	标准电极电势 ($\varphi^{\ominus}$/V)
H^+/H_2	$2H^+(aq)+2e^- \rightleftharpoons H_2(g)$	0.000
$S_4O_6^{2-}/S_2O_3^{2-}$	$S_4O_6^{2-}(aq)+2e^- \rightleftharpoons 2S_2O_3^{2-}(aq)$	+0.08
S/H_2S	$S(s)+2H^+(aq)+2e^- \rightleftharpoons H_2S(aq)$	+0.142
Sn^{4+}/Sn^{2+}	$Sn^{4+}(aq)+2e^- \rightleftharpoons Sn^{2+}(aq)$	+0.151
SO_4^{2-}/H_2SO_3	$SO_4^{2-}(aq)+4H^++2e^- \rightleftharpoons H_2SO_3(aq)+H_2O$	+0.172
Hg_2Cl_2/Hg	$Hg_2Cl_2(s)+2e^- \rightleftharpoons 2Hg(l)+2Cl^-(aq)$	+0.26808
Cu^{2+}/Cu	$Cu^{2+}(aq)+2e^- \rightleftharpoons Cu(s)$	+0.3419
O_2/OH^-	$\frac{1}{2}O_2(g)+H_2O+2e^- \rightleftharpoons 2OH^-(aq)$	+0.401
Cu^+/Cu	$Cu^+(aq)+e^- \rightleftharpoons Cu(s)$	+0.521
I_2/I^-	$I_2(s)+2e^- \rightleftharpoons 2I^-(aq)$	+0.5355
O_2/H_2O_2	$O_2(g)+2H^+(aq)+2e^- \rightleftharpoons H_2O_2(aq)$	+0.695
Fe^{3+}/Fe^{2+}	$Fe^{3+}(aq)+e^- \rightleftharpoons Fe^{2+}(aq)$	+0.771
Hg_2^{2+}/Hg	$\frac{1}{2}Hg_2^{2+}(aq)+e^- \rightleftharpoons Hg(l)$	+0.7973
Ag^+/Ag	$Ag^+(aq)+e^- \rightleftharpoons Ag(s)$	+0.7990
Hg^{2+}/Hg	$Hg^{2+}(aq)+2e^- \rightleftharpoons Hg(l)$	+0.851
NO_3^-/NO	$NO_3^-(aq)+4H^+(aq)+3e^- \rightleftharpoons NO(g)+2H_2O$	+0.957
HNO_2/NO	$HNO_2(aq)+H^+(aq)+e^- \rightleftharpoons NO(g)+H_2O$	+0.983
Br_2/Br^-	$Br_2(l)+2e^- \rightleftharpoons 2Br^-(aq)$	+1.066
MnO_2/Mn^{2+}	$MnO_2(s)+4H^+(aq)+2e^- \rightleftharpoons Mn^{2+}(aq)+2H_2O$	+1.224
O_2/H_2O	$O_2(g)+4H^+(aq)+4e^- \rightleftharpoons 2H_2O$	+1.229
$Cr_2O_7^{2-}/Cr^{3+}$	$Cr_2O_7^{2-}(aq)+14H^+(aq)+6e^- \rightleftharpoons 2Cr^{3+}(aq)+7H_2O$	+1.232
Cl_2/Cl^-	$Cl_2(g)+2e^- \rightleftharpoons 2Cl^-(aq)$	+1.35827
MnO_4^-/Mn^{2+}	$MnO_4^-(aq)+8H^+(aq)+5e^- \rightleftharpoons Mn^{2+}(aq)+4H_2O$	+1.507
H_2O_2/H_2O	$H_2O_2(aq)+2H^+(aq)+2e^- \rightleftharpoons 2H_2O$	+1.776
$S_2O_8^{2-}/SO_4^{2-}$	$S_2O_8^{2-}(aq)+2e^- \rightleftharpoons 2SO_4^{2-}(aq)$	+2.010
F_2/F^-	$F_2(g)+2e^- \rightleftharpoons 2F^-(aq)$	+2.866

注：摘自 D. R. Lide, CRC Handbook of Chemistry and Physics, 71st ed., CRC Prest, Inc., 1990-1991。

附表 7　条件电极电势 φ'

半反应	φ'/V	介质
$Ag(Ⅱ) + e^- = Ag^+$	1.927	4mol・L^{-1} HNO_3
	2.00	4mol・L^{-1} $HClO_4$
$Ag^+ + e^- = Ag$	0.792	1mol・L^{-1} $HClO_4$
	0.228	1mol・L^{-1} HCl
	0.59	1mol・L^{-1} NaOH
$H_3AsO_4 + 2H^+ + 2e^- = H_3AsO_3 + H_2O$	0.577	1mol・L^{-1} HCl, $HClO_4$
	0.07	1mol・L^{-1} NaOH
	−0.16	5mol・L^{-1} NaOH
$Au^{3+} + 2e^- = Au^+$	1.27	0.5mol・L^{-1} H_2SO_4(氧化金饱和)
		(以 H_2SO_4 作基本单元，以下同)
	1.26	1mol・L^{-1} HNO_3(氧化金饱和)
	0.93	1mol・L^{-1} HCl
$Au^{3+} + 3e^- = Au$	0.30	7～8mol・L^{-1} NaOH
$Bi^{3+} + 3e^- = Bi$	−0.05	5mol・L^{-1} HCl
	0.0	1mol・L^{-1} HCl
$Cd^{2+} + 2e^- = Cd$	−0.8	8mol・L^{-1} KOH
	−0.9	CN^-配合物
$Ce^{4+} + e^- = Ce^{3+}$	1.70	1mol・L^{-1} $HClO_4$
	1.71	2mol・L^{-1} $HClO_4$
	1.75	3mol・L^{-1} $HClO_4$
	1.75	4mol・L^{-1} $HClO_4$
	1.82	6mol・L^{-1} $HClO_4$
	1.87	8mol・L^{-1} $HClO_4$
	1.61	1mol・L^{-1} HNO_3
	1.62	2mol・L^{-1} HNO_3
	1.61	4mol・L^{-1} HNO_3
	1.56	8mol・L^{-1} HNO_3
	1.44	0.5mol・L^{-1} H_2SO_4
	1.44	1mol・L^{-1} H_2SO_4
	1.43	2mol・L^{-1} H_2SO_4

续表

半反应	φ'/V	介质
	1.42	4mol·L^{-1} H_2SO_4
	1.28	1 mol·L^{-1} HCl
$Co^{3+}+e^-$ ══ Co^{2+}	1.84	3mol·L^{-1} HNO_3
Co(乙二胺)$_3^{3+}$ $+e^-$ ══ Co(乙二胺)$_3^{2+}$	−0.2	0.1mol·L^{-1} HNO_3+0.1mol·L^{-1}乙二胺
$Cr^{3+}+e^-$ ══ Cr^{2+}	−0.40	5mol·L^{-1} HCl
$Cr_2O_7^{2-}+14H^++6e^-$ ══ $2Cr^{3+}+7H_2O$	0.93	0.1mol·L^{-1} HCl
	0.97	0.5mol·L^{-1} HCl
	1.00	1mol·L^{-1} HCl
	1.05	2mol·L^{-1} HCl
	1.08	3mol·L^{-1} HCl
	1.10	2mol·L^{-1} H_2SO_4
	1.15	4mol·L^{-1} H_2SO_4
	1.30	6mol·L^{-1} H_2SO_4
	1.34	8mol·L^{-1} H_2SO_4
	0.84	0.1mol·L^{-1} $HClO_4$
	1.10	0.2mol·L^{-1} $HClO_4$
	1.025	1mol·L^{-1} $HClO_4$
	1.27	1mol·L^{-1} HNO_3
$CrO_4^{2-}+2H_2O+3e^-$ ══ $CrO_2^-+4OH^-$	−0.12	1mol·L^{-1} NaOH
$Cu^{2+}+e^-$ ══ Cu^+	−0.09	pH=14
$Fe^{3+}+e^-$ ══ Fe^{2+}	0.73	0.1mol·L^{-1} HCl
	0.72	0.5mol·L^{-1} HCl
	0.70	1mol·L^{-1} HCl
	0.69	2mol·L^{-1} HCl
	0.68	3mol·L^{-1} HCl
	0.68	0.1mol·L^{-1} H_2SO_4
	0.68	0.5mol·L^{-1} H_2SO_4
	0.735	0.1mol·L^{-1} $HClO_4$
	0.732	1mol·L^{-1} $HClO_4$
	0.46	2mol·L^{-1} H_3PO_4(以 H_3PO_4 为基本单元,以下同)
	0.52	1.7mol·L^{-1} H_3PO_4
	0.70	1mol·L^{-1} HNO_3

续表

半反应	φ'/V	介质
	−0.70	pH=14
	0.51	$1mol \cdot L^{-1}$ HCl+$0.25mol \cdot L^{-1}$ H_3PO_4
$Fe(EDTA)^- + e^- = Fe(EDTA)^{2-}$	0.12	$0.1mol \cdot L^{-1}$ EDTA, pH=4～6
$Fe(CN)_6^{3-} + e^- = Fe(CN)_6^{4-}$	0.56	$0.1mol \cdot L^{-1}$ HCl
	0.41	pH=4～13
	0.70	$1mol \cdot L^{-1}$ HCl
	0.72	$1mol \cdot L^{-1}$ $HClO_4$
	0.72	$0.5mol \cdot L^{-1}$ H_2SO_4
	0.46	$0.01mol \cdot L^{-1}$ NaOH
	0.52	$5mol \cdot L^{-1}$ NaOH
$I_3^- + 2e^- = 3I^-$	0.5446	$0.5mol \cdot L^{-1}$ H_2SO_4
I_2(水)$+2e^- = 2I^-$	0.6276	$0.5mol \cdot L^{-1}$ H_2SO_4
$Hg_2^{2+} + 2e^- = 2Hg$	0.33	$0.1mol \cdot L^{-1}$ KCl
	0.28	$1mol \cdot L^{-1}$ KCl
	0.25	饱和 KCl
	0.66	$4mol \cdot L^{-1}$ $HClO_4$
	0.274	$1mol \cdot L^{-1}$ HCl
$Hg^{2+} + 2e^- = 2Hg$	0.28	$1mol \cdot L^{-1}$ HCl
$In^{3+} + 3e^- = In$	−0.3	$1mol \cdot L^{-1}$ HCl
	−0.8	$1mol \cdot L^{-1}$ KOH
	−0.47	$1mol \cdot L^{-1}$ Na_2CO_3(以 Na_2CO_3 为基本单元)
$MnO_4^- + 8H^+ + 5e^- = Mn^{2+} + 4H_2O$	1.45	$1mol \cdot L^{-1}$ $HClO_4$
$SnCl_6^{2-} + 2e^- = SnCl_4^{2-} + 2Cl^-$	0.14	$1mol \cdot L^{-1}$ HCl
	0.10	$5mol \cdot L^{-1}$ HCl
	0.07	$0.11mol \cdot L^{-1}$ HCl
	0.40	$4.5mol \cdot L^{-1}$ H_2SO_4
$Sn^{2+} + 2e^- = Sn$	−0.20	$1mol \cdot L^{-1}$ HCl 或 $0.5mol \cdot L^{-1}$ H_2SO_4
	−0.16	$1mol \cdot L^{-1}$ $HClO_4$
Sb(Ⅴ)$+2e^- =$ Sb(Ⅲ)	0.75	$3.5mol \cdot L^{-1}$ HCl
$Mo^{4+} + e^- = Mo^{3+}$	0.1	$4mol \cdot L^{-1}$ H_2SO_4

续表

半反应	φ'/V	介质
$Mo^{6+}+e^-$ ══ Mo^{5+}	0.53	2mol·L^{-1} HCl
Ti^++e^- ══ Ti	−0.551	2mol·L^{-1} HCl
Ti(Ⅲ)+$2e^-$ ══ Ti(Ⅰ)	1.23～1.26	1mol·L^{-1} HNO_3
	1.21	0.05～0.5mol·L^{-1} H_2SO_4
	0.78	0.6mol·L^{-1}HCl
U(Ⅳ)+e^- ══ U(Ⅲ)	～−0.63	1mol·L^{-1} HCl 或 $HClO_4$
	−0.85	0.5mol·L^{-1}H_2SO_4
$VO_2^++2H^++e^-$ ══ $VO^{2+}+H_2O$	1.30	9mol·L^{-1} $HClO_4$,4mol·L^{-1}H_2SO_4
	−0.74	pH=14
$Zn^{2+}+2e^-$ ══ Zn	−1.36	CN^-配合物

附表 8　常用的酸溶液的密度和浓度

密度 ρ/g·mL^{-1} (298K)	HCl 的浓度		HNO_3 的浓度		H_2SO_4 的浓度	
	ω	c/mol·L^{-1}	ω	c/mol·L^{-1}	ω	c/mol·L^{-1}
1.02	0.0413	1.15	0.037	0.6	0.030	0.3
1.04	0.0816	2.3	0.0726	1.2	0.061	0.6
1.05	0.102	2.9	0.090	1.5	0.074	0.8
1.06	0/1232	3.5	0.107	1.8	0.088	0.9
1.08	0.162	4.8	0.139	2.4	0.116	1.3
1.10	0.200	6.0	0.171	3.0	0.144	1.6
1.12	0.238	7.3	0.202	3.6	0.170	2.0
1.14	0.277	8.7	0.233	4.2	0.199	2.3
1.15	0.296	9.3	0.248	4.5	0.209	2.5
1.19	0.372	12.2	0.309	5.8	0.260	3.2
1.20			0.323	6.2	0.273	3.4.
1.25			0.398	7.9	0.334	4.3
1.30			0.475	9.8	0.382	5.2
1.35			0.558	12.0	0.448	6.2
1.40	0.653	14.5			0.501	7.2

续表

密度 $\rho/g\cdot mL^{-1}$ (298K)	HCl 的浓度		HNO_3 的浓度		H_2SO_4 的浓度	
	ω	$c/mol\cdot L^{-1}$	ω	$c/mol\cdot L^{-1}$	ω	$c/mol\cdot L^{-1}$
1.42			0.698	15.7	0.522	7.6
1.45					0.550	8.2
1.50					0.598	9.2
1.55					0.643	10.2
1.60					0.687	11.2
1.65					0.730	12.3
1.770					0.772	13.4
1.84					0.956	18.0

附表 9　常见化合物的分子量

化合物	分子量	化合物	分子量
$AgBr$	187.77	$BaSO_4$	233.39
$AgCN$	133.89	CaF_2	78.08
AgI	234.77	CaO	56.08
$AgSCN$	165.95	$CaCO_3$	100.09
$Al_2(SO_4)_3$	342.14	$CaCl_2$	110.99
As_2O_5	229.84	$CaSO_4$	136.14
$AgCl$	143.32	$Ca(NO_3)_2$	164.09
Ag_2CrO_4	331.73	$Ca(OH)_2$	74.09
$AgNO_3$	169.87	$Ca_2C_2O_4$	128.10
Al_2O_3	101.96	$CaCl_2\cdot H_2O$	129.00
As_2O_3	197.84	$Ca_3(PO_4)_2$	310.18
BaC_2O_4	225.35	$Ce(SO_4)_2$	332.24
$BaCO_3$	197.34	$Ce(SO_4)_2\cdot 2(NH_4)_2SO_4\cdot 2H_2O$	632.54
$BaCrO_4$	253.32	CH_3COOH	60.05
BaO	153.33	CH_3COCH_3	58.08
$BaCl_2\cdot 2H_2O$	244.27	CH_3OH	32.04
$Ba(OH)_2$	171.35	CH_3COONa	82.03

续表

化合物	分子量	化合物	分子量
C_6H_5COOH	122.12	HCN	27.03
C_6H_5COONa	144.10	HCl	36.46
C_6H_5OH	94.11	$HCOOH$	46.03
$C_8H_5O_4K$(邻苯二甲酸氢钾)	204.23	$HClO_4$	100.46
$(C_9H_7N)_3H_3(PO_4\cdot 12MoO_3)$(磷钼酸喹啉)	2212.74	HF	20.01
		HI	127.91
$COOHCH_2COOH$	104.06	HNO_2	47.01
CO_2	44.01	HNO_3	63.01
$COOHCH_2COONa$	126.04	H_2O	18.02
CCl_4	153-81	H_2O_2	34.02
CrO_3	151.99	H_2SO_3	82.08
Cu_2O	143.09	H_2S	34.08
CuO	79.54	H_2SO_4	98.08
$Cu(C_2H_3O_2)_2\cdot 3Cu(AsO_2)_2$	1013.80	H_3PO_4	98.00
$CuSO_4\cdot 5H_2O$	249.69	$HgCl_2$	271.50
$CuSCN$	121.63	Hg_2Cl_2	472.09
$CuSO_4$	159.61	$KAl(SO_4)_2\cdot 12H_2O$	474.39
$FeCl_3$	162.21	$KB(C_6H_5)_4$	358.33
$FeCl_3\cdot 6H_2O$	270.30	KBr	119.01
FeO	71.85	KCN	65.12
Fe_2O_3	159.69	KCl	74.56
Fe_3O_4	231.54	$KClO_4$	138.55
$FeSO_4\cdot H_2O$	169.93	$K_2Cr_2O_7$	294.19
$FeSO_4\cdot (NH_4)_2SO_4\cdot 6H_2O$	392.14	$KHC_2O_4\cdot H_2O$	146.14
$Fe_2(SO_4)_3$	399.89	$KIO_3\cdot HIO_3$	389.92
$FeSO_4\cdot 7H_2O$	278.02	KNO_2	85.10
H_3BO_3	61.83	KOH	56.11
$H_2C_4H_4O_6$(酒石酸)	150.09	K_2SO_4	174.26
$H_2C_2O_4\cdot 2H_2O$	126.07	$MgCO_3$	84.32
$H_2C_2O_4$	90.04	$KBrO_3$	167.01
H_2CO_3	62.03	K_2CO_3	138.21
HBr	80.91	K_2ClO_3	122.55

续表

化合物	分子量	化合物	分子量
K_2CrO_4	194.20	SiO_2	60.08
$KHC_2O_4 \cdot H_2C_2O_4 \cdot 2H_2O$	254.19	$SnCO_3$	178.82
KI	166.01	SnO_2	150.71
$KMnO_4$	158.04	$ZnCl_2$	136.30
K_2O	94.20	$Zn_2P_2O_7$	304.72
KSCN	97.18	MnO_2	86.94
$MgCl_2$	95.21	$Na_2B_4O_7 \cdot 10H_2O$	381.37
MgO	40.31	NaBr	102.90
MnO	70.94	Na_2CO_3	105.99
$MgNH_4PO_4$	137.33	NaCl	58.44
$Mg_2P_2O_7$	222.60	$NaHCO_3$	84.01
$Na_2B_4O_7$	201.22	Na_2HPO_4	141.96
$NaBiO_3$	279.97	NaI	149.89
NaCN	49.01	Na_2O	61.98
$Na_2C_2O_4$	134.00	Na_3PO_4	163.94
NaF	41.99	$Na_2S \cdot 9H_2O$	240.18
NaH_2PO_4	119.98	Na_2SO_4	142.04
$Na_2H_2Y \cdot 2H_2O$(EDTA 二钠盐)	372·26	$Na_2S_2O_3$	158.11
$NaNO_2$	69.00	Na_2SiF_6	188.06
NaOH	40.01	NH_4Cl	53.49
Na_2S	78.05	$NH_3 \cdot H_2O$	35.05
Na_2SO_3	126.04	$(NH_4)_2HPO_4$	132.05
$Na_2SO_4 \cdot 10H_2O$	322.20	NH_4SCN	76.12
$Na_2S_2O_3 \cdot 5H_2O$	248.19	$NiC_5H_{14}O_4N_4$(丁二酮镍)	288.91
NH_3	17.03	PbO	223.19
$(NH_4)_2C_2O_4 \cdot H_2O$	142.11	Pb_3O_4	685.57
$NH_4Fe(SO_4)_2 \cdot 12H_2O$	482.20	$PbSO_4$	303.26
$(NH_4)_3PO_4 \cdot 12MoO_3$	1876.53	SO_3	80.06
$(NH_4)_2SO_4$	132.14	Sb_2S_3	339.70
P_2O_5	141.95	SiF_4	104.08
$PbCrO_4$	323.18	$SnCl_2$	189.60
PbO_2	239.19	TiO_2	79.88
SO_2	64.06	ZnO	81.39
Sb_2O_3	291.50	$ZnSO_4$	161.45

附表10 原子量表（1995年国际原子量）

元素	符号	原子量	元素	符号	原子量	元素	符号	原子量
银	Ag	107.87	铪	Hf	178.49	铷	Rb	85.468
铝	Al	26.982	汞	Hg	200.59	铼	Re	186.21
氩	Ar	39.948	钬	Ho	164.93	铑	Rh	102.91
砷	As	74.922	碘	I	126.90	钌	Ru	101.07
金	Au	196.97	铟	In	114.82	硫	S	32.066
硼	B	10.811	铱	Ir	192.22	锑	Sb	121.76
钡	Ba	137.33	钾	K	39.098	钪	Sc	44.956
铍	Be	9.0122	氪	Kr	83.80	硒	Se	78.96
铋	Bi	208.98	镧	La	138.91	硅	Si	28.086
溴	Br	79.904	锂	Li	6.941	钐	Sm	150.36
碳	C	12.011	镥	Lu	174.97	锡	Sn	118.71
钙	Ca	40.078	镁	Mg	24.305	锶	Sr	87.62
镉	Cd	112.41	锰	Mn	54.938	钽	Ta	180.95
铈	Ce	140.12	钼	Mo	95.94	铽	Tb	158.9
氯	Cl	35.453	氮	N	14.007	碲	Te	127.60
钴	Co	58.933	钠	Na	22.990	钍	Th	232.04
铬	Cr	51.996	铌	Nb	92.906	钛	Ti	47.867
铯	Cs	132.91	钕	Nd	144.24	铊	Tl	204.38
铜	Cu	63.546	氖	Ne	20.180	铥	Tm	168.93
镝	Dy	162.50	镍	Ni	58.693	铀	U	238.03
铒	Er	167.26	镎	Np	237.05	钒	V	50.942
铕	Eu	151.96	氧	O	15.999	钨	W	183.84
氟	F	18.998	锇	Os	190.23	氙	Xe	131.29
铁	Fe	55.845	磷	P	30.974	钇	Y	88.906
镓	Ga	69.723	铅	Pb	207.2	镱	Yb	173.04
钆	Gd	157.25	钯	Pd	106.42	锌	Zn	65.39
锗	Ge	72.61	镨	Pr	140.91	锆	Zr	91.224
氢	H	1.0079	铂	Pt	195.08			
氦	He	4.0026	镭	Ra	226.03			

附表 11　汉英对照常用分析化学术语

A

氨羧配合剂　complexone

B

半微量分析　semi-micro analysis

保证试剂　guarantee reagent(G. R)

比色法　colorimetry

比色计　colorimeter

变异系数　coefficient of variation

标定　standardization

标准电势　standard potential

标准偏差　standard deviation

标准曲线　standard curve

标准溶液　standard solution

标准物质　reference material(RM)

标准系列法　standard series metlxxi

C

采样　sample drawing

参比电极　reference electrode

参比溶液　reference solution

参考水准　reference level

操作误差　operational erro

测量值　measured value

常规分析　routine analysis

常量分析　macro analysis

超痕量分析　ultra trace analysis

沉淀滴定法　precipitation titration

陈化　aging

重铬酸钾法　dichromate titration

D

单色器　monochromator

滴定　titration

滴定度　titer

滴定分析法　titrimetry

滴定剂　titrant

滴定曲线　titration curve

滴定突跃　titration jump

滴定误差　titration error

滴定终点　titration end point

碘滴定法　iodimetry

碘量法　iodimetric titration

电势滴定法　potentiometric titration

电势分析法　potential analysis

定量分析　quantitative analysis

定性分析　qualitative analysis

多元酸　polyprotic acid

E

二元酸　dibasic acid

F

返滴定法　back titration

非水滴定　non-aqueous titration

方法误差　methodic error

分光光度法　spectrophotometry

分光光度计　spectrophotometer

分配比　distribution ratio

分配系数　distribution coefficient

分析化学　analytical chemistry

分析试剂　analytical reagent(A. R)

副反应系数　side reaction coefficient

富集　enrichment

G

高锰酸钾法　permanganate titration

共沉淀　co-precipitation

共轭酸碱对　conjugate acid-base pair

固定相　stationary phrase

光度滴定法　photometric titration

光谱分析　spectral analysis

H

痕量分析　trace analysis

后沉淀　post-precipitation

化学纯　chemically pure

化学分析　chemical analysis

化学计量点　stochiometric point

混合指示剂　mixed indicator

混晶　mixed crystal

J

基准物质　primary substance

间接滴定法　indirect titration

校正　correction

校准　calibration

解蔽法　demasking method

结构分析　structure analysis

金属指示剂　metallochromic indicator

精密度　precision

绝对偏差　absolute deviation

均相沉淀　homogeneous precipitation

K

可疑(离群)值　outlier

空白　Blank

空心阴极灯	hollow cathode lamp
L	
拉平效应	leveling effect
离解常数	dissociation constant
零水准	zero level
流动相	mobile phtase
M	
摩尔吸光系数	molar absorptivity
N	
内标法	internal standard method
P	
偏差	deviation
配位滴定法	complex ometric titration
配位效应	complex effect
平行测定	parallel determination
平均偏差	deviation average
平均值	mean,average
Q	
气相色谱	gas chromatography(GC)
区分效应	differentiating effect
全距(极差)	range
R	
容量分析	volumetry
S	
三元酸	triacid
色谱法	chromatography
示差光度法	differential spectrophotometry
试剂误差	reagent error
试样	sample
酸碱滴定	acid base titration
酸碱指示剂	acid-base indicator
酸效应曲线	acidic effective curve
酸效应	acidic effective
酸效应系数	acidic effective coefficient
随机误差	random error
T	
条件电势	conditional potential
条件稳定常数	conditional stability constant
W	
微量分析	micro analysis
稳定常数	stability constant
误差	error
X	
吸光度	absorbance
吸光系数	absorptivity
吸收曲线	absorption curve
系统误差	systematic error
显色剂	color reagent
显著性检验	significance test
相对误差	relative error
Y	
掩蔽法	masking method
颜色转变点	color transition point
氧化还原滴定	redox titration
氧化还原指示剂	redox indicator
样本(样品)	sample
液相色谱	liquid chromatography (LC)
一元酸	monoacid
仪器分析	instrumental analysis
仪器误差	instrumental error
银量法	argentimetry
有效数字	significant figure
原子发射光谱法	atom emission spectroscopy
原子吸收光谱法	atom absorption spectroscopy
Z	
真值	true value
直接滴定法	direct titration
直接电势法	direct potentiometry
指示电极	indicating electrode
指示剂	indicator
指示剂变色点	color point of indicator
指示剂变色范围	color range of indicator
指示剂封闭	blocking of the indicator
指示剂僵化	ossification of indicator
质子自递常数	autoprotolysis constant
质子等衡式	proton balance equation
置换滴定法	replacement titration
置信度	confidence probability
置信区间	confidence interval
终点误差	end point error
仲裁分析	referee analysis
重量分析	gravimetry analysis
准确度	accuracy
自身指示剂	seft indicator
总体	population

思考与练习参考答案

第一章

1. ～6. （略）

7. 40.01%，27.34%，9.62%，3.42%，1.28%，1.08%

8. 10.90kg

9. 7 次　　1 mm

第二章

1. ～3（略）

4. （1）D　（2）B

5. （1）0.0002　（2）消除系统误差　（3）增加平等操作次数

6. （略）

7. 三位　五位　两位　三位　四位　二位

8. 甲：$E_r = 0.99\%$　$s = 0.01$

   乙：$E_r = 0.48\%$　$s = 0.0008$

9. 1%　0.1%　0.05%

10. ±0.0005 g　±0.001 g　±0.002 g

11. 0.4125±0.0010

12. 甲：$E_r = -0.10\%$　$s = 0.0008$

    乙：$E_r = 0.13\%$　$s = 0.0012$

13. $(35.2 \pm 0.6)\ \mu g \cdot mL^{-1}$　$(35.2 \pm 0.7)\ \mu g \cdot mL^{-1}$

14. 合格

15. 保留

16. （1）0.2060 保留　（2）0.2053±0.0005　（3）无系统误差

17. $0.5617 < x < 0.5647$

18. 3.00；　0.0713；　0.249；　5.34；　48.3；　8.9×10^{-2}

19. 舍弃

20. $\bar{x} = 26.00$　$s = 0.121$

第三章

1. ～5. （略）

6. （1）B　（2）A　（3）D

7. （1）小　（2）系统误差

8. $c(HCl)=1.13mol\cdot L^{-1}$　$T(HCl)=0.041g\cdot mL^{-1}$

9. （1）$T[Ca(OH)_2/HCl]=0.007464g\cdot mL^{-1}$

　　$T(NaOH/HCl)=0.008060g\cdot mL^{-1}$

（2）$T(HClO_4/NaOH)=0.01743g\cdot mL^{-1}$

　　$T(HAc/NaOH)=0.01041g\cdot mL^{-1}$

10. $w(CaCO_3)=0.6594$　$w(CaO)=0.3694$

11. 0.1149　0.2510　0.3353

12. 0.7563

13. 0.8172

14. $14.8mol\cdot L^{-1}$

15. （a）4.0g　（b）0.1500g　（c）80mL

第四章

1.～4.（略）

5. （1）C　（2）A　（3）B

6. （1）偏高（2）正误差

7. $pK_a^{\ominus}=5.5$

8. （1）能，酚酞　（2）能，甲基橙　（3）不能

9. （1）2个H^+能滴定，形成2个突跃，指示剂：甲基橙、酚酞

（2）2个H^+能滴定，形成1个突跃，指示剂：酚酞或甲基橙

（3）2个H^+能滴定，形成1个突跃，指示剂：甲基橙

（4）2个H^+能滴定，形成1个突跃，指示剂：甲基橙

（5）3个H^+能滴定，形成1个突跃，指示剂：酚酞

10. $1.000mol\cdot L^{-1}$

11. $w(Na_2CO_3)=0.1202$　$w(K_2CO_3)=0.8798$

12. $w(Na_2CO_3)=0.5406$　$w(NaHCO_3)=0.1693$

13. 0.9458

14. 0.1562

15. （1）$NaOH$和Na_2CO_3　0.1432　0.2650

（2）$NaHCO_3$　0.8079

（3）Na_2CO_3　0.3180

16. Na_3PO_4和Na_2HPO_4　0.4917　0.2840

17. 10.02

18. $w(SO_3)=0.2241$　$w(H_2SO_4)=0.7759$

19. $w(P)=0.003802$　$w(P_2O_5)=0.008710$

20. pH=4.73 甲基橙

第五章

1. （略）

2. 莫尔法，直接测定

3. （1）D　（2）B

4. （略）

5. 0.08013mol·L^{-1}，0.08074mol·L^{-1}

6. 0.4993

7. 0.7515

8. 1.088g

9. 0.6993

10. 5.999L

11. 0.1410g

12. 5.601mg　0.4539mg

13. $x=3$

14. 0.8241，0.1759

15. 0.1776

第六章

1.～4.（略）

5. A

6. 偏高　基本无影响

7. $\lg K_f'(NiY)=5.11<8$　不能　3.0

8. 0.4459

9. 1.2　5

10. 0.0321

11. $w(Fe_2O_3)=0.05750$　$w(Al_2O_3)=0.1286$

12. 0.1420

13. $w(Al)=0.1318$　$w(Al_2O_3)=0.2491$

14. 0.008447

15. 9.73

16. 5.4

第七章

1.～3.（略）

4.（1）D （2）A

5. 中间 偏向于电子转移数多的电对电势一方

6.～8.（略）

9. 0.1119mol・L^{-1}

10. 0.7779

11. 0.1138mol・L^{-1}

12. 0.9471

13. 0.3360mol・L^{-1}

14. $w(Al_2O_3)=0.7338$ $w(Fe_2O_3)=0.2662$

15. 0.7786

16. 0.132

第八章

1.～3.（略）

4. 0.75；0.28，2.22；2.27；0.70，4.91

5.（1）0.4931g （2）0.9060

6. 0.0016

7. 0.1698 0.3890；0.1707 0.3912

8. 0.03800 0.1100

第九章

1.～5.（略）

6.（1）稀释溶液 减小比色皿的厚度 （2）试剂空白

（3）43% （4）0.602

7.（1）B （2）A

8. $\sqrt{T}>\sqrt{T^3}>T^3$

9. 0.44 36%

10. 67%

11. 0.165 68.5%

12. 226.2 4.7×10^4

13.（略）

14. 1.8×10^{-4} mol・L^{-1}

15. （1）0.130　　（2）0.520

第十章

1. ～5. （略）

6. （1）A　（2）D　（3）B　（4）C　（5）D

7. （1）7.65　（2）5.74　（3）1.96　（4）0.18

8. 2.76

9. 6.0%

10. 0.01mol·L^{-1}

11. 0.806V

12. （1）略　（2）V_{ep}=25.95mL　（3）c(HCl)=0.1092mol·L^{-1}

第十一章（略）

第十二章

1. ～2. （略）

3. 0.1mg　99%　　2.5×10^{-4}mg　99.99%

4. 1.634mmol·g^{-1}

参 考 文 献

［1］ 康立娟，申凤善．分析化学．2版．北京：中国农业出版社，2012.

［2］ 华中师范大学，东北师范大学，陕西师范大学，等．分析化学．4版．北京：高等教育出版社，2011.

［3］ 武汉大学．分析化学．6版．北京：高等教育出版社，2016.

［4］ 王运，胡先文．无机及分析化学．4版．北京：科学出版社，2016.

［5］ 侯士聪，周乐，周欣，等．化学历年真题与全真模拟题解析．北京：中国农业大学出版社，2019.

［6］ 王芬，梁英．分析化学．北京：中国农业出版社，2012.